10大キーワードで読む2024年のインターネット

レスポンシブルAI
Responsible AI

さらなる利活用のために求められる
開発者の倫理とAIの公平性

●生成AIを武器に攻勢をかける
マイクロソフト

これまでAIの倫理的利用を説いてきたマイクロソフトだが、出資先であるOpenAIがChatGPTを発表してからは、その成果を矢継ぎ早に自社製品へと取り込み、生成AI推進の急先鋒となっている。

マイクロソフトが示す「責任あるAI」の原則▶

ウェブブラウザーにも生成AIを統合▲

●責任あるAIを目指すアライアンス設立

メタやIBMは、安全で責任あるAIの推進に向けてAIアライアンスを設立した(OpenAIやマイクロソフト、グーグルは不参加)。日本からもソニーや東京大学、慶應義塾大学などが参加している。

AIアライアンスには50以上の企業や機関が参加

生成AIチャットサービス「ChatGPT」が2022年に公開されて以降、IT業界を超えて世界中がAIの話題で持ちきりだった。画像や動画、音楽などの生成でも驚くべきスピードで性能が向上し、社会に恩恵だけなく、破壊的な変化をもたらす脅威にもなり得ることを多くの人が実感した。同時に、ブラックボックス化されているAIへの不安と不信も増しており、「説明可能なAI」や「AI開発における責任と倫理」が求められている。

データガバナンス
Data Governance

データの保護と公平な取引に向けて
国境を超えた協調・ルール作りが必要に

IGF で議論する河野太郎デジタル大臣

●デジタル貿易の促進を目指すDFFT

2023年12月に京都で開催されたインターネット関連の国際会議「インターネット・ガバナンス・フォーラム（IGF）2023」では、河野太郎デジタル大臣がDFFT（信頼性のある自由なデータ流通）を説明し各国に賛同を求めた。

●先行して整備が進む欧州データ戦略

欧州（EU）では、2020年から域内の企業がデータを共有・活用できるようにするための施策を推進してきた。現在は、4つのデータ関連法によってデータの扱いに関する規制を行っている。

欧州データ戦略の柱となる4つのデータ関連法

データ ガバナンス法	信頼性を確保したデータ流通促進のため、目的に合ったデータを業界や国境を超えて利用可能にするための規則。プラットフォーマーによるデータ独占への対抗。	2023年 9月施行
デジタル市場法	プラットフォーマーによる巨大経済市場や市場囲い込みを踏まえ、市場の競争と公平性を確保するための規制。	2022年 11月施行
デジタル サービス法	オンラインプラットフォームなどの仲介サービス提供者に、利用者保護、利用規約要件、違法コンテンツや利用規約に反するコンテンツへの対応などを規定。	2024年 2月頃 施行予定
データ法	IoT機器やその関連サービスが収集したデータの一定の権利を企業や個人に認める規則。GDPRとデータガバナンス法を補完する。	2025年頃 施行予定

「データは21世紀の石油」といわれて久しいが、巨大テック企業による世界規模のデータ収集、大規模言語モデルAIの学習素材など、まさに今その価値が認識されている。2023年10月に京都で開催された国際会議「インターネット・ガバナンス・フォーラム（IGF）2023」では、AIや偽情報と並んでデータガバナンスの議論も注目された。今後は政治・経済の重要な要素として、国家戦略の中にデータガバナンスが位置付けられる。

03 グリーントランスフォーメーション
Green Transformation

カーボンニュートラルの取り組みは
企業ごとから流通網全体へ

- デジタル技術を活用し、サプライチェーン全体のCO_2データを見える化する仕組み
- CO_2排出量の削減に向けた企業間の協働（エンゲージメント）が促進されるように、企業の排出削減努力がデータとして反映され、見える仕組み

企業間データ交換のために、多様なソリューションが"つながる"仕組み作り
（共通的な算定・共有方法のガイドライン／データ交換の技術仕様　等）

Scope3排出量の見える化

データ交換

グローバルデータ連携

欧州・米国 等

出所：Green x Digital コンソーシアム

●サプライチェーン全体でのCO_2削減

業界組織のGreen x Digitalコンソーシアムでは、サプライチェーン全体におけるCO_2排出量（スコープ3排出量）を正しく把握するために、企業間CO_2データ交換の実証実験を行った。

iPhoneの充電設定　出所：アップル

システム・電源とバッテリー・エネルギーに関する推奨事項

Windows 11の省エネ設定

●個人デバイスのグリーン化促進機能

個人向けのデジタルデバイスにも、グリーン化を促進する機能やメッセージが増えている。アップルは、米国などの対応地域でiPhoneの充電に再エネ電力を使う機能を搭載している。

SDGs や ESG の流れでグリーントランスフォーメーション（GX）が注目されている。本質的には脱炭素やネットゼロを目指すものだが、具体策としてサプライチェーン全体での成果を示す「スコープ3排出量」の認知拡大や可視化ツールの導入が広がりつつある。また、GX を受けてデータセンター業界では、再生可能エネルギー由来電力の導入とともに、その利用顧客企業に対して FIT 非化石証書を発行する新サービスが始まっている。

デジタルツイン
Digital Twin

防災から不動産DXまで
活用の幅を広げる都市のデジタルツイン

●Project PLATEAUを中心に広がる都市のDX

Project PLATEAUの継続的な取り組みによって、3D都市モデルを活用・応用した多くのプロジェクトが生まれている。さらに、東京都や静岡県以外の自治体でも同種の取り組みが広がりつつある。

PLATEAU VIEW 2.0で表示した3D都市モデル

Apple Vision Pro　出所:アップル

Apple Vision Pro装着イメージ　出所:アップル

●注目デバイス「Apple Vision Pro」

アップルの新型デバイス「Apple Vision Pro」が米国で発売となる。データ化された世界との接点として、デジタルツインやVR/XR、メタバースとどのように関係してくるかが注目される。

都市レベルのデジタルツインでは、引き続き国交省の「Project PLATEAU」が中心となり、アワードやハッカソンなどの開催を通して多くの活用プロジェクトが生まれている。土地、住所、建築物の視点では、不動産関連オープンデータの整備と公開が進んでおり、2023年は法務省による不動産登記地図データの無償公開が話題になった。他にも不動産共通IDなど、これまでIT化が遅れていた分野でDXの機運が高まっている。

アプリストア規制
App Store Regulations

アップルとグーグルによる市場寡占を問題視
OSやブラウザーも議論対象に

App Store　　　Google Playストア

**●モバイル市場を支配する
アップルとグーグル**

スマホを利用する上でアプリは必須だが、その入手経路となるアプリストアは、アップルとグーグルの2社によってほぼ寡占状態となっている。

●モバイルエコシステムの構造

アプリストアだけでなく、OSやウェブブラウザーといったモバイルエコシステムの重要レイヤーもアップルとグーグルが支配している。

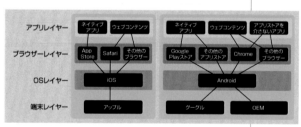

出所：第7回 デジタル市場競争会議 配布資料「モバイル・エコシステムに関する競争評価最終報告」

アップルやグーグルのアプリストアやその決済システムを巡る論争は、これまで度々なされてきた。現行の独占的で閉鎖的な形態は、セキュリティ面でユーザーにも利点があるとする一方、増大する支配力への懸念も強まっている。日本政府が策定中の規制案では、ストアだけでなくOSやブラウザーも含めたモバイルエコシステム全体の実態を踏まえ、公平な競争環境のために「事前規制」と「共同規制」を組み合わせるとしている。

偽情報
Disinformation

世界中で選挙が行われる2024年
懸念が高まる生成AIのリスク

OECDによる生成AIの報告書

●生成AIの重大リスクとなった偽情報

OECDのAI報告書によると、G7各国に対する「国や地域の目標達成において生成AIがもたらすリスクのトップ5は何か?」というアンケートでは「偽情報や情報操作」がトップになった。

岸田文雄首相のX(旧Twitter)投稿

●能登半島地震でもSNSで偽・誤情報が拡散

2023年1月に発生した令和6年能登半島地震に関して、深刻な誤情報や悪質な偽情報がX(旧Twitter)などのSNS上で拡散。岸田文雄首相が、自身のXアカウントで注意勧告の投稿をする事態になった。

AIの目覚ましい発展は、偽情報の生成にも力を与えてしまうとの懸念が現実のものとなっている。フェイク画像や動画の質が向上するにつれ、被害も深刻化している。2023年には岸田文雄首相やジョー・バイデン米大統領のフェイク動画が投稿され話題となった。2024年は、米国大統領選挙をはじめ世界各国で選挙が行われる「政治の年」となる。情報操作に国家が加担するケースもある中で、どのようにして民主主義を守るかが問われている。

07

オリジネーター・プロファイル
Originator Profile

記事発信者の真正性を検証して
偽情報やアドフラウドに対抗

OP技術がウェブブラウザーに標準搭載（もしくは拡張機能として搭載）された場合のイメージ

① OPボタンをクリック

② オリジネーター（コンテンツ発信者）情報が表示される。
メディアの場合は掲載された広告主の情報も表示される。

掲載されている運用型広告

出所：オリジネーター・プロファイル技術研究組合

●記事発信者を可視化して把握

オリジネーター・プロファイルによって、ユーザー（読者）はブラウザー上で簡単に、記事を最初に制作した組織・機関（オリジネーター）や広告主の信頼性を確認できるようになる。

●主要なメディア企業が参加

オリジネーター・プロファイルの取り組みは、非営利共益法人である技術研究組合によって進められている。2023年12月時点では国内主要メディアを中心に37の企業・団体が参加を表明している。

朝日新聞社	WebDINO Japan	ADKマーケティング・ソリューションズ	愛媛新聞社
共同通信社	高知新聞社	神戸新聞社	佐賀新聞社
産経新聞社	山陽新聞社	時事通信社	ジャパンタイムズ
小学館	スマートニュース	中国新聞社	TBSテレビ
電通	電通総研	中日新聞社	日本放送協会
日本経済新聞社	日本テレビ放送網	日本電信電話（NTT）	News Corp
博報堂DYメディアパートナーズ	ビデオリサーチ	福島民友新聞社	フジテレビジョン
fluct	北海道新聞社	北國新聞社	毎日新聞社
magaport	宮崎日日新聞社	Momentum	読売新聞東京本社
LINEヤフー			

偽情報やアドフラウドの氾濫は、ネットメディアの信頼を損ない、広告主のブランドを毀損するなど、業界に大きな損害を与えている。読者にとっても不利益をもたらすことになる。オリジネーター・プロファイルは、記事や広告の出所とそれを制作したメディアや広告主の身元を明らかにすることで、この問題を解決する。真正性の証明には分散アイデンティティ管理技術などを用いる予定で、実証実験を経た2025年からの本格稼働を目指している。

惑星間インターネット
Interplanetary Internet

地球での発展と成功を手本に
月でのインターネット実現を目指す

Interop Tokyo 2023で惑星間インターネットについて語る慶應義塾大学教授の村井純氏（左）とIPNSIGの金子洋介氏（右）

●「アルテミス計画」で月を目指す動きが活発化

国際宇宙探査「アルテミス計画」では、アポロ計画以来となる宇宙飛行士の月面滞在が予定されている。その際に必要な通信インフラとして、インターネットを構築しようとする動きがある。

●通信業界でも身近になる宇宙関連技術

惑星間通信に比べるとスケールは小さいが、低軌道衛星やHAPSによるネットワークは身近なものになりつつある。2024年1月に発生した能登半島地震では、KDDIが衛星ブロードバンドStarlinkを避難所などに提供した。

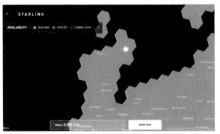

能登半島近辺のStarlink対応エリア

国際宇宙探査「アルテミス計画」によって、月への関心が高まっている。2026年以降、月面に人類を送り込み持続的な活動を行う計画だが、そのインフラとして「月のインターネット」も検討されている。地球とは大きく異なる環境で、必要となる技術仕様や実装は何か。さらに、地球と月や火星を結ぶ惑星間ネットワークをどうやって実現するのか。TCP/IPに代わるプロトコル開発など、各国で実現に向けた取り組みが進んでいる。

グローバル・デジタル・コンパクト
Global Digital Compact

すべての人に開かれた
自由で、安全なデジタルの未来

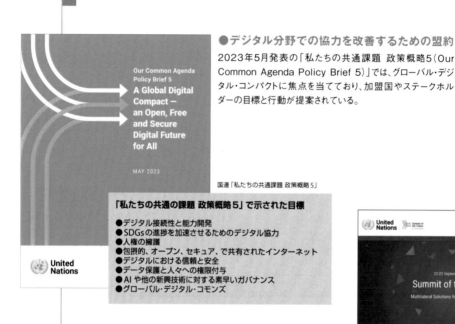

国連「私たちの共通課題 政策概略5」

「私たちの共通の課題 政策概略5」で示された目標

- デジタル接続性と能力開発
- SDGsの進捗を加速させるためのデジタル協力
- 人権の擁護
- 包摂的、オープン、セキュア、で共有されたインターネット
- デジタルにおける信頼と安全
- データ保護と人々への権限付与
- AIや他の新興技術に対する素早いガバナンス
- グローバル・デジタル・コモンズ

●デジタル分野での協力を改善するための盟約

2023年5月発表の「私たちの共通課題 政策概略5（Our Common Agenda Policy Brief 5）」では、グローバル・デジタル・コンパクトに焦点を当てており、加盟国やステークホルダーの目標と行動が提案されている。

●2024年9月開催の未来サミットで採択

グローバル・デジタル・コンパクトの提案に対する意見募集はすでに終了しており、2024年9月に米国ニューヨークで開催される「未来サミット（Summit of the Future）」での採択を目指して準備が進められている。

「グローバル・デジタル・コンパクト（GDC）」は、2021年9月の国連報告書「私たちの共通の課題」で示された12のコミットメントの一つ。インターネットを含むデジタル技術の力と可能性を、SDGs達成のために活用しようと提案している。未来のインターネットの在り方は、これまでインターネット・ガバナンス・フォーラムなどで議論されてきた。さまざまな主義や思惑を持つ国々から、どれだけの賛同を集められるかが注目される。

10 デジタルインクルージョン
Digital Inclusion

福祉でも存在感を放つデジタル技術
アクセシビリティと共生を支援

●iPadを利用した視線入力装置

iPadに視線入力センサーとソフトウエアを組み合わせることで、視線入力によるコミュニケーション支援を可能にしている。伝えたい内容のアイコンを見つめるとそのメッセージが入力できる。

視線入力装置「TDパイロット」

分身ロボット「OriHime」　出所：オリィ研究所

分身ロボットが勤務するカフェ「DAWN ver. β」
出所：オリィ研究所

●遠隔操作ロボットで接客

オリィ研究所では、重度障害などがある外出困難者が、自宅からインターネット経由で遠隔操作することで接客等の仕事を行える「分身ロボット」の開発、それらが勤務するカフェの運営を行っている。

インターネットやデジタル技術の発展と普及により、ビジネスや娯楽だけでなく福祉分野での活用も広がっている。肢体不自由者がロボットの遠隔操作を通して店舗で接客業務を行えるソリューションが登場したり、テレビゲームにアクセシビリティ機能が搭載され障害があっても楽しめるようになったり、世の中の意識も変化しつつある。障害者差別解消法や読書バリアフリー法といった福祉関連の法律も、この流れを後押ししている。

巻頭言「私たちが望むインターネットに向けて」

2023年は、インターネットとデジタル技術に関連する重要な国際会議が立て続けに日本で開催され、日本から世界に向けてメッセージを発信する大切な1年となった。

まず3月には、第116回IETF（Internet Engineering Task Force）会合が横浜で開催された。6月にはG7サミットが広島で行われ、日本は議長国として「広島AIプロセス」を打ち出した。さらに9月にはAPNIC Meetingが、そして10月にはIGF（Internet Governance Forum）が、それぞれ京都で開催されている。

特に注目されたのが、日本では初開催となったIGFであり、メインテーマとして「私たちの望むインターネット－あらゆる人を後押しするためのインターネット－（The Internet We Want - Empowering All People）」が掲げられた。コロナ禍明けの最初の会合でもあり、これまでで最大の参加者数（現地参加者6279人、オンライン参加者3000人以上）となった。

インターネットが構築するグローバルなデジタル空間は、世界中の多様な個人、組織、コミュニティが自由に利用できる環境でなければならない。一方で、インターネットが世界に浸透するにつれて、不適切な目的に悪用される事例が増加していることも事実である。そのために日本が一貫して世界に向かって提唱しているのがDFFT（Data Free Flow with Trust、信頼性のある自由なデータ流通）である。これは、日本がとなえる「人間中心の信頼できるAI」を構築するためでもあり、G7でも岸田文雄首相がDFFTの具体化を進めていくと表明している。

そしてIGFでは、2023年のキーワードの一つである「生成AI」に関する積極的な議論が行われ、「AI開発者向けの国際的な指針及び行動規範」を打ち出すG7で提示された「広島AIプロセス」の加速が表明された。生成AIは、これまでも大きな問題と認識されていた偽情報の爆発的増加とその認識・認証が急激に難しくなることが、広く認識されつつある。一方で、生成AIの有効性と社会的・産業的なインパクトが議論され、これから人類が取り組むべき多くのアジェンダが提示された。

人類が持続的な活動を可能とし、成長を継続するためには、インターネットおよびデジタル技術が重要な役割を持っている。私たちには、そのことを認識し、新しい時代のデジタルインフラを、分断（Decoupling）することなく協力して構築するよう、取り組んでいく責任がある。

2024年1月

一般社団法人日本ネットワークインフォメーションセンター（JPNIC）

理事長　江崎 浩

インターネット白書2024　　目 次

Internet White Paper 2024

第4部　サイバーセキュリティとインターネットガバナンス 153

第5部　インターネット関連資料 223

掲載資料一覧

第1部　テクノロジーとプラットフォーム

加速する生成AIとLLMの動向

青山 祐輔　●株式会社 企

2023年はビッグテックによるLLMの開発が進み、生成AIがますます世界を席巻した。多くの企業がAIを利用して業務の効率化を図っているが、権利問題などの課題も多く、今後規制が強まるリスクもある。

　人類史上、2023年ほどAIが世界を席巻した年はなかった。世界中が生成AIとその話題に振り回され、AIの技術的、社会的動向を注視していると、世界がすでに生成AIを中心に回っているのではないかと錯覚するほどだった。なかでも巨大言語モデル（LLM：Large Language Model）によってチャットベースで人間と対話しながら、さまざまなタスク処理が可能となった「ChatGPT」は、ビジネスや教育といった多様な分野で利用できることから、大きな反響を引き起こした。さらには、高機能なAIに対する懸念がさまざまな形で表出し、IT業界のみならず社会や国を巻き込んでの事態となっている。この1年間で、何が起き、何が変わり、これからどうなろうとしているのか、技術と企業と社会の動向を簡単に振り返る。

■各社の生成AI

　生成AIが人々に広く知られるようになったきっかけは、2022年7月に登場した画像生成サービス「Mid Journey」だった。その後、8月にオープンソースの画像生成ソフト「Stable Diffusion」が公開され、手元のパソコンや無料のクラウドサービスでも気軽に画像生成を試すことができるようになり、生成AIへの注目度が急速に盛り上がった。そして11月のChatGPTの一般公開によって、生成AIの話題が爆発的に拡大した。

　2023年に入ると、ChatGPTへの注目度はますます高まった。ChatGPTの開発元であるOpenAIに対して、マイクロソフトが数十億ドルの追加投資を決めたことで、ビジネス面からも大きな注目を集めた。マイクロソフトは、OpenAIがChatGPT-3を開発した2019年から継続的に投資をしていた。検索エンジン「Bing」に、OpenAIが開発した画像生成AI「DALL-E 2」ベースの画像生成機能を組み込んだり、ソフトウエア開発支援サービスである「GitHub」にChatGPTベースのプログラミング支援機能「GitHub Copilot」を搭載したりするなど、OpenAIが開発した生成AIを自社のサービスや製品へ積極的に導入してきた。2023年には、最新のChatGPT-4ベースの対話機能のBingへの搭載を進め、9月にはWindows 11のプレビュー版に対話型AIアシスタントの「Copilot」を搭載した。

　同じくIT業界の巨人であるグーグルは、生成AIの導入という点ではライバルに出遅れた。ChatGPTの登場は、基幹事業である検索サービスの危機だとして、これまで以上のAIの開発と自社サービスへのAIの導入を経営陣が全社に指示したことが、2022年12月に報道された。2023年1月には大規模言語モデル「LaMDA」発表し、

5月に対話型AIの「Bard」をリリースした。さらに同年8月には日本語の検索結果にAIによるサマリーを表示する機能を導入し、12月にはテキストや画像だけでなく、映像や音声など多様なメディアを横断して扱うことができる新たなAIモデル「Gemini」を発表した。グーグルは自社のサービスの多くがクラウド上で展開していることから、Gmailに届いたメールやGoogle Driveに格納したファイルを参照した処理をさせるといった、より仕事の道具としての色合いが強いAIを提供している。

■LLMのニーズと日本の動向

ChatGPTもMicrosoft CopilotもGoogle Geminiも、ブラウザやアプリから利用できるだけでなく、APIやクラウドサービスが用意されており、それらを利用した企業向けのソリューションがすでに多く登場している。例えば、自社製品のマニュアルやQ&Aのテキストを追加で学習させたチャットボットによる製品サポートなどは、さまざまな企業で採用されている。また、企業内においても、データ分析、マーケティング戦略の立案、文書作成や翻訳などの業務をLLMの利用により自動化、効率化する事例も増えている。

このように、生成AIのなかでも特にLLMに対するエンタープライズユースへのニーズは高い。日本企業においては現在、デジタルトランスフォーメーション（DX）の推進が至上命題とされ、多くの企業がさまざまなユースケースに取り組んでいる。従来は、ディープラーニングによる画像認識技術の応用で、製造ラインにおける製品検査であったり、監視カメラの動体検出であったりといった、人の目に代わってAIが画像や映像を認識する場面が多かった。しかし、LLMは多くの企業におけるデスクワークに適用可能であることから、DX実現の切り札として期待され、実際に導入が進んでいる。

こうした企業からのニーズに対して、日本でも独自のLLM開発に取り組む企業が出てきた。楽天やソフトバンク、NTTが、日本語にフォーカスしたLLMの開発に取り組んでいる。ChatGPTは英語を中心に開発が進められているため、日本語で利用すると英語よりも精度や速度の点で劣るといわれている。そこで日本における企業ニーズに応えるべく、日本の企業による日本語ベースでのLLM開発に期待が寄せられている。

しかし、LLMの開発には膨大なデータと莫大な計算機資源が必要とされるため、本格的に開発に取り組めるのはごく一部の企業に限られる。LLMは「巨大」と名づけられているとおり、従来のAIよりもさらに多くのデータを基に、数千億ものパラメータに学習させることで高い精度を実現している。これだけのデータを用意し、AIモデルに学習させることができる企業は、いわゆるビッグテックとそれに準じる企業に限られ、スタートアップが参入する余地は少ない。

■画像生成AIと環境整備

PhotoshopやIllustrator、Premiere Proなど、クリエーター向けソフトウエアで大きなシェアを持つアドビもまた、生成AIについて積極的な動きを見せている。アドビは2023年3月に独自の画像生成AI「Firefly」をベータ公開した。Fireflyは学習時のデータに、自社のストック画像サービスでAIでの利用に許諾を得たものや、著作権の有効期間が切れたものを使うことで、権利上の問題をクリアしている。これによって、商業利用に際しての権利侵害リスクを抑えることができ、商業クリエーターの画像生成AI利用のハードルを大きく下げた。

同時にFireflyをPhotoshopに搭載したことで、クリエーターのワークフローのなかに画像生成

AIを組み込むことに成功した。写真に写り込んだ余計な物体や人物を消すといった作業だけでなく、人物の表情やポーズを修正したり、新たな被写体を追加したりといった、従来は人の手による高度な技術や時間が必要だった作業を、画像生成AIが人に代わって実施できるようになった。

画像生成AIの開発においては、既存の画像を学習させる必要があるため、そのことに対する権利者側からの異論が絶えない。実際に、MidJourneyやStable Diffusionなどに対する抗議や訴訟の例もあり、AIで生成した画像の商業利用に二の足を踏む企業は多い。しかしアドビは権利問題を明確にすることで、自社の顧客である商業クリエーターが安心して使える環境を整えた。このことは、画像生成AIという技術の普及において非常に大きい。実際にプロのカメラマンやイラストレーターが、業務においてアドビの画像生成AIを利用しており、多くの人々がそれとは知らないままAIで生成や加工をした画像を目にしている状況となっている。

マイクロソフトもアドビに倣い、2023年9月に同社のサービスや製品を利用して生み出したコンテンツが、知財の侵害で訴訟となった場合、その訴訟をマイクロソフトがカバーする「Copilot著作権コミットメント」を開始した。利用者が安心して同社の生成AIを利用できる環境整備を進めている。

■OpenAI CEOの解任騒動

ここまで生成AIに関する、2023年の主要プレーヤーの動向についてまとめてきたが、ここからは生成AIを巡る事業環境について触れたい。GAFAMに代表されるビッグテックのみならず、生成AIについては多くのテック企業が事業開発に取り組んでいる。その一方で、急速に発展する生成AIを巡り、そのリスクについて懸念する人々

も少なくない。その懸念がわかりやすい形で発露したのが、OpenAIのサム・アルトマンCEOの解任騒動だ。

騒動を時系列で整理すると、2023年11月17日にOpenAIがアルトマン氏に対して「OpenAIを率いる能力を信頼し得ない」として退任を発表し、19日にはマイクロソフトのサティア・ナデラCEOがアルトマン氏のマイクロソフト入社を公表した。しかし21日にはOpenAIがアルトマン氏のCEO続投のリリースを出した、という5日間にわたっての出来事だった。

この騒動の背景には、AIのあまりに強力かつ急速な発達を危惧するOpenAIの取締役会と、AI開発を積極的に推進するアルトマン氏の対立があったとされる。もともとOpenAIは、2015年にイーロン・マスク氏などのIT業界のエグゼクティブが設立した非営利の研究機関で、安全性や透明性、公平性といった、社会的責任の観点からAIの制御に関する研究を行うことが目的だった。しかし、そこで開発した画像生成AI「DALL-E」やLLM「ChatGPT」といった技術を商業利用するために、非営利組織のOpenAIの傘下に、営利企業としてのOpenAIが設置され、マイクロソフトなどの出資はこの営利企業に対して行われた。従って、非営利組織の取締役会がアルトマンCEOの方針を危惧するのは、OpenAIの成り立ちとして当然ともいえる。

しかし、すでに営利企業のOpenAIはマイクロソフトなどから多額の出資を受け、ChatGPTは多くの個人と法人のユーザーを抱えていた。そのため、アルトマン氏の解任はChatGPTの開発継続性に赤信号を灯すものとして、OpenAIの外部からさまざまな圧力があったことは想像に難くない。最終的にアルトマン氏はOpenAIのCEOに復帰し、また彼の解任を決めた理事たちは辞任することとなった。

■強まるAI規制の流れ

OpenAIの一連の騒動は、LLMを巡るテック企業内での権力闘争にAI推進派が勝利した、と捉えることができる。しかしその一方で、世界に目を向ければAIを規制する流れは強くなっている。

LLMに限らず、生成AIは学習データに使用された著作物の扱いに関しての議論が絶えない。前述のとおり、マイクロソフトは生成AIの利用に際してユーザーが訴訟リスクを負わずに済むようにカバーすると公表したが、そもそもマイクロソフト自身が生成AI開発における著作物利用について訴えられている。

画像生成AIの登場時も、開発元やサービス提供者が著作物を不適切に利用しているとして訴えられた事例があるが、画像生成以外の領域でも同様の事例が目に付くようになってきた。2023年12月には、ニューヨーク・タイムズ紙がOpenAIとマイクロソフトに対して、生成AIの学習に記事を無断使用して著作権を侵害したとして連邦裁判所に告訴した。同紙はOpenAIらと数か月にわたり交渉してきたが合意に至らず、訴訟する結果になったとしている。日本をはじめとして多くの国で、AIの学習に他人の著作物を利用することは認められているが、特にLLMや基盤モデルの登場はこれまでの著作権法の想定を超える状況だとして、新たな規制等の対応を求める議論が出てきている。

また、AIに対して特に強力な規制を掛けようとしているのがEUだ。EUでは2018年に施行された一般データ保護規則（GDPR）によって、個人データの企業利用に対して非常に強力な制限が掛けられている。GDPR違反により、アマゾン・ドット・コムやメタ（旧フェイスブック）が日本円で1000億円を超える罰金額を課されたこともある。この背景には、個人に関わるデータも人権の一環として保護すべきであるとする欧州の人権意識の高さだけでなく、特に米国企業の欧州進出に対する一種の障壁という面も持ち合わせている。

EUでは、2021年4月から検討されてきた「AI法」が、2023年7月に欧州議会で可決されたことで、2024年7月から施行予定となっている。AI法ではAIを4つのレベルに分類し、人の生命や基本的人権の脅威になると考えられるAIを明確に禁止し、それ以下の3つのレベルについても段階的に制限を掛けている。さらに、LLMを含む基盤モデルと呼ばれる大規模なAIについても、先の4つの分類とは別に異なる位置付けとして定義されている。現時点では、基盤モデルの利用については、生成した文章や画像にAIを用いて作成したことを明示することや、学習に用いたデータの公開を義務づけるといった、透明性を求めるものが中心で明確な使用制限は課されていない。しかし今後の動向次第では、厳しい規制が追加されるリスクもある。

これまでテクノロジーに関しては、事業支援や世界への影響力の観点から積極的には規制してこなかった米国も、生成AIについては規制に踏み出した。2023年10月にジョー・バイデン大統領が「AIの安心・安全で信頼できる開発と利用に関する大統領令」を発令し、企業による無秩序・無制限なAIの開発や利用を明確に禁止した。この大統領令はプライバシーや公民権の保護、労働者の不利益の防止など、人権に関わる事項をカバーしており、AIが使い方次第で人々に悪影響を与えることを認め、それに対処した形だ。

このほかにも、我が国を含む世界各国で、AIに関する何らかの規制や制限の実施、検討が行われている。こうした流れを受けて、2023年5月に広島で開かれた第49回先進国首脳会議（G7広島サミット）においても、AI規制における国際協調を図るために「広島AIプロセス包括的政策枠組み」が取りまとめられ、同年12月のG7デジタル・

技術大臣会合で採択された。過去のサミットでもAIに関する議論がなされてきたが、いずれも理念やビジョンといったレベルでの共通理解を図るものだった。しかし、今回の「広島AIプロセス」では、明確に規制・制限を視野にいれた国際協調を進めるものとなっており、特にディープフェイクなどの偽情報については、技術レベルでの対応策を視野に入れたものとなっている。

プライバシーや個人情報に関する規制は世界的に広がり、ビジネスにおいても常に対応が求められ、生活者としてもウェブサイトでの「同意」などによって、継続的に意識するべきものと認識されるようになった。AIにおいても、今後はAIそのものやAIを利用したプロダクトなどを開発するだけでなく、ビジネスに取り入れるにしろ、個人として利用するにしろ、その存在や利用目的、そして社会や人々に与える影響を強く意識することが求められるようになるだろう。

広がる "都市のデジタルツイン" とDX

片岡 義明 ●フリーランスライター

現実世界から収集したデータをサイバー空間上に再現する "都市のデジタルツイン"。そのインフラとなる3D都市モデルや点群データの整備が進み、さまざまな活用事例が生まれている。

■3D都市モデルの整備範囲が拡大

都市に関する現実世界の多種多様なデータをサイバー空間上に双子（ツイン）のように再現し、そこにさまざまなデータを重ねて解析やシミュレーションを行う取り組みである "都市のデジタルツイン"。そのデジタルインフラとして3D都市モデルを整備する「Project PLATEAU[1]（プラトー）」を、国土交通省が2021年3月に正式に開始し、全国の各地域を対象に整備や活用推進、オープンデータ化などを進めてきた。これにより、3D都市モデルの整備範囲は2022年度までに全国約130都市まで拡大し、まちづくりや防災・防犯、地域活性化・観光、モビリティ・ロボティクス、市民参加・教育、環境・エネルギー、インフラ管理など多様な分野でユースケースが創出されている。

Project PLATEAUは2023年度、この取り組みをさらに発展させて、3D都市モデルのエコシステム構築やデータ整備の高度化・効率化、ユースケースのベストプラクティス開発、オープンイノベーションの創出、地域の社会実装という5つのテーマについて約40件のプロジェクトを採択した。本格的な社会実装の段階に進みつつあるデジタルツインの取り組みを、さらに前進させる方針である。

その一環として、同プロジェクトは2022年度から、3D都市モデルを活用した新たなアプリケーションやコンテンツを表彰する「PLATEAU AWARD[2]」を開催している。同コンテストは都市開発向けのシミュレーションや可視化ツールだけでなく、エンターテインメント系のアプリやアート作品、データ変換ソフトなどのサポートツールといったさまざまな種類の作品が対象となる。2022年度は、3D都市モデルで生成した実在の街を仮想空間上のスノードームに入れて楽しむ作品「snow city」がグランプリおよびUI/UX賞を受賞した。

Project PLATEAUではコンテストのほかにも、アイデアソンやハッカソン、ピッチイベント、アクセラレーションプログラム、子ども向けイベントなど、年間を通じてさまざまなイベントを行うことにより、実装のきっかけ作りを進めている。

■データ管理と可視化をノーコードで実現

Project PLATEAUでは3D都市モデルをはじめ、分析やシミュレーションに用いられるさまざまなデータを管理・編集・可視化するためのビューア「PLATEAU VIEW 2.0[3]」を提供している（資料1-1-1）。2023年春には、このビューアに

オープンソースのデジタルツインプラットフォーム「Re:Earth[4]」が採用されるとともに、同ビューアのソースコードがProject PLATEAUのGitHubにて公開された。また、実証環境構築マニュアルもPLATEAUのウェブサイトにて公開されている[5]。

Re:Earthを採用することで、ノーコードでのデータ管理やフロントエンドのカスタマイズが可能となり、誰もが低コストで扱えるようになるため、専任のコンテンツ開発チームに投資することなく効率的にデータを活用できる。

■都道府県によるデジタルツインの取り組み

国土交通省によるProject PLATEAUの取り組みと並行して、都道府県によるデジタルツインの取り組みも進んでいる。

東京都は2030年までに、デジタルツインにおいてあらゆる分野でのリアルタイムデータの活用が可能となり、意思決定や政策立案に活用されることを目指す「東京都デジタルツイン実現プロジェクト[6]」を推進している。2023年度は同プロジェクトにて、センサーなどにおけるリアルタイム・準リアルタイムデータ活用の検証や、都職員が簡易的な機材により点群データを取得するといったデータ整備の新たな仕組みの検証、産学官でのデータ連係に向けた課題検証などのベータ版事業を実施している。

また、東京都では、3D都市モデルなどさまざまなデータを重ね合わせて見ることが可能な「東京都デジタルツイン3Dビューア（β版）[7]」を公開している。同ビューアでは建築物や道路、橋梁、地下通路などのデータやライブカメラ、ハザードマップ、点群データなど多彩なデータを表示できる（資料1-1-2)[8]。

東京都ではデジタルツイン実現プロジェクトの一環として、2022年度から2か年計画で都内全域の3D点群データの整備も進めており、2023年9月には多摩・島しょ地域（小笠原諸島を除く）の点群データをオープンデータとして公開した。これは、陸部には航空レーザー測量を、また、島しょ部の沿岸部には航空レーザー測深およびナローマルチビームをそれぞれ用いることによって取得した高密度点群データで、「東京都オープンデータカタログサイト[9]」よりダウンロードできるほか、東京都デジタルツイン3Dビューア上でも見ることが可能だ。

なお、同ビューアでは、東京都だけでなく静岡県が進めている点群データ整備プロジェクト「VIRTUAL SHIZUOKA[10]」の点群データも表示できる。早くから点群データの整備を進めてきた静岡県は、地中埋設管といったインフラ設備の点群データ取得など、点群データの整備・活用範囲を広げている。

点群データは精緻な地形情報が得られるため、例えば大規模な斜面崩壊が起きたときに差分を測定することで流出した土量を把握するなど、防災への活用も見込まれる。また、ドローンの自動飛行に不可欠な電線などのデータが含まれるといったメリットがあり、今後はデジタルツインを実現するためのデジタルインフラとして、全国の自治体で3D都市モデルだけでなく点群データを整備する動きも進んでいくと予想される。

例えば東京都や静岡県以外にも、長崎県が県全域の3D点群データを2023年8月からオープンデータとして公開している。この3D点群データは、2012～2020年度に取得したデータで、「オープンナガサキ[11]」のウェブサイトでダウンロードできる。このほか、和歌山県も2023年3月から、県が保有する県域の約65％に及ぶ点群データをオープンデータとして公開するとともに、点群データを利用した3Dビューア[12]も提供開始して

資料1-1-1　PLATEAU VIEW 2.0で3D都市モデルを表示

出所：Project PLATEAU

資料1-1-2　東京都デジタルツイン3Dビューアで点群データを表示

出所：東京都デジタルツイン実現プロジェクト

いる。

■全国の自治体へデジタルツイン環境を提供

　デジタルツインのプラットフォームについて

は、地理空間情報のデータ流通支援プラットフォーム「G空間情報センター[13]」を運営する社会基盤情報流通推進協議会（AIGID）が東京大学と連携し、全国の自治体に向けてデジタルツイン

環境を提供する「デジタルシティサービス[14]」を2020年6月に提供開始した。同サービスは、各自治体の多様なデータをG空間情報センターと連動してウェブ上で保管・管理し、3D地図上で可視化などを行えるサービスで、2023年4月には全国の自治体で利用可能となった。同サービスの基盤となる3D地図は、ゼンリンの3D建物形状データのほか、Project PLATEAUに基づいた地図データも利用できる。今後は都市の課題を解決するためのアプリケーションやシミュレーションとの連携も目指す方針だ。

■建築・都市のDXにデジタルツインを活用

全国の3D都市モデルの整備が進む中、ほかのデータとの連携によりDX（デジタルトランスフォーメーション）に生かそうとする動きも見られる。国土交通省は不動産の物件情報を一意に特定するための「不動産ID」の活用推進に取り組んでおり[15]、DX投資に必要な情報基盤として、建築・都市・不動産に関する情報が連携・蓄積・活用できる社会の構築を目指している。Project PLATEAUの取り組みと並んで、3Dの建物のデジタルモデルに属性データを追加した「建築BIM」や不動産IDの取り組みを一体的に進める方針で、2025年度からは不動産IDを介したPLATEAUや建築BIMと官民のデータを連携させることにより、多彩なユースケースの社会実装に着手する予定である。

この取り組みでは、不動産IDを情報連携のキーとして官民データの連携を促進し、不動産取引や都市開発、物流・流通、インシュアテック、行政DXなど幅広い分野において成長力の強化を図る方針だ。例えばAIGIDほか民間企業5社[16]は共同で3D都市モデルと不動産IDマッチングシステムの実証実験を行っており、これはProject PLATEAUのユースケースとしても紹介されている。PLATEAUが提供する3D都市モデルは座標で現実の建築物とひも付けられるが、インデックスを持たないため、データベース利用に課題がある。そこで3D都市モデルに不動産IDを付与するマッチングアルゴリズムを構築し、建築物モデルのCityGMLファイルを入力すると、属性として不動産IDが付与された建築物モデルが取得できるウェブシステムを開発している。

このように、デジタルツインの3D都市モデルは今後、さまざまな分野のデータと連携することによってデータの価値が向上し、利活用の幅が広がることで社会全体のDXの推進につながることが期待される。

1. https://www.mlit.go.jp/plateau/
2. https://www.mlit.go.jp/plateau-next/award/
3. https://plateauview.mlit.go.jp/
4. https://reearth.io/ja/
5. https://github.com/Project-PLATEAU/PLATEAU-VIEW-2.0
6. https://info.tokyo-digitaltwin.metro.tokyo.lg.jp/
7. https://3dview.tokyo-digitaltwin.metro.tokyo.lg.jp/
8. https://info.tokyo-digitaltwin.metro.tokyo.lg.jp/
9. https://portal.data.metro.tokyo.lg.jp/
10. https://virtualshizuokaproject.my.canva.site/
11. https://opennagasaki.nerc.or.jp/
12. https://wakayamaken.geocloud.jp/mp/22
13. https://front.geospatial.jp/
14. https://www.digitalsmartcity.jp/
15. https://www.mlit.go.jp/tochi_fudousan_kensetsugyo/content/001599766.pdf
16. 情報試作室、MIERUNE、インフォ・ラウンジ、トーラス、アジア航測

量子インターネットの可能性

永山 翔太　●株式会社メルカリ 研究開発部 R4D シニアリサーチャー／量子インターネットタスクフォース 代表

暗号通信ほか情報処理社会を変革する次世代ネットワーク技術として期待される量子インターネット。早期にアーキテクチャの研究に取り組み、技術の現状と進展を折り込みながらの試作開始が求められる。

量子インターネットは広域の量子コンピューターネットワークであり、実現に向けて研究開発が世界的に推進されている。ご存じの通り、量子コンピューターは次世代計算機として大いに話題を呼んでいる。特にここ10年の発展が目覚ましく、既にスパコンでも解けない（人工的な）問題を解けるようになっており、もう10年もすれば実用的な問題も解けるとみられている。これは、量子コンピューターは量子力学に立脚して動作する量子ビットで作られた計算機であり、現行のいわゆるデジタルコンピューターとは異なる計算特性を持っているためである。得意な情報処理内容が異なり相補的に利用できることで、今日の情報処理社会をさらに発展させると期待されている。

量子インターネットは量子ビットでつながる（量子）コンピューターネットワークであり、同様に、ビットから成る今日のインターネットと相補的に利用されていくであろう[1]。ハードウエア的に考えれば、量子インターネットは量子的な光通信インターフェースを持つ量子コンピューター同士のネットワークである。このネットワークが構築するサイバー空間はいわば「量子サイバー空間」とでも呼ぶべきものであり、そのため今日のインターネットとは異なる処理を得意とするサイバー空間となる。

■量子インターネットへの期待

インターネットの課題を量子インターネットで解決する研究がある。これらを順番に見ていこう。

●暗号通信

量子コンピューターの計算力による恩恵が期待される一方で、その計算力による公開鍵暗号解読により、暗号によって成り立っている現代のオンライン経済・オンライン社会全般の崩壊リスクが現実的な脅威になりつつある。国際通貨基金（IMF）もリスクを指摘し、対策の必要性を訴えている[2]。

現行暗号のセキュリティは、暗号解読の実行に必要な情報がインターネットに流れており盗聴者もその情報を入手できてしまうが、解読の計算に非現実的な時間（1万年など）がかかるため、現実的には安全となっている。一方、量子インターネットによる暗号は、暗号解読に必要な情報が（量子）インターネット上を流れない仕組みとなっており、理論的に、どれだけの時間をかけても解読が不可能となっている[3,4,5]。

●クラウドのセキュリティ

昨今注目を集める秘匿計算においても、量子イ

ンターネットへの期待がある。クラウドからの漏えいは大きなセキュリティリスク・プライバシーリスクであり、これを解決するのがデータを暗号化したまま情報処理を行う秘匿計算だ。しかし、デジタル情報における秘匿計算には爆発的に大きな計算オーバーヘッドがかかることが分かっており、ある程度の大きさのデータしか処理できない。

一方、量子インターネットと量子コンピューターを用いる量子秘匿計算のオーバーヘッドは、軽いものであることが分かっている[6]。また、データのみならず、クラウド上で実行するプログラムすら暗号化できるため、社外秘のアルゴリズムをクラウドで安全に実行できるなど、さらに便利になる。

●高精度な時刻同期

高精度な時刻同期の需要もある。株取引のような大量のリクエストが到来する分散サーバー間のデータ同期は言わずもがな、自動運転の高精度化などに資するGPSの高精度化などフィジカル空間にも大きく影響する。量子ネットワークを利用すると、高精度な時刻同期が可能であることが分かっている[7]。

●分散量子コンピューティング

ある問題を解くための計算操作に必要なステップ数が小さくなるため、量子コンピューターは古典コンピューターよりも速い。実は、量子インターネットも、同様の利得を生み出せる。ただし、量子インターネットの場合、分散タスクを処理する際に必要となる通信回数が小さくなる。例えば、分散環境におけるコンピューター間の合意形成はシステムの信頼性に強く関わる問題であり、需要のあるタスクである。

量子インターネットを用いると、このタスクを古典インターネットよりも高速に実行可能であることが分かっている。合意形成をより高速に実施できるようになれば、開けてくる世界もあるだろう[8]。

●超長基線望遠鏡による宇宙からの微弱信号観測

宇宙からの微弱な信号を検出する超長基線望遠鏡は、量子インターネットによってさらに弱い信号を検出できるようになる。これは量子センサーネットワークの一種だ。量子インターネットを用いる超長基線電波望遠鏡により、遠くの天体の大きさが分かったり、宇宙を飛び交っている信号をさらに正確に検出できるようになったりすることで、天文学や宇宙物理学の発展に寄与するかもしれない[9]。

■歴史的情勢

Quantum Internet（量子インターネット）という言葉が論文に登場したのは2008年にさかのぼる[10]。素因数分解を実行できるShorのアルゴリズム[11]の発見によって第1次量子コンピューターブームが起こった1990年代後半と、超伝導量子コンピューターにおけるブレークスルー[12]によって第2次量子コンピューターブームが起こった2010年代の、ちょうど間の時期だ。

ただ、この時に提案されたネットワークは量子コンピューターを光子で物理的にただ連結しただけのものであり、今日のインターネットをグローバルで不可欠なインフラたらしめているような賢いアーキテクチャやシステム、ソフトウエアについては検討されていなかった。

その後、基礎研究が重ねられた。量子インターネットは光通信インターフェースを持つ量子コンピューターネットワークであることから、量子コンピューター研究の進展とともに量子インターネット研究も進展した。その中には、量子

ビットから光子を打ち出したり、逆に吸収したりする研究や、そこで培った技術を応用して離れた量子ビット間に量子もつれを作るような研究があった。

インターネットの人間として興味深いのは、量子インターネットにおいても「通信波長」を利用する動きがあることである[13]。

通信波長は、今日我々が利用している光ファイバーに光を通す際に利用される、光ファイバーにおいて光の減衰率が小さくなる波長帯である。一方、量子ビットが直接送受信できる光子の波長は、その量子ビットに利用している原子種や技術に依存する。そのような、例えば可視光帯の波長の光子を、量子状態を壊さないように、通信波長に「量子波長変換」して今日の光ファイバーを利用しようとする一連の研究がある。

また、量子ネットワークのアーキテクチャやソフトウエアに関する研究も始まった。アーキテクチャには、分散量子コンピューターアーキテクチャ[14]を研究する流れと、量子ネットワークアーキテクチャ・量子インターネットアーキテクチャ[15]を研究する流れがある。これらは密接に関係しており、デジタル情報技術の研究者も参入している。筆者の研究分野もここであり、量子インターネットのプロトコルスタックについて研究している[16]。また、理論研究として、量子インターネットの通信容量に関する研究や、量子インターネット上で実行できるアルゴリズムやアプリケーションの研究も盛んになった。

そのような進展がある中、2010年代末から各国は大型プロジェクトを発起するようになった。口火を切ったEUは2018年に、その大型量子研究開発構想である「Quantum Flagship」の中で、オランダを拠点とするプロジェクトである「Quantum Internet Alliance」を開始した（2018〜2021年）[17]。この第1期量子インターネットア

ライアンスは4年で1000万ユーロのプロジェクトであり、量子インターネットのテストベッドを志向するものであった。

当初は2020年に、オランダのデルフト－アムステルダム－ハーグ－ライデンを接続する広域量子インターネットテストベッドを構築する予定とされていた。コロナ禍もあってその目標は達成できずに修正されたようだが、2021年に重要マイルストーンである量子信号中継の原理実証を、ダイヤモンド内に作る量子ビットを用いて達成した。EUは2022年から、さらに3年半で2400万ユーロの追加投資を行い、量子インターネット研究を強く後押ししている（2022〜2025年）[18]。

米国は、EUに追従するように、2020年から量子インターネットへの集中投資を開始した。米国では当時「National Quantum Initiative 法」が量子技術の研究開発を広く支援しており、特に量子コンピューターに関する取り組みが重点化されていた。米国は2022年にこの法律に改正して量子ネットワークをさらに重点化し、エネルギー省や科学技術政策局、国立標準技術研究所（NIST）などを通して、大学、国立研究所、企業の研究を後押ししている（5年間で最大1億ドル以上／年）[19]。

そもそも米国は一部のトップスクールに限らず各地の大学や国研がおのおのの強みを持って盛んに研究開発活動を行っており、これを下地として量子インターネットテストベッドを掲げるプロジェクトが各地に発足した。この数は年々増えている。

日本も量子インターネットの基礎研究で強みを持っている。しかし、これらを生かすためには、また実際に量子インターネットをつくるためには、これらを糾合する異分野連携コミュニティが必要であった。このための活動を筆者は2018年から始め、2019年に、研究者の集まりとして量子インターネットタスクフォースを立ち上げ

資料1-1-3 米国の量子情報科学（QIS）の研究開発におけるPCA（Program Component Area）別内訳

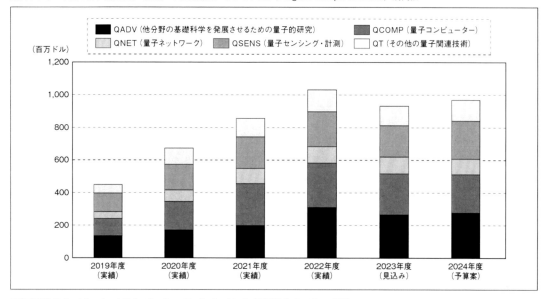

出所：NSTC, National Quantum Initiative Supplement to the President's FY 2024 Budget, Dec., 2023

た[20]。30年後に責任を持てる体制とするため若手をボードメンバーとし、実績ある研究者にアドバイザーとなってもらい、量子インターネットについての理解を広める活動や、社会実装までの道筋を描くホワイトペーパーを執筆・公開した[21]。

　一方、日本政府は、誤り耐性型量子コンピューターの実現を目指す超大型プロジェクトである科学技術振興機構（JST）のムーンショット型研究開発事業の目標6において、分散量子コンピューターを実現するための量子ネットワークに関する研究プロジェクトを立ち上げた[22]。これには物理に関する複数のプロジェクトが存在するほか、筆者自身もテストベッド環境を整備してデータセンターサイズの量子コンピューターネットワークのプロトタイプ実装を行うプロジェクトを提案するとともに、プロジェクトマネージャーを務めている。今日のインターネットがコンピューターネットワークであることを考えれば、量子コンピューターネットワークを実現するプロジェクトが量子

インターネットと深い関わりを持つことは想像にたやすい。

　このようなプロジェクトを文部科学省が支援する一方で、総務省は、より長距離での量子通信を実現するプロジェクトを立ち上げた。量子インターネットタスクフォースでは多拠点接続の手始めとして、慶應義塾大学の矢上キャンパスと新川崎タウンキャンパスの間をつなぐ約4kmのダークファイバーを確保し、キャンパス間接続の準備を進めている。WIDEプロジェクトでも、全光ネットワークの実験に相乗りする形で、都心のファイバー網を用いる実験を計画中だ。

　TCP/IPなどインターネットの通信標準を策定するIETF（Internet Engineering Task Force）は、その姉妹団体であり研究段階の技術を扱うIRTF（Internet Research Task Force）に、量子インターネットのリサーチグループ（Quantum Internet Research Group：QIRG）を設置した[23]。量子インターネットの設計指針を論じる informational

RFCが、QIRG初のRFCとして発行された[24]。

　量子コンピューターのプロトタイプ試作は2010年代に始まった。このプロトタイプは、不完全であることを前提としていた。例えば、量子ビットの数が極端に少なく、エラーだらけで、普通の計算機としてはとても使い物にならない。しかし、この試作によって工学的な研究が進み、アルゴリズムを含む重要な理論研究も大きく刺激した。2020年代は、量子インターネットにおいてもこのような試作が始まる時代になるだろう。

■量子インターネットの定義

　実際のところ、量子インターネットの定義ははっきりしていない。そのような現状で筆者の考える量子インターネットの定義は、以下の2点である。

①ネットワークのネットワークであること
世の中に存在する運用主体で運用・管理できるネットワークのサイズにはおのずと限界がある。インターネットはあらゆるサイズのネットワーク同士を相互接続することで、世界規模のコンピューターネットワークとなることを可能にした。すなわち、技術的のみならず組織的・社会的にもスケーラブルであった。人類社会は多様なコミュニティ同士の連結で成り立っているため、量子インターネットもこの流れを踏襲するべきである。
②量子情報の汎用通信網であること
インターネットはデジタル情報におけるあらゆる

分散・通信アプリケーションを載せられる汎用通信網であることで、ここまで大きくなった。

　もちろん、ベストエフォート性やエンドツーエンド性などインターネットを支える重要な特徴や性質は他にもあるが、どのような特性が量子情報・量子通信の性質に適合しているかはまだ分からない。そこで、まずは上記の2点に的を絞って量子インターネットの研究を続け、その中で適切なアーキテクチャを見いだしていく方針が適切と考えられる。

■量子インターネット実現に向けて

　量子インターネット実現への道程はまだ長い。量子的なハードウエアは変換技術が実現すれば局所的に交換・代替することが可能になるため、技術同士の切磋琢磨が起こるだろう。一方、インターネットのような広域コンピューターネットワークのアーキテクチャは、一度そのアーキテクチャを採用してインフラを敷設してしまうと更新するのが難しい。インフラ全体を交換する必要が出てきてしまうためだ。

　この意味で、量子インターネットアーキテクチャは量子コンピューターアーキテクチャとは異なる難しさがあり、早期から注力することが重要である。世界と接続する必要もあるので、国際連携の重要性も特に高い。量子インターネットの研究開発は、インターネットで培ってきた知見を大いに生かしたい。

1. Science, Vol 362, Issue 6412, 2018
2. Deodoro, J. et. Al.,QuantumComputingandtheFinancialSystem:SpookyActionataDistance?,IMF,Mar. 12, 2021
   https://www.imf.org/en/Publications/WP/Issues/2021/03/12/Quantum-Computing-and-the-Financial-System-Spooky-Action-at-a-Distance-50159/
3. Theoretical Computer Science, Volume 560, Part 1, Dec. 2014
4. Gottesman, D. et. Al., Quantum Digital Signatures, arXiv, Nov. 15, 2001
   https://arxiv.org/abs/quant-ph/0105032
5. Physical Review Letters, Volume 87, 167902, 2001

6. npj Quantum Information, volume 3, Article number: 23, 2017

7. Physical Review Letters, Volume 85, 2010, 2000

8. Nagayama, S., Distributed Quantum Computing Utilizing Multiple Codes on Imperfect Hardware, arXiv, Apr. 9, 2017 http://arxiv.org/abs/1704.02620

9. Physical Review Letters, Volume 109, 070503, 2012

10. Nature, volume 453, pp.1023-1030, 2008

11. SIAM Journal on Computing, Volume 26, Issue 5, pp.1484-1509, Oct. 1997

12. Nature, volume 508, pp.500-503, 2014

13. Nature Communications, volume 9, Article number 1997, 2018

14. Computer, Volume 49, Issue 9, pp.31-42, 2016

15. Van M., R., Quantum Networking. John Wiley & Sons, Apr. 14, 2014

16. ACM, QuNet '23: Proceedings of the 1st Workshop on Quantum Networks and Distributed Quantum Computing, pp.25-30, Sep. 10, 2023

17. EC, Quantum Internet Alliance https://cordis.europa.eu/project/id/820445

18. QIA, The Quantum Internet Alliance will build an advanced European quantum internet ecosystem, Oct. 14, 2022 https://quantum-internet.team/2022/10/14/the-quantum-internet-alliance-will-build-an-advanced-european-quantum-internet-ecosystem/

19. National Quantum Initiative, Quantum in the CHIPS and Science Act of 2022, Aug. 9, 2022 https://www.quantum.gov/quantum-in-the-chips-and-science-act-of-2022/

20. 量子インターネットタスクフォース https://qitf.org/

21. 量子インターネットタスクフォース、"The"量子インターネット、version 1.1、2021年2月22日 https://qitf.org/files/20210222_qitf_whitepaper.pdf

22. JST、ムーンショット型研究開発事業目標6 誤り耐性型汎用量子コンピュータ https://www.jst.go.jp/moonshot/program/goal6/

23. IRTF Quantum Internet Research Group (QIRG) https://www.irtf.org/qirg.html

24. RFC 9340, 2023

アクセシビリティと共生の技術

仲里 淳　●フリーランスライター／インプレス・サステナブルラボ研究員

インターネットやデジタル技術の発展と普及により、多くの人々が恩恵を受けている。一般のビジネスや娯楽だけでなく、今後はバリアフリーやアクセシビリティといった福祉分野での広がりが期待される。

■ウェブアクセシビリティの取り組み

●国際的な標準・規格が存在

インターネット分野におけるバリアフリーやアクセシビリティ関連の代表的な取り組みに「ウェブアクセシビリティ」がある。ウェブページで提供される情報（コンテンツ）や機能（サービス）などの「利用のしやすさ」を意味し、視覚障害を考慮したテキストサイズや色彩の調整、内容の音声読み上げ、図画情報の代替テキスト、聴覚障害を考慮した字幕表示といった機能が挙げられる。自治体や図書館など、公共施設のウェブページでこれらの機能を見かけたことがあるだろう。

ウェブアクセシビリティは標準化・規格化されており、W3C の WCAG（Web Content Accessibility Guidelines）2.0、国際標準規格ISO/IEC による ISO/IEC 40500:2012、日本のJIS規格である JIS X 8341-3:2016[1]などが存在する。ただし、現在これらの内容は統一されており、どれに対応すべきかで悩む必要はない。

日本では、ウェブアクセシビリティ基盤委員会（WAIC）[2]が中心となり、JIS規格の原案作成や普及促進に向けた啓蒙活動を行っている。

古いデータとなるが、2012年の総務省調査[3]によると、障害者全体でのインターネット利用率は53.0％、視覚・聴覚障害者や肢体不自由者に限る

と80〜90％以上となっている。その後のスマホの普及を踏まえると、現在この数字はさらに高くなっていると考えられる。

●2024年から「合理的配慮」が義務化

この分野の政府による動きとしては、総務省が2004年から公共分野におけるアクセシビリティ確保の取り組みを開始し、2005年に「みんなの公共サイト運用モデル」を公表したことが挙げられる。その後も JIS X 8341-3 の改正に合わせて、運用モデルも改定されている[4]。

2016年施行の「障害者差別解消法[5]」では、「差別的な扱い」と「合理的配慮の不提供」を禁止することで、社会全体の意識向上を促してきた。2021年の改正により、2024年4月1日から合理的配慮の提供が義務化される。これまでは「努力義務」であった民間企業にも、配慮が強く求められることになり、世の中の関心が高まりつつある。

●「義務」にはなるが対応は冷静に

民間企業での義務化によって、今後は合理的配慮を提供するウェブサイトが増えると期待される。ただし、「義務」とはなっているが、ウェブアクセシリビリティに未対応だとしても、現時点で罰則はないとされている。米国などの海外では、

未対応であることが訴訟問題に発展した例もあるが、日本では実質的に「努力義務以上」という状況がしばらく続くだろう。

そもそも、合理的配慮の提供＝ウェブアクセシビリティ対応というわけではない。対応は望ましいことだが、むしろ、義務化を口実に改修作業を押し売りしてくる悪質な制作会社が現れる可能性もあるので注意すべきである。

●無理なくできる対応から

ウェブサイトには、ECなどのビジネスを目的としたものも多く、それぞれ想定された対象ユーザーがいる。当該ユーザーに最適化することはビジネス上当然だが、その上で排他的にせず、可能な範囲で間口を広げ、代替方法を用意しておくという姿勢が合理的配慮の第一歩となる。

例えば、セキュリティ上の目的で、アイコンなどを画像の特定位置にマウスでドラッグするパズル型や、画像内の指定した対象にマウスで印を付ける画像認識型の認証がある。これらは視覚障害があると対応できないため、代替手段に切り替えるなどの対応が求められる。

ウェブアクセシビリティへの意識が高まる一方で、現場で多く聞かれる悩みが、明らかに増えるコストと手間を社内にどう説明するかというものだ。非常に難しい問題ではあるが、明らかな罰則がない状況では、業界さらには社会全体で「対応は当然」という機運を醸成していくしかないだろう。また、規格に完全準拠するにはハードルが高いという場合は、部分的な対応でも良いだろう。例えばJIS X 8341-3:2016には達成基準がAからAAAまで、段階的な対応レベルがある。

グローバルに展開するウェブサイトの場合は重視されるだろうし、企業ブランディングやSDGsの観点からも、今後のウェブ制作ではアクセシビリティ対応が必須の検討事項になるといえる。

また、情報補償の観点では、日本語に不慣れな人向けに考案された「やさしい日本語[6]」への対応も選択肢の一つとして覚えておきたい。

■デジタルデバイスのアクセシビリティ
●拡充するスマホのアクセシビリティ機能

スマホ、タブレット、パソコンは、身近なデジタルデバイスとして日常生活から仕事まで多くの活動が集約されている。特にスマホは、急速な性能・機能向上によって、障害者にとっても便利で有用な道具となっている。

注目すべきはこれらのデバイスに標準で搭載されるアクセシビリティ機能で、OSやデバイスのバージョンアップとともに着実に向上している。アップルのiPhoneには、音声制御、画面の読み上げや表示の拡大／縮小、色の調整などが標準搭載されており、障害者にも利用できるアクセシビリティ機能を備えたデバイスとして支持されている。毎年OSがバージョンアップされるが、近年では次のような機能が追加されている。

・サウンド認識
聴覚障害者向けに、環境音（インターホンの音、お湯の沸く音、赤ちゃんの鳴き声、サイレンの音など）を認識して通知する機能。
・ライブスピーチ
声が出せなくてもテキスト入力した内容を通話相手に音声で伝えられる機能。
・パーソナルボイス
ALS（筋萎縮性側索硬化症）などの疾患で音声を失いつつある患者が、自分の声に似た音声を事前に作成しておくことで、将来その声をテキストの音声化で利用できる機能。
・ポイント・アンド・スピーク
視覚障害者向けに、カメラ（拡大鏡機能）で写した被写体（家電製品の説明ラベルなど）でユーザー

が指で示した部分のテキストを読み取る機能。

・アシスティブアクセス

認知障害者向けに、画面上のアイコンやテキストを拡大し、非常にシンプルなデザインに変更する機能。

これらの機能の中には、近年、飛躍的に向上したAIによる音声や画像の認識技術も活用されている。目が見えなくても、周りの空間をスマホが代わりに認識し、詳細に説明してくれる世界はもう来ている。

OpenAIのChatGPTは、公開直後から世界中の話題をさらってきた。その基盤技術であるGPT-4を使い、写真の内容を認識して説明したり、冷蔵庫内の画像からレシピを提案したりできるアプリも登場している。また、手話の読み取りもAIによってある程度までは可能となっており、多言語翻訳からさらに進んだコミュニケーションのバリアフリーが実現されつつある。

●主要OSで着実に対応が進む

ここまでiPhoneとそのOSを中心に紹介してきたが、同じくスマホOSで多くの利用者がいるグーグルのAndroidでもアクセシビリティ機能が強化され続けている。また、パソコンOSであるマイクロソフトのWindowsやアップルのmacOSでも同様だが、スマホやタブレットに比べると控えめな印象だ。これはデバイスの性質上、小型でいつでも持ち歩けて、多様なセンサーが搭載されているスマホのほうが、できることが多いという理由もあるだろう。

カメラで画像、マイクで音声、モーションセンサーで動きを入力でき、出力も画像や音、振動（バイブレーション）と多様だ。スマホなら、障害の特性に合わせたインタラクションが、パソコンよりも実現しやすい。

●福祉機器としての可能性

スマホを筆頭に、強力で扱いやすいコンピューターの普及によって、それらの周辺機器としてアクセシビリティ機能を実現する製品も増えている。視線入力センサーやスティック型コントローラーなど、マウスやキーボード操作を代替できる製品がある（資料1-1-4）。

専用機器として全てを開発するにはコストがかかるが、すでにあるスマホやタブレットを土台に、アプリや周辺機器に追加機能として実現できればコストを抑えられる。これは、機器を購入する側にとってもメリットで、高機能の支援機器を安価に利用できることになる。

■読書バリアフリーへの対応

●読書バリアフリー法で進む環境整備

視覚障害や発達障害、肢体不自由などの障害により本やその表現の認識が困難な人の読書環境整備を促進するため、2019年に「読書バリアフリー法[7]」が施行された。この法律では、障害の有無にかかわらず、全ての国民が等しく読書を通じて文字・活字文化の恩恵を得られる社会の実現を目指している。

2023年に、小説『ハンチバック』で第128回文學界新人賞と第169回芥川賞を受賞した作家の市川沙央氏は、遺伝性筋疾患である先天性ミオパチーのため人工呼吸器を常用し、車椅子で生活する。重度障害当事者である市川氏が、読書バリアフリー化への切なる思いを主張したことは記憶に新しい。

電子書籍に限らず、点字図書や拡大図書（大活字本）、デイジー図書やオーディオブックなどは「アクセシブルな本」といえる。しかし、点訳や音訳に対応している本は、全体から見てもごくわずかだ。ボランティアに頼っても人手には限界があり、対応のためのコストは高い。いち早く読書バ

iPadに視線入力センサーとアプリを組み合わせた会話ツール

肢体不自由でも入力や操作がしやすいコントローラー

出所：第50回国際福祉機器展＆フォーラムの会場で筆者撮影

リアフリーを実現するには、電子化とデジタル技術の活用が必須となる。実際、公共図書館では、読書バリアフリー対応に向けて電子図書館の設置が増えている。

●技術面以外の解決すべき課題も

紙か電子かによらず、本の多くは出版社が事業として出した商品である。図書館における紙の本の扱いはルール化されているが、電子版はルールの整備中であり、アクセシビリティ対応は技術面だけでなく著作権も関係してくる。自動読み上げされた作品はテキストで読むことを想定した元の作品と同じといえるのか、読み間違えをどう扱うべきかなど、解決すべき課題がある。このような現状を踏まえ、国会図書館では、「電子図書館のアクセシビリティ対応ガイドライン[8]」として施策の具体的な手順を示している。

また、ある本がアクセシブルであったとして、それを知る手段も必要となる。日本出版インフラセンター（JPO）では、2023年3月にアクセシブル・ブックス・サポートセンター（ABSC）を設置した。ABSCでは、業界動向を伝えるレポートの発行やアクセシブルな本の情報集約を行っている。出版情報登録センター（JPRO）と連携して、出版物に関して「電子版の有無」「電子書籍の自動読み上げ対応」「オーディオブック」「大活字本」といった情報を登録してもらうことで、必要な人が本を探せるようにすることを目指している。

●2年連続で視覚障害者向けサービスが大賞に

日本電子出版協会（JEPA）では、JEPA電子出版アワードとして毎年、日本の電子出版物の育成と普及を目的とした賞を企画している。2022年の第16回では、メディアドゥの「アクセシブルライブラリー[9]」が、2022年の第17回では、スプリュームの「YourEyes（ユアアイズ）[10]」が大賞を受賞した。

アクセシブルライブラリーは、視覚障害者の読

書体験をアクセシブルなものにするために適した
ユーザーインターフェースや、自動音声読み上げ
に対応した電子図書館プラットフォームだ。電子
書籍の取り次ぎである同社の立場を生かして、よ
り多くの対応図書を増やすための働きかけを出版
社に行っている。

YourEyes も、視覚障害者の読書体験をアクセ
シブルなものにするためのアプリとサービスだ。
こちらは、スマホのカメラをスキャナー代わりに
して、本のテキストを読み取り、読み上げをする
アプリだ。技術的にハードルが高く、さらに人手
も使ったテキスト認識の部分では、著作権への対
応という難しいことをしている。

2年連続で視覚障害者の読書支援が受賞したこ
とは、もちろん両サービス自体への評価もある
が、出版業界として読者バリアフリーの重要性を
強く意識しているからでもあるだろう。

■リモート＆ロボットの可能性

●ロボットの遠隔操作で接客業務

コロナ禍によって、世界中でリモートワークや
遠隔授業への対応が迫られ、多くの人々が実際に
経験した。行動制限中は、いつもの場所への物理
的なアクセシビリティが無くなった状態ともいえ
るが、これは障害者の多くが置かれてきた状況で
もある。インターネットによるリモート作業環境
の実現は、障害者にも可能性をもたらす。

肢体不自由などの理由で自宅や病室から出る
ことが困難な人でも、社会で活動したい、働きた
いという欲求はある。これをネットワークにつ
ながったロボットでかなえたのが、オリィ研究所
の分身ロボット[11]だ。店舗などに設置した分身ロ
ボットのカメラやマイクを通して、「パイロット」
と呼ばれる操縦者は自宅などから接客業務を行
うことができる[12]。まさに自分の分身が活動して
いるような形だが、分身ロボットでは身体をまっ

たく動かすことができなくても、視線入力などに
よって分身ロボットの顔や手を動かせ、声を出せ
なくても合成音声で会話ができる。

バーチャル空間におけるアバターと同じ構図だ
が、ロボットが介在することで、現実空間におい
てビデオ会議でできること以上のものを障害者に
提供している（資料1-1-5）。

●物理的制約を無くし就業機会を創出

障害者や高齢者でも生活しやすい社会や環境は
もちろん必要だが、それを実現するための具体的
な方法がなくては話にならない。企業であれば、
障害者雇用率制度などの現実的な課題もある。分
身ロボットのようなソリューションは、働ける人
を増やし、その仕事も実践的で意味のあるものに
できる可能性を持っている。もちろん、これは障
害者だけに向けたものではなく、高齢者や出産育
児・介護などで外出しにくい人にとっても恩恵を
もたらす。

コロナ禍を経て、人々の意識や社会通念は大
きく変化した。リモートでできること、十分なこ
と、逆にリモートではできないこと、不十分なこ
との理解が進んだ。そして、どのような仕事なら
リモートでもできるか、リモートで依頼するなら
仕事内容をどのように分解すべきかの知見を蓄積
できたはずだ。今後はそれを社会全体で生かして
いけるようにすべきだろう。

■産業としての成長と革新に期待

●2025年東京デフリンピックの効果

ITやインターネットの分野では、次々とスター
トアップ企業が生まれ、新興市場が急拡大してき
た。人とお金が集まり、イノベーションが促進さ
れるというサイクルができあがることで、急速な
発展を遂げてきた。福祉産業でもデジタル化が進
み始めたことで、同様の発展が期待でき、実際に

全長約120cmの分身ロボット「OriHime-D」

OriHime-Dを通して、リモートで接客や配膳などの身体労働を伴う業務ができる

出所：オリィ研究所

さまざまなスタートアップ企業やデジタル技術を生かしたソリューションが登場している。

2025年に東京で開催されるデフリンピックを踏まえ、2023年11月に東京都が期間限定でオープンした「みるカフェ」では、音を可視化する数々のデジタル技術を使って店舗が運営された。

実写のようなキャラクターが手話でメッセージを伝える手話CGアバターの「KIKI[13]」、対面での会話をリアルタイムに認識し、外国語に翻訳して表示する音声翻訳表示ディスプレイ「VoiceBiz UCDisplay[14]」のほか、多くのデジタル技術を体験できた。

●娯楽でもバリアフリーと共生を

福祉向けというと切実で現実的な製品のイメージを抱くかもしれないが、娯楽の分野でもアクセシビリティやインクルージョンへの広がりが生まれている。代表的なのはテレビゲームで、肢体不自由であっても、身体の一部を使って操作でき

れば野球やサッカーをバーチャルに楽しめる。また、不自由でもある程度操作しやすいコントローラーもマイクロソフト[15]やホリ[16]などが製品化している（資料1-1-6）。

2023年に発売された世界的人気の格闘ゲーム「ストリートファイター6」（カプコン）には、サウンドアクセシビリティ機能が搭載された。ゲームの状況を音で把握できるようになり、視覚障害者など、画面が見えない人でもゲームを楽しめると話題になった。また、2024年1月26日に発売された同じく格闘ゲームの「鉄拳8」（バンダイナムコエンターテインメント）では、色覚関連のアクセシビリティ機能が搭載された。他にも、字幕やキャプションなど、アクセシビリティ機能を備えたゲームは少しずつ増えている。

障害者にとって、まずは日常生活を安心・安全に送ること、そして可能なら健常者と同じように働くことが何よりの願いだろう。さらに、違いや差を意識することなく、一緒に娯楽を楽しめる

資料1-1-6　通常のゲームコントローラー操作に制限のある人向けの製品

ホリの「Flex Controller」はNintendo Switch をボタンだけで操作できる

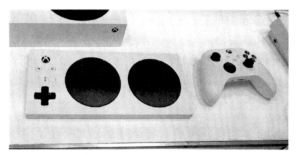

マイクロソフトの「Xbox Adaptive Controller」（左）。通常のコントローラ（右）に比べてボタンが大きく安定している

出所：第50回国際福祉機器展＆フォーラムの会場で筆者撮影

なら理想的だ。少しでもその数を増やし、領域を広げることは、社会の役割であり、デジタル技術はその可能性を秘めている。福祉ビジネスは、これまで地味で儲けにくいとされてきた。今後、デジタル技術活用の場として広がり、多く若者やスタートアップが参入したくなるような発展・成長産業になることを期待したい。

1. 規格名称「高齢者・障害者等配慮設計指針－情報通信における機器，ソフトウェア及びサービス―第3部：ウェブコンテンツ」
2. ウェブアクセシビリティ基盤委員会（WAIC）
   https://waic.jp/knowledge/accessibility/
3. 障がいのある方々のインターネット等の利用に関する調査研究
   https://www.soumu.go.jp/iicp/chousakenkyu/data/research/survey/telecom/2012/disabilities2012.pdf
4. みんなの公共サイト運用ガイドライン（2016年版）
   https://www.soumu.go.jp/main_sosiki/joho_tsusin/b_free/guideline.html
5. 正式名称「障害を理由とする差別の解消の推進に関する法律」
6. 在留支援のためのやさしい日本語ガイドラインほか
   https://www.bunka.go.jp/seisaku/kokugo_nihongo/kyoiku/92484001.html
7. 正式名称「視覚障害者等の読書環境の整備の推進に関する法律」
8. 電子図書館のアクセシビリティ対応ガイドライン1.0
   https://www.ndl.go.jp/jp/support/guideline.html
9. アクセシブルライブラリー
   https://acc-lib.mediado.jp/
10. YourEyes
    https://youreyes.jp/
11. 分身ロボット「OriHime」
    https://orihime.orylab.com/
12. 分身ロボットカフェ DAWN 2021
    https://dawn2021.orylab.com/
13. 手話CGサービス
    https://www.nhk-ep.co.jp/signlanguage/jp/
14. 透明ディスプレイを活用した窓口向け翻訳システム
    https://solution.toppan.co.jp/newnormal/service/voicebiz_ucdisplay.html
15. Xbox Adaptive Controller
    https://www.xbox.com/ja-JP/accessories/controllers/xbox-adaptive-controller
16. Flex Controller
    https://hori.jp/products/flex-controller/

1

クラウドサービス市場の動向

林 雅之 ●国際大学GLOCOM 客員研究員（NTT コミュニケーションズ株式会社 勤務）

生成AIやDXによる需要の増加、政府による「ガバメントクラウド」の推進などを背景に市場環境が変化。日本独自のLLM基盤整備や「分散クラウド」の加速により国内事業者の動きが注目される。

■クラウドサービスの市場動向

調査会社のIDC Japanが2023年6月に発表した「国内クラウド市場予測」によると、2022年の国内クラウド市場は、前年比37.8％増の5兆8142億円となった。2022年3月以降、急速に進んだ円安の影響や部材の高騰により、製品やサービスの単価が上昇したことも同市場の成長に寄与したという。2022〜2027年の年間平均成長率は17.9％で推移し、2027年の市場規模は2022年比約2.3倍の13兆2571億円になると予測されている（資料1-2-1）。

オンプレミスシステムからクラウドへと移行することによる効率化の恩恵は大きく、DXやデータ駆動型ビジネスへの投資が今後も拡大していくだろうと考えられる。

パブリッククラウドサービスを提供する代表的な事業者では、ハイパースケールクラウドサービス事業者と呼ばれるアマゾン・ドット・コムの「Amazon Web Service（AWS）」やマイクロソフトの「Microsoft Azure」、グーグルの「Google Cloud Platform」など、海外のクラウドサービス事業者が引き続き市場を大きくリードしている。

シナジーリサーチグループが2023年8月3日に公表した「2023年の第2四半期の世界のクラウドサービス市場シェア」によると、上位3社で世界市場の65％を占めており、生成AIの普及も後押しし、今後さらなるシェア拡大が予想される（資料1-2-2）。

日本の事業者では、富士通の「FUJITSU Hybrid IT Service FJcloud」、NTT コミュニケーションズの「Smart Data Platform クラウド/サーバー」、IIJの「IIJ GIO インフラストラクチャーP2 Gen.2」、さくらインターネットの「さくらのクラウド」などがサービスを展開している。

ハイパースケールクラウドサービス事業者と比較すると、サービス機能数などの規模の経済（スケールメリット）に大きな差がつく中で、日本のクラウドサービス事業者には、国産ならではの役割や提案力が求められている。

■企業のクラウド採用の動向

企業がDXの推進を図る上で大きな悩みの一つとなっているのが、老朽化や複雑化、ブラックボックス化した既存の基幹システムであるレガシーシステムへの対応だ。2023年は新型コロナウイルス感染症の感染拡大の影響も残り、システムの移行や刷新に一部遅延の動きがみられた。2024年はこれらのシステムの移行や刷新のため、クラウドサービスの採用が加速する年となるだろう。

資料1-2-1 国内クラウド市場 用途別売上額予測、2022～2027年

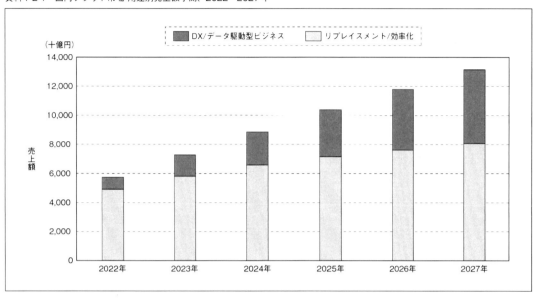

出所：IDC Japan 国内クラウド市場予測、2023年6月

資料1-2-2 クラウドサービス市場シェア

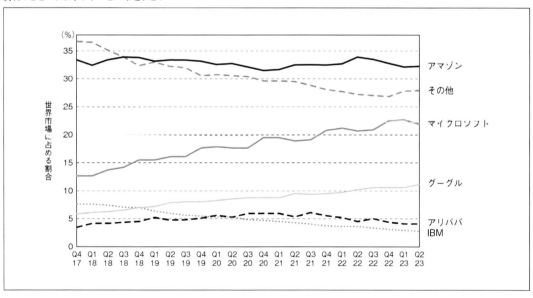

出所：シナジーリサーチグループ クラウドサービス市場シェア、2023年8月

　DXを推進していくために、クラウドネイティブアプリケーションの領域でのクラウドの採用の動きも進んでいる。また、企業によるデータの活用も進み、さまざまなソースから収集されるデータを多様な形式かつ一元的に保存するストレージリポジトリであるデータレイクの需要もさらに拡大するだろう。加えて、今後は企業において、最適な配備を行うハイブリッド・マルチクラウド化

がさらに進むと予想される。

パブリッククラウドは、迅速性や拡張性、機能性、コスト削減などを評価し、採用するケースが多く見られるクラウドだ。一方、プライベートクラウドは、機微情報（センシティブデータ）の扱いや、ネットワーク遅延、他システムの連携性、そして仕様の柔軟性などが評価されるケースも多い。

そうした中で、プライベートクラウドの発展版の一つと考えられる「ソブリンクラウド（Sovereign Cloud）」の選択を検討する企業も増えていく可能性がある。ソブリンクラウドとは、特定の地域内（国）で提供される、データ保護やセキュリティ、コンプライアンスが該当の地域の法的規制に準拠していることが保証されているクラウドサービスを指す。データ保護や個人情報の取り扱いに関する関連規制、サイバーセキュリティリスク、経済安全保障や地政学リスクに対応するため、2024年もソブリンクラウドの在り方などがさらに議論や検討されていく年となるだろう。

■デジタル庁と「ガバメントクラウド」

デジタル庁は、政府共通のクラウドサービスの利用環境である「ガバメントクラウド」の取り組みを進めている。ガバメントクラウドは地方公共団体のシステム標準化対象20業務[1]で利用が進められており、デジタル庁は2025年度末までに、地方公共団体の基幹業務システムにおいてガバメントクラウドを活用した標準準拠システムへ移行することを計画している。

これまで、ガバメントクラウドの対象サービスとして「Amazon Web Service」「Google Cloud Platform」「Microsoft Azure」「Oracle Cloud Infrastructure」の4つの海外のクラウドサービス事業者が認定されていた。日本のクラウドサービス事業者は、技術要件のハード

ルが高く、調達要件やマネージドサービス、さらにはセキュリティサービスの対象範囲が多いなどの理由で応募が難しく、選定には至らなかった。そのため、デジタル庁はサードパーティー製のソフトウエアやサービスの利用を可能とするなど、求める機能を提供できれば応募可能として技術要件の見直しを行った。その結果、2023年11月には、日本のクラウドサービス事業者のさくらインターネットが提供する「さくらのクラウド」が、2025年度末までに技術要件をすべて満たすことを前提とした条件付きでガバメントクラウドに認定された。

ガバメントクラウドを海外のクラウドサービス事業者に依存することに対して、経済安全保障などの観点から、一部では懸念の声もあがっていた。今回、日本のクラウドサービス事業者であるさくらインターネットが採択されたことは、こうした問題を解消していく上でも大きな一歩となる。海外の事業者4社に対して機能面で優位に立つことは難しいが、国産事業者ならではの役割や提案力などを生かしていけば、自治体から採用される可能性もあるだろう。

一方、ガバメントクラウドへの移行にあたっての課題も顕在化している。自治体の財政負担や、移行のための稼働負担、デジタル人材の確保が難しいなどの理由で、計画通りに移行できない自治体も出てきているという。政府は2024年度末までにデジタル実装に取り組む地方公共団体を1000団体まで拡大する計画で、今後はガバメントクラウドへの移行を加速させていく方針だ。2024年は、2025年度末までの地方公共団体のガバメントクラウドを活用した標準準拠システムへの移行に向けた重要な年となるだろう。

■生成AIの進展で競争が加熱するLLM基盤

2023年に続き、2024年にさらなる市場の加速が予想されるのが、生成AIの進展によるLLM（Large Language Model：大規模言語モデル）の覇権争いだ。LLMとは、文章などを作る生成AIの根本となる自然言語処理のモデルで、大量のデータを学習することで、自然な文章の作成や応答などができるようにしたAIモデルだ。LLMではパラメータ数が多いほどより多くの情報を記憶し、より複雑な言語のパターンを学習する能力が高まる。同時に計算資源やメモリの要求も増加し、学習や運用の難易度も高くなる。

このLLMの環境をクラウドサービスとして提供するケースも増えてきている。マイクロソフトやグーグルなどのクラウドサービス事業者が、LLMの開発やサービスを展開し、国内外の生成AI関連の市場をリードしている。

マイクロソフトは、OpenAIに100億ドルを投資しており、2023年1月には、OpenAIが提供する生成AIの機能を「Microsoft Azure」で利用できる「Azure OpenAI Service」の一般提供を開始した。

生成AIの進展により、LLMのパラメータ数は増加傾向にある。OpenAIが提供するLLMは、GPT-3.5のパラメータ数が1750億となっている。さらにGPT-4になると、公表こそされていないものの、パラメータ数は1兆を超えるとも言われている。

グーグルは2023年5月に生成AIの「Google Bard」の提供を開始した。2023年12月にはLLMの「Gemini」を発表し、企業や開発者向けに提供する「Gemini Pro」は「Google Cloud」を使ってAPI経由で利用できる。

一方、日本の国際競争力や言語の特殊性への対応、安全保障などの観点から、国内事業者による

日本語対応のLLMの開発や取り組みに対する期待も高まっている。しかし日本語は独特の文法構造と表現力を持ち、翻訳や理解が難しい言語だ。そのため、日本語の微妙なニュアンスや文化的背景を理解し、自然な言語生成を可能にするには、日本語データに特化したモデル開発が不可欠となる。

国内の大手SI事業者や通信事業者、クラウドサービス事業者も、国産LLMの開発や構築やGPU（Graphics Processing Unit）などの計算資源の確保、データセンターなどのインフラ整備に取り組んでいる。

NECは2023年7月、130億パラメータで世界トップクラスの日本語性能を有する軽量なLLMの開発を発表した。独自の工夫により高い性能を実現しつつ、GPT-3の1/10以下のパラメータ数の130億に抑え、消費電力を抑制するだけでなく、軽量・高速のためクラウドやオンプレミス環境での運用ができるという。

NTTは2023年11月、研究所が保有する40年以上に及ぶ自然言語処理研究の蓄積と世界トップレベルのAI分野の研究力を生かした、日本語版の独自LLM「tsuzumi」を発表した。「tsuzumi」は、消費電力と運用コストを抑えるため、6億パラメータで動く超軽量版と70億パラメータの軽量版の2つのモデルが提供される。NTTは、「tsuzumi」を用いた商用サービスを2024年3月に開始する計画だ。

ソフトバンクは2023年8月、国産のLLMの開発を行うSB Intuitionsの本格稼働を始めた。ソフトバンクは10月に生成AI開発向けの計算基盤の提供開始を発表している。SB Intuitionsは、この計算基盤を活用して日本語に特化した国産LLMの開発を本格的に開始し、2024年内に3500億パラメータの国内最大級の国産LLMの構築を目指す。

さくらインターネットは2023年6月、経済安全保障推進法に基づく特定重要物資である「クラウドプログラム」の供給確保計画に関する経済産業省の認定を受け、生成AI向けのクラウドサービスを提供することを発表した。今後3年間で130億円規模の投資をする計画だ。経済産業省はさくらインターネットに対して68億円を助成する。

■今後の展望

クラウドサービスは、生成AIの基盤から、企業や公共分野など、あらゆる分野において活用され、産業・社会のデジタル化に必要不可欠な存在となっている。

2024年にも引き続き注目されるのが「分散クラウド」だ。分散クラウドとは、複数のクラウドサービス、オンプレミスシステム、ユーザーのより近いエリアにサーバーを置くエッジコンピューティングなどの物理的に分散された環境において

も、先進的なアプリケーションやサービスを一元的に提供するモデルを指す。生成AIの進展による国内外のLLMの投資が加速することで、データセンターの地方分散化の動きも含め、分散クラウドが加速する年となるだろう。

また、2024年は、一部でLLMのコモディティ化が進んでいくことが予想される。そのため、例えばマルチモーダル化への対応など、LLM以外の付加価値領域で他社との差別化を図ることが重要となるだろう。国産のLLMを提供する事業者は、規模の経済を拡大するよりも、特定の業種・業界、企業に特化したモデルで事業領域を展開するという選択肢も考えられる。

2024年は、生成AIの進展によるLLMの基盤としてのクラウドや、分散クラウドの進化、そして海外のハイパースケールクラウドサービス事業者に加えて、国内のクラウドサービス事業者の動きにも注目していきたい。

---

1. 地方公共団体の主要な20業務は、以下のとおり。
   児童手当、住民基本台帳、戸籍の附票、印鑑登録、選挙人名簿管理、固定資産税、個人住民税、法人住民税、軽自動車税、戸籍、就学、国民健康保険、国民年金、障害者福祉、後期高齢者医療、介護保険、生活保護、健康管理、児童扶養手当、子ども・子育て支援。

SDVが切り拓くモビリティの未来

佐藤 雅明　●東海大学 観光学部

自動車開発において、ソフトウエア視点での設計（SDV）の注目度が増している。ネットワークによって「つながる」クルマは、モビリティサービスとして新しい社会を支えるインフラとなる。

■自動車（ビークル）からモビリティへ

2023年10月に開催された「JAPAN MOBILITY SHOW」は100万人を超える来場者を集めた。新型コロナウイルス感染症の流行を受けて中止となった2021年から2年、前身の2019年東京モーターショーからは実に4年ぶりの開催である。1954年に「全日本自動車ショウ」として始まったこのイベントは、第11回からは「東京モーターショー」へと名前を変え、世界5大モーターショーの一つとして位置付けられるまでに至った。そんな日本最大のモーターショーが、ポストコロナの世界でモビリティの見本市として新しいスタートを切ったのである。

これまでのモーターショーは、ハードウエアとしての自動車を中心に据えたイベントであった。それに対してこの「モビリティ」ショーは、自動車を含むモビリティ全般、さらにはサービスやライフスタイルにまで裾野を広げて、既存の自動車関連企業の枠にとらわれない形へと変革を遂げた。将来的には1000万人を超えるといわれるモビリティ産業の一大ショーケースを目指しているとされる。

JAPAN MOBILITY SHOWでは、自動車工業会をはじめ、各自動車OEMやベンチャー企業などが、自動運転やMaaS（モビリティ・アズ・ア・サービス）といった人とクルマの未来の話、さらにはカーボンニュートラル、災害対策などについてのさまざまな提案をしている。

その中で注目を集めたものの一つが、自動車メーカーである本田技研工業と、IT系からエンターテインメント事業までを広く手がけるソニーの合弁会社であるソニー・ホンダモビリティが展示した、新型EV「AFEELA Prototype」（以下アフィーラ）である。

アフィーラは、CES 2020にてソニーが単体として発表したコンセプトモデル「VISION-S」がその原型であるが、実際には全く新しいモデルだといえる。アフィーラは、ホンダの自動車OEMとしての知見を生かした自動車としての完成度、つまりハードウエアとしての信頼性や安全性、走行性能を十分に満たした上で、ソニーの強みであるインフォテインメント、つまりソフトウエアとしての魅力を訴求するものであった。アフィーラが世界初公開されたCES 2023において、ソニー・ホンダモビリティの川西泉社長は「人とモビリティの関係を見直すタイミング」であると語っている。実際にモビリティショーで公開されたアフィーラは、内装だけでなく外装にもディスプレイを持ち、人とのコミュニケーションをソフトウエア的に実現している。

■SDVによる新しいクルマのカタチ

　従来の自動車は、移動のツールとして「走る」「曲がる」「止まる」という走行性能を第一に開発されてきた。自動車業界は垂直統合型の産業構造であり、頂点に位置する自動車メーカーをあまたの部品メーカーが支える形で、長年の経験とノウハウによる“すり合わせ”で自動車（＝ハードウエア）づくりをしてきたのである。

　これに対し、現代の自動車開発には「つながる（＝コネクテッド）」という新たな要素が加わった。ネットワークを通じて自動車が外部とつながり、搭載されたソフトウエアを更新していく。これにより、ハードウエアを作ってからソフトウエアを搭載するのではなく、搭載されるソフトウエア、サービスの視点からハードウエアを定義し開発するという、産業構造自体の変革とも言うべき潮流が生まれてきた。これがSDV（ソフトウエア・デファインド・ビークル）である。

　SDVの出現の背景には、2016年にメルセデス・ベンツが掲げた「CASE」というビジョンがある。CASEは、「C：Connected」「A：Autonomous」「S：Shared & Services」「E：Electric」の頭文字であり、自動車という存在・価値の拡張を実現するものであった。CASEによって生まれた新しい潮流が、MaaSなどの新しい概念と結びつき、交通業界は現在100年に一度ともいわれる大転換期を迎えている。

　現在、世界各国で盛んに報道されている電動化（E）や自動化（A）に関するニュースは、その多くが車載技術に関するものである。これらはあくまでハードウエアとしての自動車の高機能化、付加価値の増加にすぎない。モビリティにとって本当に大きな変革は、コネクテッド（C）によって新しいモビリティサービス（S）が生まれ、自動車の価値が再定義されることだ。

　これは、1990年代以降にインターネットの出現によってIT業界で起こった変革と同じである。ワープロや表計算などの限定された用途を前提とし、処理能力や記憶容量で差別化を図っていたパソコン業界の勢力図は、ネットの出現によって一変した。

　折りたたみ式や入力デバイスなどのメカニカルな要素や機能によって差別化されていた携帯電話（モバイル）業界も同様だ。スマートフォンの登場によってハードウエア要素はシンプルに統一化され、その上で「何ができるのか」、すなわちソフトウエアが主役となる産業へと激変した。スマートフォンの登場以降、人々のライフスタイルは大きく変わった。あらゆる家電やモノが「スマート化」し、大きなタッチパネルディスプレイとカメラを搭載し、バッテリーと無線によるコードレス化が主流となった。操作はきわめてシンプルで直感的になり、必要な機能の追加やアップデートはネットワーク経由で行われることが当たり前となった。ある種の洗練ともいうべき、商品ジャンルの垣根を超えたデザインのメインストリームが出来上がったのである。

　自動運転やMaaSが普及し、移動が主体的な操作を伴う必要が無いものとなれば、モバイル業界と同じようにモビリティの世界にもこのようなトレンドが浸透していくことは想像に難く無い。GAFAMなどの“ハイパージャイアント”が台頭し、ハードウエアはソフトウエアによって価値が定義される時代となった今、クルマもコネクテッドによって価値の主軸がハードウエアからソフトウエアへと変化する転換期を迎えつつある。

■モビリティの進化を加速するソフトウエア技術

　自動車開発はハードウエア同様、ソフトウエアも非常に構造化されている。一般的な車載ソフトウエアは、車両の開発期間に合わせる形で、生産

が始まる2年程度前には骨格が定まっている必要がある。そのため、多くの車載ソフトウエアは、車両が発売される時点で革新的な要素を持ち合わせていることがほとんど無い。

それに対し、現代のネットワーク系サービス、特にクラウド環境におけるソフトウエアの開発は非常に柔軟性があり、開発サイクルも短い。また、ソフトウエアの不具合や利便性、インターフェースなどは頻繁なアップデートにより常に進化し続ける。

SDVの概念が自動車開発に導入されることで、垂直統合化された自動車開発とクラウドベースのソフトウエア開発、それぞれの長所を生かした異業種の統合が進むことになる。ハードウエアに依存したシステム開発の比率が下がることによる効率化と、開発から市場への投入までの期間の短縮は、自動車の性能向上に大きく寄与する。同時に、インターネットで培われたソフトウエア開発環境、オープンソースの利活用や生成AI、LLMなどの技術の利用もこれまで以上に進み、車載ソフトウエアの開発自体も加速するだろう。

一方で、こうしたソフトウエアのインストールによる機能拡張やアップデートは、OTA（Over The Air）と呼ばれるプロセスを経て、ネットワーク経由で実現する。車両へのサイバー攻撃による被害を防ぐために、クルマには既存のスマートフォンやパソコン以上にセキュリティ対策が求められる。

■SDM：モビリティとネットが作る未来のカタチ

●自動車関連企業の動向

では、これからの自動車開発は自動車メーカーではなく、既存のIT系企業・ソフトウエア業界が主軸になるかというと、一概にそうとは言い切れない。

クルマは秒速30メートルで走行することが可能な1トンを超える鉄の塊である。走行中の"フリーズ"はあってはならないことであり、車両の欠陥は乗員のみならず歩行者や都市インフラに深刻な被害を引き起こす。そのため、長い時間をかけて自動車の安全性を担保するためのルールや制度が作られ、自動車業界は厳しい安全基準を満たすモノづくりをしている。SDVには、こうした安全を守る頑健性と、アプリなどのアジャイル開発のいいとこ取りが求められ、新規参入の壁は決して低くない。

Tier 1と呼ばれる既存の自動車部品サプライヤーの多くは、Tier "0.5"を目指し、ソフトウエア部門の強化を図りつつ、自動車開発とより深く関わろうとしている。また、ほかにも新たな関わり方を探っている企業として、マイクロソフトが挙げられる。マイクロソフトはSDV環境を積極的に推進しているが、自身による自動車業界への進出ではなく、あくまで既存の自動車メーカーやパートナー・エコシステムを支援する立場を取っている。これは前述のソニー・ホンダモビリティ同様、既存の自動車業界のハードウエア製造ノウハウや経験を生かした上で、新しいビジネスプラットフォームを作る立場を選択したとみられる。

自動車メーカーによってもSDVへのアプローチはさまざまである（資料1-2-3）。フィアットやプジョー、ダッジなどのブランドを抱える欧州のステランティスは、SDVに必要な要素技術については外部のサプライヤー、パートナー企業から調達するアプローチを取っている。こうしたやり方は開発コストを抑えつつ、新技術の市場投入を早めることができる。しかしその一方で、独自技術による差別化や市場のコントロールは難しい。

ドイツのフォルクスワーゲンは、Tier 1サプライヤーであるボッシュのプラットフォームをベー

資料 1-2-3　自動車メーカーによる SDV へのアプローチの違い

	ソフトウェアベンダー・サプライヤープラットフォームの活用型	自動車 OEM 主導での SDV プラットフォームの導入型	自動車 OEM 主導での SDV プラットフォームの展開型
概要	・SDV の要素技術をソフトウェアベンダーやサプライヤーから調達 ・必要な時に必要なものを採用していくアプローチ	・自動車 OEM が SDV 基盤を主体的に開発し、既存市場に迅速に投入 ・SDV 基盤のシェアを獲得しデファクト化していくアプローチ	・自動車 OEM が SDV を含む新しいサービス市場を見据えた基盤を開発 ・既存の自動車産業を超えた新しいサービス、ビジネス市場を切り開いていくアプローチ
メリット	・開発コストを抑えられる ・技術トレンドへの追従が容易 ・市場への即時投入が可能	・既存の産業構造を活かしたパラダイムシフトが可能 ・SDV 基盤のコントロールが可能 ・市場への迅速な投入が可能	・既存の産業構造を活かしたパラダイムシフトが可能 ・SDV 基盤のコントロールが可能 ・スマートモビリティ、スマートシティまでにも影響力を拡大できる
デメリット	・既存の産業構造の希薄化 ・自身による SDV 基盤の構築やコントロールが難しい	・開発コストが大きい ・シェアが獲得できない際のリスクが大きい	・開発コストが大きい ・市場形成までに時間が掛かる

出所：筆者作成

スとして車両向け OS である「VW OS」などを独自に開発しつつ、パートナー企業との連携や市場投入も重要視している。実際に、自動車メーカーでソフトウエアに最も投資しているのはフォルクスワーゲンである。これまでの産業構造と自身の業界での優位性を生かした上で、トレンドである SDV 市場への移行を狙っており、早期の市場形成によるシェアの獲得が可能であれば、業界を引き続きリードしていくポジションを獲得できる。一方で、開発コストが膨大になる点や、市場でのシェア争いに敗れた際のリスクの大きさなどは懸念材料である。

　トヨタ自動車は、前述の JAPAN MOBILITY SHOW において、佐藤恒治社長から車載 OS「アリーン（Arene）」構想が発表された。トヨタは SDV 環境となるアリーンを自社で開発し、長期的な視点に立って「自動車が街とつながる」ビジョンを打ち出した。ユーザーの利益はもちろん、モビリティと街がつながる価値や楽しみまでをも内包するものがアリーンであるとしている。開発を担うのがウーブン・バイ・トヨタであることも相まって、未来のモビリティ、そして未来の街の在り方の一つを示すものである。

トヨタのこの姿勢は、自身の業界でのポジションを生かした上で、新規市場の創出を目指すアプローチであり、成功すればモビリティのみならずスマートシティ分野でも大きな影響力を獲得できる。一方で、市場の形成までには長い時間がかかることが予想され、計画の途中でほかのプラットフォームに覇権を握られるリスクもある。「地球で最もプログラミングしやすいクルマを実現する」ことを目指し、アップデートしながら価値を育てていく姿勢は、これまでの自動車メーカーからモビリティカンパニーへと変革する意志とも受け取れる。

●モビリティの新たな在り方

　自動運転技術が注目されてしばらくたつが、自律運転、いわゆる無人走行がなかなか実用化に至らない一方で、人間ではいろいろな意味で限界がある「安全な交通」の実現に関しては達成されつつある。日本の交通事故死者数は 1970 年代には 1 万 6000 人を超えていたが、自動車そのものの安全性向上や、ABS、エアバッグ、衝突被害軽減ブレーキなどの技術普及によって、現在では 2600 人程度となっている[1]。より一層の安全な交通の

ためには、自動車のみならず歩行者や自転車、さらには電動スクーターなどの新しいモビリティが一体となった仕組みが必要である。

ビークルだけでなく、全てのモビリティがコネクテッドとなり、人や街とつながることが当たり前となった未来。そんなSDM（ソフトウエア・デファインデッド・モビリティ）が実現された未来では、我々の生活はどう変化するだろうか。例えば、トラックドライバーの時間外労働の規制強化（いわゆる2024年問題）が顕在化する物流業界においても、効率化・最適化が進むだろう。日常的に移動する人々の助けとなるのは当然として、自動車免許を持たない人や高齢者、子どもなどの移動需要が喚起され、社会生活が活性化することも期待できる。

既存の技術革新が「できること」の容易化・効率化であったのに対し、インターネットによる技術革新は「できなかったこと」を可能にした。コネクテッドカーからコネクテッドシティ、そしてその先にあるコネクテッド社会へ。高度に発達した交通インフラは物流を支え、あらゆる経済活動の基礎となり、社会の急速な発展を後押ししてきた。人間のアクティビティやさまざまなサービスが急速にDXを進めインターネット上へとシフトする現在、この動きをさらに加速していくためには、クルマ、そしてモビリティにこそDXが求められる。

---

1. 令和5年版交通安全白書
   https://www8.cao.go.jp/koutu/taisaku/r05kou_haku/pdf/zenbun/1-1-1-1.pdf

第2部　デジタルエコノミーとビジネストレンド

Eコマースの最新動向

田中 秀樹　●株式会社富士通フューチャースタディーズ・センター 業務部門 部長

Eコマース市場はリアル回帰の反動を乗り越えて食品カテゴリーを中心に成長を続ける。2024年問題に備え、大手は物流整備に取り組む。モール化など新たな差別化方法も見えてきた。

2020年から2022年にかけては新型コロナウイルス感染症（COVID-19）による巣ごもり消費特需が続いた。食品や日用品だけでなく家具やパソコンなどの耐久財の購入も盛んになり、Eコマース市場の成長は約2年程度加速していた。その後は社会活動も徐々に回復し、2023年5月には感染症法上の分類が2類から5類に移行した。感染者の外出制限などはなくなり、消費活動も本格的なリアル回帰となった。この間、コロナ禍で急拡大したEコマース市場はどのように変化したのだろうか。市場の状況を振り返った上で今後の動向を予想していこう。

■リアル回帰の反動を乗り越えてEコマース市場は成長を続ける

経済産業省の推計によると、2022年の国内Eコマース市場規模は、企業間（BtoB）Eコマースが420兆2354億円で前年比12.8％増と2年連続で2桁成長となった。Eコマース化率は、前年から1.9ポイント増の37.5％であった。

消費者向け（BtoC）Eコマースは前年比9.91％増の22兆7449億円に達した（資料2-1-1）。BtoC市場は、物販の13兆9997億円（構成比61.6％）、サービス6兆1477億円（同27.0％）、デジタル2兆5974億円（同11.4％）の3つに分けられる。なお、物販のEコマース化率は9.13％（前年比0.35ポイント増）であった。

2020年にコロナ禍が始まると巣ごもり消費で物販とデジタルが大きく成長したのに対し、旅行や飲食予約などのサービスは前年比36.1％と大きく減少した。しかし、2022年に入って消費者のリアル回帰が始まると、物販の伸び率は鈍化しデジタルはマイナスに転じた半面、旅行やチケット販売などが回復したサービスは同32.4％増と大きな伸びを示した（資料2-1-2）。

物販市場を商品カテゴリー別で見ると、「食品、飲料、酒類」の2兆7505億円（Eコマース化率4.16％）がトップで、「生活家電、AV機器、PC・周辺機器等」の2兆5528億円（同42.01％）、「衣類・服飾雑貨等」の2兆5499億円（同21.56％）、「生活雑貨、家具、インテリア」の2兆3541億円（同29.59％）、「書籍、映像・音楽ソフト」の1兆8222億円（同52.16％）が続く（資料2-1-3）。

上位3つの商品カテゴリーの伸長率を見ると、2020年からの巣ごもり消費で各カテゴリーとも大幅に伸びていた。特に、テレワーク促進によるパソコンなどの購入や、巣ごもり用途の生活家電やAV機器の購入が盛んになった「生活家電、AV機器、PC・周辺機器等」は28.78％と大きな拡大を示したが、2021年以降リアル回帰が始まると

資料2-1-1　消費者向け（BtoC）のEコマース市場規模と物販Eコマース化率の推移

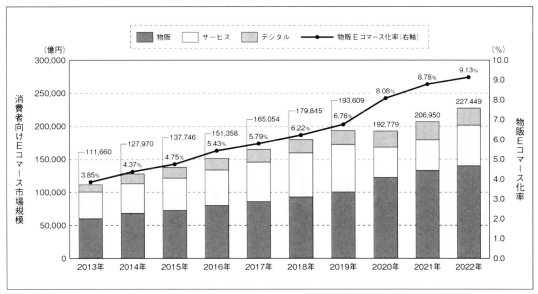

出所：経済産業省「令和4年度電子商取引に関する市場調査」より筆者作成

資料2-1-2　物販・サービス・デジタルの伸長率推移

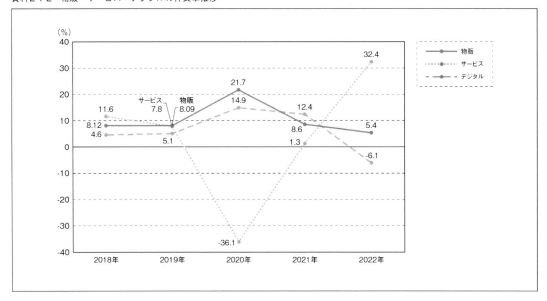

出所：経済産業省「令和4年度電子商取引に関する市場調査」より筆者作成

伸び率は全体平均を下回った。

　「食品、飲料、酒類」は2021年以降伸び率が低下したものの市場平均を上回っており、ネットスーパーをはじめとする食品類のEコマース利用は定着したようだ。「衣類・服飾雑貨等」は2020年の伸び率は2桁であったが全体平均を下回っており、その後は全体平均と同程度の伸び率となっている（資料2-1-4）。衣類は、現物を確かめたい、

資料2-1-3　消費者向け（BtoC）物販の商品カテゴリー別市場規模とEコマース化率

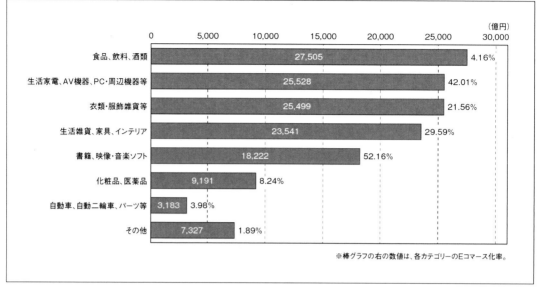

（億円）

	金額	Eコマース化率
食品、飲料、酒類	27,505	4.16%
生活家電、AV機器、PC・周辺機器等	25,528	42.01%
衣類・服飾雑貨等	25,499	21.56%
生活雑貨、家具、インテリア	23,541	29.59%
書籍、映像・音楽ソフト	18,222	52.16%
化粧品、医薬品	9,191	8.24%
自動車、自動二輪車、パーツ等	3,183	3.98%
その他	7,327	1.89%

※棒グラフの右の数値は、各カテゴリーのEコマース化率。

出所：経済産業省「令和4年度電子商取引に関する市場調査」より筆者作成

外出する機会が減って購入する必要性が少なくなった、といった理由で他のカテゴリーほどEコマースシフトが進まなかったのだろう。

　コロナ禍の行動制限によるEコマースシフトの加速や、解除後のリアル回帰の動きは、商品カテゴリーごとに異なる様子がうかがえる。

　次に消費者の購買状況を見ていこう。総務省の家計消費状況調査によると、Eコマースを利用する世帯の割合は、2020年から2021年にかけて大幅に増加して2021年には年間平均が52.7％に達し、それ以降はほぼ同水準となっており、利用世帯率の伸びは止まっている（資料2-1-5）。ただ、利用世帯の月間利用金額を年間で平均すると、2020年3万3353円、2021年3万5470円、2022年3万9443円、そして2023年は4万2079円と増加しており、伸びが止まった利用世帯率とは異なる動きを見せている。つまり、2022年以降のEコマース市場の拡大は、利用者数の増加ではなく、世帯当たりの購入金額増が貢献している

と考えられる。

　なお、購入金額増加の理由としては、実店舗からEコマースに購買がシフトしただけでなく、後述する配送料の値上げやインフレによる商品価格の高騰の影響も挙げられる。

■物流の「2024年問題」やクレジット不正利用問題

　Eコマース市場はリアル回帰の反動を乗り越え成長を続けているが、物流やクレジットカードの不正利用などといった問題に直面している。

　Eコマースの生命線である物流は「2024年問題」で大きな変革に迫られている。2024年問題とは、2024年4月からトラック運転手の時間外労働が規制強化されることに伴い生じる問題のことだ。1か月の時間外労働の上限は平均80時間に制限され、現状から約19時間短縮される。このため、運輸事業者は運行数を減らすかドライバーを増やす必要があり、2017年にヤマト運輸の宅急

資料2-1-4　消費者向け（BtoC）物販の主要カテゴリーの市場規模伸長率推移

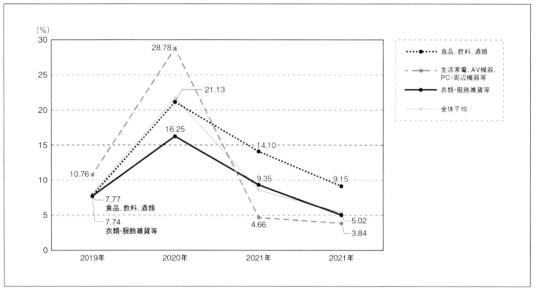

出所：経済産業省「令和4年度電子商取引に関する市場調査」より筆者作成

資料2-1-5　ネットショッピング利用世帯率と月間ネットショッピング支出額の年間平均推移（2人以上の世帯）

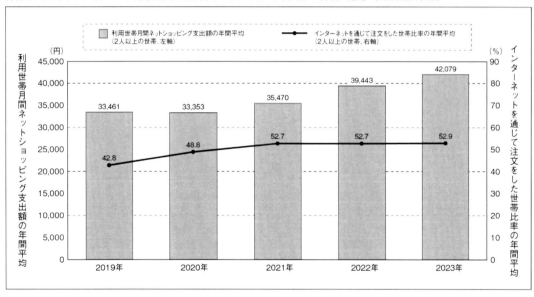

出所：総務省「家計消費状況調査」、月間ネットショッピング支出額を年間平均したもの。なお2023年は10月までの平均。

便総量抑制をきっかけとして起こった「宅配クライシス」の再来が懸念されている。

すでに佐川急便が2023年4月に平均8％程度の運賃値上げを行い、ヤマト運輸や日本郵便も追随した背景には、燃料などのコスト増に加えてドライバー確保のための賃金アップがある。また、ヤマト運輸は物流問題解決に向けて日本郵便と協業し、その第1弾としてメール便「クロネコDM

便」や小型荷物便「ネコポス」を終了し、預かった荷物は日本郵便の配送網で配達するサービスに2023年10月から段階的に移行する。

さらに、「再配達問題」が物流逼迫に拍車をかけている。コロナ禍では在宅率が高まり、国土交通省が発表した宅配便再配達率は2020年4月に都市部で8.2％まで低下したものの、その後は再び上昇して2021年10月には13.0％まで達した。この問題に対しては置き配や宅配ロッカーの設置に力が入れられており、鉄道事業者も参入してきた。西武ホールディングスや東急などは、駅に設置したロッカーで商品を受け取る「駅配サービス」を開始した。設置してあるスマートロッカーは温度管理に対応しており生鮮食品の受け取りも可能なため、通常のEコマースでは取り扱いが難しい総菜や乳製品が人気となっている。

クレジットカードの不正利用も大きな問題である。日本クレジット協会が発表した2022年の不正利用被害額は対前年比32.3％増の436.7億円に達し、2023年は1〜6月の合計がすでに262.4億円となっており、被害額はさらに増加している。2022年被害額の94.3％は番号盗用によるもので、Eコマース利用拡大に伴い、サイトへのサイバー攻撃や、消費者を偽サイトに誘導して個人情報を抜き取るフィッシングが増えたことが一因とされる。偽サイトへ誘導する手口は年々巧妙になっており、送信者として実在の企業や人物が使われたり、表示されるメールアドレスが正規のものと非常に似通っていて判別しにくかったりするケースもある。

対策として経済産業省は、2025年3月末を目処に、ECサイトへの本人認証（EMV 3-Dセキュア）の導入を求めることにした。EMV 3-Dセキュアは、カード会社が高リスクと判断する取引にのみワンタイムパスワードなどの追加認証を実施する仕組みだ。認証が増えることで安全性は高まる

が、ユーザーにとっては手間が増えるために受注率が低下する懸念もある。

また、長年にわたり問題となっているステルスマーケティング（ステマ）に関しては、景品表示法の新たな告示が2023年10月から施行され規制が始まった。第三者の個人にクチコミ投稿を依頼した場合も規制対象と見なされる場合があるので、インフルエンサーへの依頼が該当する恐れがある。ただ、クチコミとステマの境界線は明確ではないので、事業者はクチコミマーケティング協会が発表した自主ガイドラインなどを参考に対応していくのがいいだろう。

■2大プラットフォーマーのシェア拡大とヤフーの戦略修正

それでは事業者の動向を見ていこう。日本のEコマース市場は、アマゾン・ドット・コムと楽天グループの2強が市場平均を上回る成長率で市場を牽引し、「Yahoo!ショッピング」と「PayPayモール」を統合したZホールディングス（現LINEヤフー）、および大手小売企業やネット専業Eコマース企業などが追いかける構造となっている。

●アマゾン

アマゾンの2022年の国内売上高は243億9600万ドル（約3兆2000億円）で、円ベースでは前年比26.6%増の大幅増となった。アマゾンの事業モデルは自社販売と出店企業が販売するAmazonマーケットプレイスで構成されるが、マーケットプレイスに関しては手数料の10％程度分しか売上高に計上されていない。アマゾンのグローバルにおけるマーケットプレイス売上比率は6割を超えており、日本も同水準と考えると、日本におけるアマゾンの流通総額は6兆9700億円程度と考えられる。

アマゾンは自社物流網を強化している。物流

拠点「フルフィルメントセンター」と消費者への
ラストワンマイルの配送拠点「デリバリーステー
ション」を追加開設して、翌日配送のエリアを拡
大している。ラストワンマイルの配送を地域の
事業者に委託する自社運営の配送網「デリバリー
サービスパートナー（DSP）」では、既存の中規
模事業者に、小規模もしくは未経験の事業者を加
えるために配送業務の起業を支援する取り組みを
2023年3月から本格化した。また、2022年12月
からは、地域の中小企業などに空きスペースと隙
間時間を活用してアマゾンの荷物を配送してもら
う「Amazon Hubデリバリー」を始めている。

●楽天

楽天の2022年流通総額は5兆6561億円で前年
比12.5％増とこちらも市場全体平均9.91％増を
上回った。市場規模の大きい食品や衣類カテゴ
リーに力を入れており、西友と協働運営の「楽
天西友ネットスーパー」は千葉県松戸市に専用
物流センターを開設し、衣類では「ファッション
ウィーク東京」のオフィシャルネーミングスポン
サーを務め「Rakuten Fashion」は1兆円を超え
る規模となった。

楽天はスーパーポイントアッププログラム
（SPU）の還元率を、楽天モバイル契約者が有利
になるよう大幅改定した。ただ、一部のヘビー
ユーザーには大幅なポイント減になることもあ
り、ソーシャルメディアでは「改悪」との声が相
次いだ。

●ヤフーおよびグループ企業

ZOZOTOWNとLOHACOなどを含めたヤフー
の2022年度（2022年4〜2023年3月）のショッピ
ング事業取扱高は1兆6944億円で対前年度比−
0.2％と前年度実績を割り込んだ。前年度は13％
増であったので急激に伸びが止まったことにな

る。実際、第4四半期（2023年1〜3月）は同−
13.4％で、それ以降も2023年度第1四半期同−
8.0％、第2四半期−5.5％とマイナス成長が続い
ている。

ヤフーは、Yahoo!ショッピングとPayPayモー
ルを統合して、「2020年代前半に国内物販E
マース取扱高NO.1」という目標をグループ一丸
となって推進してきた。品揃えを増やしポイン
トをたくさん付与して競合以上に成長した。し
かし、コロナ禍になると2強のアマゾンや楽天に
ユーザーが集まり、ヤフーの伸びは衰えた。不況
になると、価格、品質、サービスなどの水準が総
合的に高いトップ企業に売上が集中する傾向が
あり、コロナ禍のEコマース市場でもこの状態に
なったのだろう。

このため、ヤフーは2020年代前半に取扱高を
競合以上にするという目標を修正し、高還元ポイ
ント施策を廃止して収益性を意識した方向に転換
した。これがマイナス成長の理由だ。この戦略修
正により消費者離れが発生しているだけでなく、
売上が減少した出店事業者からも戸惑いの声が上
がり、Eコマースプラットフォームとして負のス
パイラルに陥る可能性がある。

取扱高減少は改善傾向にあるものの、高還元ポ
イント施策ではないヤフーならではの強みを見出
さないと差を縮めることは難しいだろう。

■大手小売の倉庫型ネットスーパーとE
コマースサイトのモール化

Eコマースの大手プラットフォーマー以外の事
業者はどのような取り組みをしているのだろう
か。ここでは、ネットスーパーの強化策とモール
化のアプローチを紹介する。

●倉庫型ネットスーパー

ネットスーパーはコロナ禍で受注が急増し、

リアル回帰になっても引き続き好調を維持している。

セブン＆アイ・ホールディングスは「イトーヨーカドーネットスーパー新横浜センター」を2023年8月に開設した。これまで行っていた店舗からの出荷方式では大型店でも1日約500件しか対応できず、受注件数のキャパシティ不足が課題となっていた。ネットスーパー専用の倉庫型センターは、ピッキング作業などの業務を機械化しているので1日約1万2800件の処理能力があり、首都圏の36店舗分の店舗出荷機能を移管する予定だ。2024年には千葉県流山市に第2センターを稼働させ、2拠点で首都圏をほぼカバーする体制を作る。

イオンは倉庫型ネットスーパー「グリーンビーンズ」を2023年7月から開始した。千葉県千葉市に開設した「誉田（ほんだ）顧客フルフィルメントセンター」では、提携している英オカドグループの技術を導入し、1000台のロボットが稼働して徹底した低温流通で高品位の鮮度管理を実現した。この特徴を生かして「ネットこそ鮮度が良い」ことを訴求している。2024年問題を踏まえて、配送用の車両は普通免許で運転できるように車両総重量3.5トン未満のイオン専用の配送バンを用意した。

●Eコマースサイトのモール化

Eコマースサイトにショッピングモール化の動きがある。日本航空（JAL）は総合オンラインショッピングモール「JAL Mall」を2023年5月にオープンした。JALグループで個別に展開していた商品を集約しただけでなく、成城石井やティファールなど、グルメ、生活雑貨、ファッション、家具・家電などで有名ショップと提携し注文できるようになっている。全日本空輸（ANA）も「ANA MALL」をオープンしており、またアパレ

ルのアダストリアは自社ECサイト「.st（ドットエスティ）」にソックスや美容機器のショップが出店している。

このようなEC事業者のショッピングモール化は、アマゾンや楽天のように何でも揃う巨大モールを目指したものではない。自社の商品カテゴリーを中心に、他事業者と連携して品揃えを充実させライフスタイル提案を強化し、顧客の獲得とリピート化を狙ったものだ。モール化はEコマース事業を行う上で、物流強化とは異なる差別化方法となりそうだ。

■今後のEコマースビジネスに影響を及ぼすもの

Eコマース市場は成長を続けるが、その中での事業者間の競争は激化している。最後に、今後のEコマースビジネスに影響を与えそうなことを紹介する。

●ソーシャルコマースの広がり

ソーシャルメディア（SNS）上で商品を認知・販促しEコマースサイトに誘導して購入に結び付けるソーシャルコマースが広がっている。特に、「TikTok売れ」と言われるように、ショート動画は訴求力やエンタメ性が高く一瞬でユーザーの興味を引くので、X（旧Twitter）のようなテキストベースのSNSよりも、購買に繋がりやすくなっている。1990年代半ばから2000年代前半生まれのZ世代は、SNSから積極的に情報収集して即決するという特徴があり、TikTokなどのソーシャルコマースと相性がいい。

TikTokは米国などで「TikTok Shop」を提供している。従来は商品を買う際にTikTokアプリから外部のEコマースサイトに移動する必要があったが、TikTok Shopでは商品購入がTikTokアプリ内で完結する。この利用を促進するためか、外

部Eコマースサイトへのリンクを禁止する計画があると報じられている。TikTok以外のSNSも外部のEコマースサイトへの誘導を止めさせて購入をプラットフォームで完結しようとしている。このような「オン・プラットフォーム・コマース」は消費者にとって便利になる半面、SNSがアマゾンのようにプラットフォーマーとして力を持つ側面を持っている。

●中国発Eコマースの急伸

　米国では、SHEIN（シーイン）やTemu（ティームー）などの中国発Eコマースの利用が急増している。Temuは2022年9月のサービス開始から1年もたたずに利用者数でeBayやSHEINを抜き去った。両社とも圧倒的に安価な商品を中国から直送する越境Eコマースの形態をとる。日本では、個人が輸入する商品は革製品やニットなど一部を除き、価格1万6666円以下なら消費税や関税がかからない。このため個人輸入の越境Eコマースが、送料などを考慮しても割安になることがあり、免税取引が増えすぎれば国内事業者との競争環境がゆがむ懸念がある。SHEINとTemuは日本に上陸しているが、今のところ米国ほど存在感は示していない。今後日本でのビジネスに本腰を入れて売上が拡大した時には関税の見直しが必要になりそうだ。

●生成AI

　最後に挙げるのは生成AIである。ChatGPTに代表される生成AIはEコマースでも利用が始まっている。EコマースプラットフォームのShopify（ショッピファイ）は、大規模言語モデル（LLM）を使って商品説明やメール文を作成する「Shopify Magic」を提供した。今後、生成AIをどのように適用していくかで競争力に差がつくに違いない。

決済プラットフォームの動向

多田羅 政和 ●電子決済研究所 代表取締役社長／電子決済マガジン編集長

乗客の利便性が飛躍的に高まる「タッチ決済乗車券」やスマホがそのまま決済端末になる「COTS決済」など電子決済は着実に進化。一方で決済システムの安全性確保はキャッシュレス社会実現への課題となる。

■決済インフラの安全性、安定性が問われた2023年

2023年は電子決済の普及が着実に進んだ一方で、サービスを下支えする決済インフラの安全性や安定性の問われる出来事が数多く発生した1年だった。

日本国内の電子決済サービスで取引件数と金額のいずれも最大規模を誇るのがクレジットカードである（2022年のキャッシュレス決済の内訳で、クレジットカードの決済額は93.8兆円で全体の30.4％。経済産業省調べ）。右肩上がりの成長を維持し続ける一方で、その不正利用被害額の規模も過去最高を更新し続けている。2022年の被害総額は436.7億円で、前年（2021年）の330.1億円と比較して約30％増加した。2023年も、集計が終わった1〜6月の半年間だけですでに262.4億円に達しており、過去最高額におよぶ被害拡大に歯止めのかかっていない状況だ。

クレジットカード不正利用の手口は大きく分けて、偽造カードによるもの、番号盗用によるもの、その他、の3分類で集計されているが、このうち9割以上を占めるのが番号盗用である。その手口は、正当なクレジットカード所有者本人から何らかの事情で漏洩してしまったカード情報（クレジットカード番号や有効期限など決済に必要な情報）を用いて、所有者になりすまし、買物やサービスの支払いに充てるものである。利用場所が対面店舗の場合にはプラスチック板状のクレジットカードが利用されることが大半のため、この手口には向いておらず、番号盗用による不正利用の大部分が、オンラインショッピングや、電子マネー／コード決済などへのチャージ（残高への入金）といった非対面で実行されるクレジットカード決済が対象になっている。

こうした事態に、もちろんクレジットカード業界も対策を打ち出している。先述したカード情報は、EC加盟店や決済代行会社、PSP（決済サービスプロバイダ）などの管理システムへの不正攻撃や人為的な情報漏洩、悪意ある者が設置した偽サイトや偽SMSなどを介してカード利用者から情報をだまし取る（フィッシング）、などの手口を使って集められるのだが、仮にそうした事態の発生を今後も100％は止められなかったとしても、そもそも固定のカード情報を入力するだけではクレジットカード決済が成立し得ないようにすれば被害は防げるはずである。

そこで、オンライン決済時に正当な利用者本人しか知り得ない追加情報の入力を求めたり、インターネットアクセス情報や利用環境、決済内容などを材料としたりして、取引の「確からしさ」を

判別し、疑わしい場合には利用者のSMSやEメールに通知したワンタイムパスワードなどの追加入力を必須とする仕組み「EMV 3-Dセキュア（EMV 3DS）」の導入を促進している。EMV 3DSについては、クレジットカード業を管轄する経済産業省が2023年2月に公表した報告書の中で、「2024年度末（2025年3月）を期限として、原則、すべてのEC加盟店に導入を求めていくべき」との考え方が示されており、普及が期待されているところだ。

■稼働50年で初の全銀システム障害、その影響はクレジットカードなどにも

一方、2023年は安全性だけでなく、決済サービスの根幹をなす金融システムの安定性にも疑問符の付く事態が相次いだ。

2023年10月10〜11日にかけて、全国銀行資金決済ネットワーク（以下、全銀ネット）が運営する全国銀行データ通信システム（以下、全銀システム）で障害が発生した。三菱UFJ銀行やりそな銀行など計10の金融機関で全銀システムとの間のテレ為替業務がストップした結果、他行宛ての振込ができなくなるなどの事態に陥った。同12日までに復旧したものの、約255万件の顧客取引に影響したという。1973年に全銀システムが稼働して以来、一度も起きたことがない重大インシデントに発展した。全銀システムそのものは電子決済サービスと直接のつながりはないが、他行宛ての銀行振込が停止したことで、予定していた電子マネーやコード決済へのチャージが足止めされたり、クレジットカードの代金引き落としが指定日に行われず未払い扱いとなって利用者の与信情報に影響が及んだり、といった「二次被害」も生じた。

アクシデントは続く。翌月の11月11日にはクレジットカード決済の処理を中継する日本カードネットワーク運営の「CARDNET（カードネット）」でシステム障害が発生し、クレジットカード決済をはじめ電子決済の取引が一部でストップした。発生日が土曜日で、午後から夜にかけて長時間にわたったため、コンビニやスーパーなどの日常利用する店舗のほか、駅の新幹線切符売り場などでクレジットカードが使えず、利用客があわてて現金を用意する光景が報道でもクローズアップされた。

実は、クレジットカードに比べて歴史の浅い電子マネーやコード決済では、これらのトラブルと同様に決済事業者や中継センターでシステム障害が発生し、当該決済が行えない事態は時折り発生しているのだが、利用者の数が相対的に少ないこともあってか、さほど話題にならなかったのが実情だ。しかし、CARDNETのシステム障害の影響を受けた期間は半日に満たなかったものの、クレジットカード決済でここまで広範囲にわたって取引に影響が出る事故は珍しく、キャッシュレス（非現金）社会への期待に冷や水を浴びせる格好となった。

こうした懸念に対して、「通信ネットワークが使えない環境でも利用可能な電子決済」の登場にも期待が高まっている。たとえばジェーシービー（JCB）では、フランスのセキュリティ大手アイデミア（IDEMIA）、マレーシアのフィンテック企業Soft Spaceと共同で取り組んでいるCBDC（中央銀行デジタル通貨）向け決済ソリューションの実証実験を2023年12月から第2フェーズに移行した。「JCBDC」と命名されたこのプロジェクトでは、「オフライン環境下におけるスマートフォンを媒介にしたカード間での送金」「オフライン環境下におけるスマートフォン間での送金」の2つを実験テーマに掲げている。カードのタッチ決済機能や、スマホに搭載されたNFC（近距離通信）機能を用いることで、通信ネットワークのないオ

フライン環境ではカードやスマホ間でのローカル接続を用いてバリュー（価値）の移転を行う。その後、ネットワーク通信が利用できる環境に移行した際に、オンライン上のブロックチェーン台帳の書き換えを行うことで、決済の取引を完結する仕組みだ。

こうした工夫を経て非通信環境での決済を実現できたとしてもなお、電源の問題は残るが、社会インフラとしてすっかり定着したスマホにモバイルバッテリーなどの非常用電源を組み合わせることで解決できそうだ。

以上のように、システム障害だけでなく、災害時などにも継続して利用できる電子決済のあり方が各所で検討されている。

■カード会社の新たな市場、「タッチ決済乗車券」

交通系の電子決済といえば、2001年11月に登場したJR東日本（東日本旅客鉄道）のSuicaをはじめとする「交通系ICカード」が2000年代以降の主役を担ってきた。これらは鉄道やバスなど公共交通機関での乗車だけでなく、同じ残高が街中でのショッピングなどにも利用できることから、「交通系電子マネー」としても親しまれている。2013年からは全国10の交通事業者が運営する交通系ICカードで全国相互利用が始まり、日本を代表する電子決済手段として広く利用されてきた。

しかし、2020年代以降になると、交通事業者の間ではさまざまな利用者ニーズに応えて対応する認証媒体を多様化する動きが出てきた。2023年に顕著だったのは、国際ブランド付きのクレジットカード／デビットカード／プリペイドカードが搭載しているタッチ決済機能を利用して、専用の改札にカードやスマホをタッチするだけで、そのまま鉄道やバスに乗車できるサービスを提供する交通事業者の増加だ。この背景には、国際ブラン

ドのVisa（ビザ）が2021年夏の東京オリンピック開催時期にあわせて積極的にタッチ決済の普及を促したことがある。タッチ決済に対応するカードの発行枚数や決済端末の数が飛躍的に増加したことで、消費者やカード加盟店の認知度は飛躍的に高まった。

またタッチ決済は、日本よりも海外でやや先行して展開が進んでいたため、訪日外国人にとっても日頃からなじみのある決済手段であったことも重要だ。2023年5月に新型コロナウイルス感染症が季節性インフルエンザと同じ5類に分類されたこともあり、夏以降のインバウンド（訪日外国人旅行）回復には目覚ましいものがあった。これらのインバウンド客にとって、日本国内での移動に自国から持参したクレジットカードが使えれば、こんなに便利なことはない。対する交通事業者にとっても、外国人がクレジットカードを片手に切符を求めて窓口に行列をなすのは、業務としても非効率であり、何としても解消したい課題だった。

「タッチ決済乗車券」はその解決策の一つになる。交通事業者がカード加盟店となり、タッチ決済の支払いに対応する改札機を設置すれば、決済から精算までの事務処理を外部に委託できることになる。また、カード会社との間の調整事項ではあるが、乗客の交通利用以外でのカード決済の傾向についても有益な情報が得られる可能性がある。言うまでもなく、カード業界にとっては新たに生まれる巨大市場だ。そうした思惑の一致もあり、既設の自動改札機に加えて、一部に「タッチ決済乗車券」を導入する交通事業者が相次いでいる。

鉄道の事例では、実証実験を含めて、関西の南海電鉄、九州の福岡市地下鉄、JR九州などが先行していたが、2023年には対応を表明する事業者が急増した。2025年に大阪・関西万博の開催を

控える関西では、大阪メトロ、近畿日本鉄道、阪急電鉄、阪神電鉄が2023〜2024年にかけて全線で対応することを発表済みである。関東の首都圏でも、東京メトロ、東急電鉄、京王電鉄が同時期の全線対応を表明した。

鉄道は、相互接続したり、複数の路線や事業者にまたがって直通運転（乗り入れ）していたりすることも多いため、事業者が1社でも「タッチ決済乗車券」対応の自動改札機を導入すれば、接続や乗り入れをしている交通事業者のすべての駅で必ず「出場」の処理が必要になる。問題は、複数の事業者が乗り入れを行っている駅の場合だ。特に関東の首都圏では路線が複雑に絡み合っているため、どこか1社がタッチ決済乗車券に対応すると、首都圏のほとんどの駅で同様に「出場」の処理が必要になってくる。その際の運賃計算には、別システムであるがゆえに既存の交通系ICカードで使用しているシステムが使えないため、この処理をどのように整合していくのかが根幹に関わる課題となっている。

こうした背景もあり、「タッチ決済乗車」の立ち位置は、「交通系ICカード」の置き換えにつながるものではなく、乗客の多様化するニーズを補完するための、交通事業者のサービスの一つになるとの見方が一般的だ。

そして、その役割を担う認証媒体には、タッチ決済機能付きカード（クレジット／デビット／プリペイドなどEMV準拠の非接触型ICカード）だけでなく、企画乗車券のオンライン発行に適したQRコードなどもある。さらに、顔認証によるハンズフリー乗車の提供に取り組む大阪メトロなどの交通事業者も登場しており、まさしく多様化の時代を反映した光景が公共交通機関の場でも繰り広げられそうだ。

■一般的なスマホがそのまま決済端末になる「COTS決済」が商用化

電子決済サービス周辺の変化で2023年に象徴的だったものの一つに、「COTS（コッツ）決済」の商用導入がある。COTS決済とは、「一般的なスマートフォンに、専用のアプリをインストールするだけで決済端末に変身させる」仕組みのことだ。専用の端末ではなく、スマホやタブレットといった市販の製品を決済処理に流用するものを「COTS（Commercial Off-The-Shelf）デバイス」と呼ぶ。

大掛かりな専用端末ではなく、既存のスマホやタブレットを決済端末として活用するサービスは、これまでも「mPOS（モバイルPOS）」の名称で使われていた。しかしこれらは、ICカードや磁気カードの情報を読み取るために有償で提供される小型のカードリーダーを別に準備して、Bluetoothなどの通信によりスマホなどと接続する必要があった。これに対して2023年に相次いで日本で商用導入されたCOTS決済の場合、スマホなどに搭載されたNFCリーダー機能をそのまま用いるため、外付けの機器が完全に不要となるメリットがある。

当然ながら、NFCリーダーは、非接触型ICカードの読み取りはできるが接触型ICカードや磁気カードは読み込めないため、対応できる決済サービスの種類には制約がある。それでも、先述した国際ブランドカードで利用できるタッチ決済をはじめ、FeliCa対応の電子マネーなどには技術的には対応が可能なほか、スマホのカメラ機能を利用すればコード決済も受け入れられる余地がある。加盟店が、差し込み式やスワイプ式の決済カードには対応しなくてよい、と割り切って使うならば、活躍するシーンは多くありそうだ。

COTS決済による商用サービスの一例として、キャッシュレス決済サービス会社のスクエア

（Square）が2023年6月から一部店舗で実験的に提供していた「Tap to Pay（on Android）」（資料2-1-6）がある。その後9月から商用に移行し、誰でも申し込みが可能になった。市販のAndroid端末（Android 9以上のOS、NFCチップ搭載）に無料の「Square POSレジ」アプリをインストールして設定すれば、国際ブランドのタッチ決済（Visa、Mastercard、JCB、American Express、Diners Club、Discover）に対応できる。加盟店が負担するのは1台のスマホと、取引に伴う決済手数料（3.25%）だけでよい。

このように簡易な導入形態であることから、COTS決済は、催事や移動店舗をはじめとする比較的小規模な店舗による導入が中心かと思われるかもしれない。ただ、最近では中規模や大規模の店舗であっても、店員が業務端末を持ち歩いて接客し、その場で決済する場面も増えている。これらの置き換えニーズもにらんで、NTTデータなどでは店舗POSとの連動やマルチアクワイアリング（複数のカード会社との決済契約）に対応するCOTS決済の提供を目指している。

2024年以降は、思わぬところでCOTS決済が活躍する姿を見かけることがあるかもしれない。

■始まらなかった「賃金のデジタル払い」

2023年中の開始が予定されていた「賃金のデジタル払い」は、企業などが従業員に給与を支払う際に、金融機関以外の決済事業者が提供する「口座」宛てにチャージ（入金）する方法を認めるものだ。2023年4月1日にはこれを可能にする改正労働基準法が施行されたことを受け、制度の下地は整ったものの、実際のスタートは2023年中には実現せず、2024年に持ち越された。デジタル払いに対応する決済事業者となるためには、厚生労働省が定める要件に基づいて申請を行い、審

査に合格して「指定資金移動業者」となる必要がある。

デジタル払い対象の「口座」として認められるには、口座に預け入れ可能な上限額が100万円以下に設定されていることが必要で、残高が100万円を超えた場合にはあらかじめ労働者が指定した銀行口座などに出金できる体制が求められる。また、ATMでの引き出しや銀行口座への出金といった「現金化」についても、少なくとも月に1回は労働者が無料で利用できなければならない。

こうした条件に同意した上で、2023年4月1日以降、実際にPayPayや楽天キャッシュ、au PAYの運営事業者などが申請を行ったが、本稿を執筆中の2023年12月現在で「指定資金移動業者」には1社も指定されていない。

一方の「賃金のデジタル払い」の導入を希望する企業には、対応する決済サービスを確定した上で、労働組合か労働者の過半数を代表する者との間で労使協定を締結する必要があり、その上で希望する労働者の同意を得ることが求められる。このように、2024年以降に「指定資金移動業者」が公表された後も導入企業側の事務手続きが生じるため、制度が本格稼働するまでにはまだしばらく時間がかかりそうな見通しだ。

ところで、資金移動業者が提供する「口座」へ給与金額相当の価値が直接入金できるようになることのメリットは、雇用側、労働者側のいずれにとっても現時点ではあまり明確でないのが実態だ。

一方で、賃金の入金が直接受けられるようになる「指定資金移動業者」の側には、自社の決済サービスがより頻繁に利用される可能性以外にも、金融機関やクレジットカードを使った入金時に生じている手数料負担を大幅に削減できるなど、明確なメリットがある。

これらの恩恵に期待して、先述したPayPayな

資料2-1-6　Squareの「Tap to Pay（on Android）」

出所：Square

ど以外の資金移動業者の中にも、制度開始後には積極的に「賃金のデジタル払い」に対応したいとする動きが出ている。競争の激化が進むとすれば、自社への囲い込みを目的に「当社の決済サービスを給与払い先に指定してくれたら、もれなくボーナスポイント還元」などのキャンペーンを展開する事業者も必ずや登場してくるだろう。

　「賃金のデジタル払い」の本格デビューで、果たして電子決済サービスにおける「銀行離れ」は本当に進むのかどうか。その見通しは2024年以降、徐々に明らかになっていくはずだ。

2023年の暗号資産の動向

岩下 直行　●京都大学公共政策大学院 教授

ビットコインは大きく値上がりして前年の暴落から回復したが、DeFi やNFTは回復せず、ステーブルコインも減少。暗号資産と伝統的金融 との距離が縮まることへの期待とリスクが注目される。

■暗号資産相場の回復

　2023年は、前年に大崩れした暗号資産相場が復活した年であった。最大のシェアを持つビットコインの対ドル相場は、2022年末の1万6000ドルから年間を通じて上昇し、2023年末には2.5倍の4万2000ドルにまで高騰した。これは、2年前に記録した最高値の6割を超える水準である（資料2-1-7）。

　暗号資産全体の流通総額は、年初の8000億ドルから倍増し、年末には1.6兆ドルにまで回復している（資料2-1-8）。流通総額に占めるビットコインのシェアは、年間を通じて伸び、40%から52%にまで上昇した（資料2-1-9）。今回の相場回復はビットコイン主導で起きたことが分かる。

　2023年の高騰は、一見すると前年の暴落からの自然な反動に思えるかもしれない。しかし、詳細に見てみると、これまでのパターンから外れた特殊な現象だと言える。

　まず、2023年は世界的に金融引き締めが強化された年であり、日本を除けば、主要国の中央銀行は軒並み政策金利が高い状態を維持していた（資料2-1-10）。2009年のビットコインの誕生以来、世界的な金融緩和が続く中で暗号資産は高騰したため、多くの金融市場関係者は、暗号資産の価格上昇を低金利の下で発生したバブルの一種と見なしていた。その意味では2022年に多くの国で金利が上昇し、暗号資産が暴落したところまでは理解できる範囲であった。しかし、2023年には、高金利が続く中での相場上昇という、従来とは異なる局面を迎えたのである。

　2023年は日米欧で世界的な株高が進行しリスク資産が値上がりしたため、暗号資産が値上がりしたこと自体は不思議ではないようにも思える。しかし、株価のベースとなるのは企業収益である。2023年に先進主要国の株価が上昇した背景には、物価上昇局面において製品価格が生産要素価格（賃金など）よりも先行して上昇した結果、企業収益が好調であったことが挙げられる。ところが、暗号資産に投じられた資金が経済活動を通じて収益を生み出す仕組みは存在しないから、株価の上昇と同列視はできないのである。

　暗号資産の過去の値上がり局面を振り返ると、2017年はICO（Initial Coin Offering、新規の暗号資産公開）が世界的に流行し、錬金術的な資金循環ビジネスを誕生させたことが相場高騰のエンジンとなった。2020〜2021年は、コロナ禍対策の金融緩和拡大に加え、NFT（Non-Fungible Token、鑑定書付きデジタルデータ）やDeFi（De-centralized Finance、中央銀行を介さない金融取引）といった新しいビジネスが活性化したことが相場上昇

資料2-1-7　ビットコインの対ドル相場

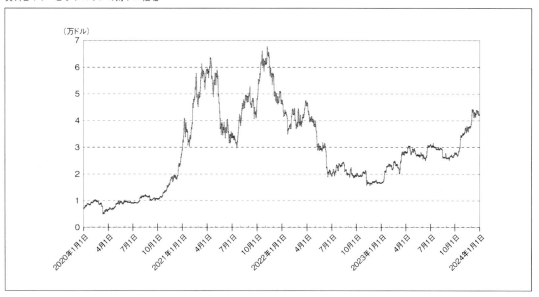

出所：CoinMarketCap

資料2-1-8　暗号試算全体内の流通総額の推移

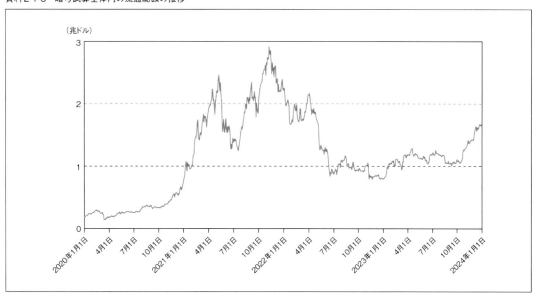

出所：CoinMarketCap

につながった。しかし、2023年の暗号資産の高騰は、暗号資産本体に限られ、ICO、NFT、DeFiといった派生分野は活性化していない（詳細は後述）。つまり、暗号資産が新しい金融商品や投資機会を誕生させたから値上がりしているわけではないのだ。この点からも、2023年の高騰はこれまでのパターンから外れた現象と言える。

2022年の暴落においては、ステーブルコイン

資料2-1-9　暗号資産流通総額に占めるシェアの推移

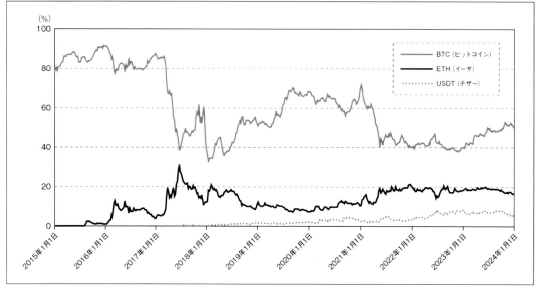

出所：CoinMarketCap

資料2-1-10　先進国と新興国の政策金利の推移

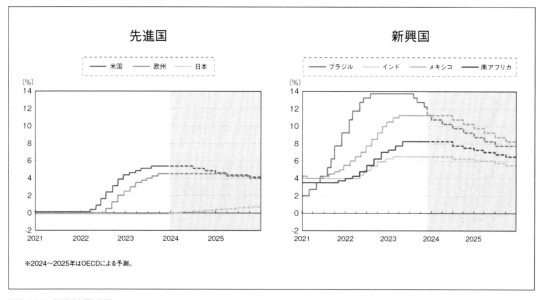

出所：OECD（経済協力開発機構）

の価値喪失や最大手交換業者の破綻など、暗号資産業界で長年懸念されていたリスクが顕在化し、隠蔽されていた不透明なビジネスの実態が暴かれることになった。2023年になると、悪材料が出尽くした結果、相場が上昇に転じたともいわれている。こうした説明は株式市場などでもよく聞かれるのだが、問題は、隠蔽されている不透明な取引慣行が透明になったとも、潜在的なリスクが解

消したとも言えないことだ。

そして2024年1月、米証券取引委員会（SEC）がビットコインETF（ビットコインに投資する上場投資信託）を承認すると発表したことを受け、ビットコイン相場は一時4万8000ドルまで上昇した。

世界各国では、現在、暗号資産に関する規制が急ピッチで整備されつつある。規制が整備されて業界が浄化されれば、暗号資産市場と伝統的な金融市場との垣根が低くなり、伝統的な金融市場に滞留している資金が暗号資産市場に流入することが期待されるという声も多い。そうした期待に基づく先行買い的な取引が行われた結果、相場が高騰したという解釈も可能であろう。とはいえ、新旧の市場間にある垣根を低くすることに伴う弊害やリスクはないか、いま一度慎重に検討する必要があるのではないか。

■DeFiとNFTはさほど回復せず

暗号資産本体の相場が2.5倍もの値上がりとなったのに対し、派生商品であるDeFiは、2022年の暴落から受けたダメージから十分に立ち直っていないようだ。DeFiに取り込まれた暗号資産の価値（TVL：Total Value Locked）は、2022年にピーク比1/4にまで縮小した後、2023年も横ばい圏で推移した（資料2-1-11）。

同様に、NFTも市場取引は縮小したままで、価格も低迷している。NFTは個々の商品が個別に値付けされるため、全体的な相場変動を把握することは難しいが、ブルーチップNFTなどと呼ばれるよく知られたNFTについては、コレクションごとに流通市場におけるフロア価格（最安値）が公開されている。時価総額上位の3つのコレクション（CryptoPunks、Bored Ape Yacht Club、Autoglyphs）のフロア価格は、2022年中に最高値から暴落した後、2023年になっても回復していない（資料2-1-12）。さほどメジャーではないNFTはより状況が悪化しているようだ。2023年9月、Web3コミュニティのdappGamblは、7万を超えるNFTを調査したうえで、「人々が保有するNFTコレクションの95%は無価値になっている」とのレポートを公表している（https://dappgambl.com/nfts/dead-nfts/）。

DeFiもNFTも、暗号資産から派生した投資商品として注目され、多くの投資家を集めたが、現在はかつてほどの人気はないようだ。暗号資産が高騰しているにもかかわらず、派生商品が衰退しつつあることには注意が必要だろう。

■ステーブルコインの発行残高が減少

ステーブルコインとは、価格の安定性を実現するように設計された暗号資産のことで、米ドルなどの既存の通貨にペッグする（為替レートを一定に保つ）形で発行、運用される。主に暗号資産交換業者やその関連企業によって発行され、暗号資産の売買に利用されている。

2023年中に、市場全体のステーブルコインの発行残高は1割ほど減少した。2022年3月のピーク時には1600億ドルを超えていたステーブルコインだが、2022年5月のUST事件（ステーブルコインが短期間に無価値になった事件）を契機に発行残高が減少しはじめ、2023年末には1200億ドル程度まで減少した。また、その銘柄別構成比も大きく変化した（ここでは便宜的に資料2-1-13に記載の4種類の合計をステーブルコイン発行残高とする）。

2023年のステーブルコイン発行残高の減少をもたらしたのは、USDC（USD Coin）とBUSD（Binance USD）であった。

USDCは、2023年3月のシリコンバレー銀行の破綻の際に、発行コインの裏付け資産として同銀行への預金を大量に保有していた。破綻報道が流

資料2-1-11　DeFi市場のTVL（Total Value Locked）の推移

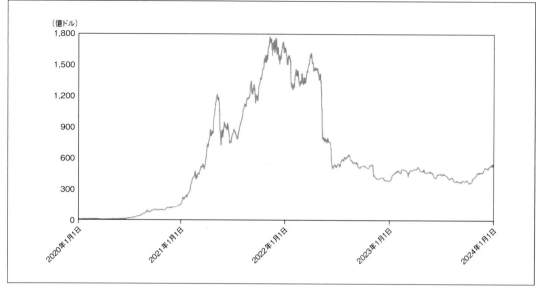

出所：DeFiLlama

れた際に、大口預金者の預金が払い戻されないリスクが指摘され、USDCは一時的に1コイン＝1ドルのペッグを維持できなくなった。結局、同銀行の預金は全額保護されたが、市場の信頼と安定性が損なわれたことからUSDCは大きくシェアを失うこととなった。結果、1年間で発行残高はほぼ半減した。

　BUSDは、2023年に発行額を9割以上減少させた。これは、BUSDの発行主体である暗号資産取引所バイナンス（Binance）の不正行為が原因であった。2023年6月、SECはバイナンスと同社CEO（当時）チャンポン・ジャオ氏を米国証券法違反の疑いで訴えた。11月に同社とジャオ氏は米国で事業を継続するために司法取引に応じ、罰金43億ドルを支払い、マネーロンダリングへの関与を認めたジャオ氏はCEOを退任した。この結果、バイナンスはステーブルコイン事業を続けていくための信任を維持できないと判断し、BUSDのサポートを段階的に終了することを発表

した。また、新しいBUSDトークンの発行は停止された。

　こうした中で、最大の発行残高を占めるUSDT（テザー）は、むしろ発行額を増やし、2022年12月に48％であったシェアを2023年12月には74％にまで上昇させた。とはいえ、USDTを発行するテザー社やその関連企業である香港のビットフィネックスも、USDTを巡って米国の司法当局から指摘を受けた経緯があり、潜在的なリスクは大きい。

　そもそも、ステーブルコインは発行主体の実質的な負債であるにもかかわらず、銀行規制や証券規制の対象とされていない。発行主体のない暗号資産が急拡大する過程で、自然発生的に作られたステーブルコインの仕組みは、導入当初は問題なく機能していたのだろうが、その後、規模が拡大しすぎてしまった。

　2022年のUST事件で明らかになったのは、暗号資産市場においてもドル建て価格を保証する資

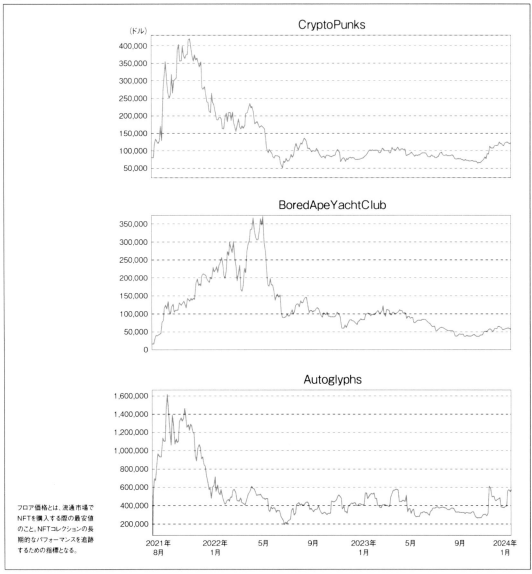

フロア価格とは、流通市場で
NFTを購入する際の最安値
のこと。NFTコレクションの長
期的なパフォーマンスを追跡
するための指標となる。

出所：nftpricefloor

産として提供するのであれば、それらは一般の通貨と同じくその発行額を負債とする主体への信任が必須ということだ。今のところ、暗号資産の世界に閉じているという前提で、USDTのようなステーブルコインは各国の規制対象となっていない。これは暗号資産の世界と伝統的な金融の世界との間に垣根があり双方とも他方に侵入しないことを前提としているためだが、今後、そのような前提が引き続き成り立つのか、慎重に見極めていくことが必要であろう。

なお、2019年に公表されたフェイスブック（現メタ・プラットフォームズ）のリブラ構想は、同

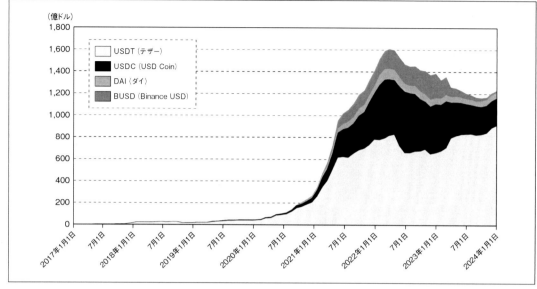

（億ドル）

凡例：
- USDT（テザー）
- USDC（USD Coin）
- DAI（ダイ）
- BUSD（Binance USD）

出所：CoinMarketCap

社が中心となって世界各国で利用可能な「グローバルステーブルコイン」を導入しようとするものであった。同構想は当初世界的な注目を集めたが、規制当局からの反対もあって計画は頓挫した。それ以降、既存の通貨制度、金融制度に挑戦するような提案は出ていない。むしろ、各国の中央銀行が、自らデジタル通貨（CBDC：Central Bank Digital Currency）を発行する試みが相次いでいる。先進主要国は技術面での研究を深めつつ実現については様子見といった状態だが、中国やナイジェリアではすでに提供が開始された。とはいえ、現段階では国民に広く受け入れられ成功している、という報告を聞かないので、もうしばらく様子見を続ける国が多いだろう。

2023年のテレビとインターネットの動き

倉又 俊夫　●日本放送協会 メディア総局メディアイノベーションセンター チーフ・プロデューサー

コロナ禍が落ち着きスポーツ中継のビッグイベントが復活した2023年は、配信サービスの統合や新規の話題が続いた。ハリウッドでも生成AIの影響が目立つ。飽和状態と言われるサービスの今後が注目される。

ロシアとウクライナの戦争は2023年にも続き、中東では、10月7日にイスラム組織ハマスがイスラエルに大規模な攻撃を仕掛けた結果、両者の軍事衝突は連日激しさを増している。国内では、旧ジャニーズ事務所で長らく起きていた性加害が大きな問題となり「メディアの沈黙」も焦点となった。また、2020年初めから続いていた新型コロナウイルス感染症は、2023年5月になってようやく日本での感染症法上の位置づけが5類となり、日常が戻ってきたことが実感できる年でもあった。本稿では、2023年の主なテレビ局のインターネットの動きを振り返り、動画配信サービスの動向を探る。

■野球、サッカー、ラグビーなどスポーツイベントが復活

2023年は、コロナ禍が一段落したこともあり、スポーツ中継のビッグイベントがコンテンツとして盛り上がった。特に、3月に行われたWBC（ワールド・ベースボール・クラシック）は、大谷翔平選手らの活躍もあり、日本が米国を破って優勝した。ビデオリサーチによると、WBCの日本戦全7試合を生中継（TBS系列3試合、テレビ朝日系列4試合）で視聴した人は、日本全国で推計9446万2000人となり、最も多くの人が視聴した

試合は韓国戦（3月10日放送）で同6234万3000人だった。一方、ネット配信で日本戦の国内配信権を獲得したのはアマゾン・ドット・コムである。報道によると、3月22日に行われた決勝戦は、日本のAmazon Prime Videoにおける配信初日の視聴数で歴代1位を更新した。アマゾンは、WBCの配信により、プライム会員の新規加入が大幅に増えたという（なお、アマゾンは、視聴数やプライム会員の新規加入数などは公表していない）。

7～8月に行われたFIFA女子ワールドカップオーストラリア＆ニュージーランド大会では、なでしこジャパンは、グループステージでスペインに大勝し1位で通過したものの、準々決勝でスウェーデンに敗れ、ベスト8となった。優勝したのはスペインだった。テレビ中継は、最終的にNHKが、なでしこジャパンの全試合と、開幕戦、決勝戦を放送した。なお、総合テレビで放送した試合（日本対スペイン戦、日本対ノルウェー戦、日本対スウェーデン戦）については、NHKプラスで同時配信・見逃し配信が行われた。

一方、FIFAは2022年に自ら配信サービス「FIFA+」を開設しており、今回のワールドカップは全試合を日本語実況付きで配信した。FIFAの発表によると、期間中のFIFA+でのストリーム視聴回数は、1400万回に達したという（アプリや

コネクテッドテレビを含む。ライブ中継、全試合のリプレー、ハイライトを含む）。

9〜10月に行われたラグビーワールドカップ2023フランス大会では、南アフリカが2大会連続の優勝を果たした。日本は1次リーグでの敗退となり、2大会連続の決勝ラウンド進出とはならなかった。テレビ中継は、前回大会同様、NHK、日本テレビ、J SPORTSが行った。

NHKでは、放送した15試合のうち、総合テレビで放送された14試合についてNHKプラスでの同時配信・見逃し配信を実施、1試合については総合テレビの時差放送に合わせた配信を行った。一方、民放公式テレビ配信サービス「TVer（ティーバー）」では、日本戦を含む日本テレビ系で中継された19試合がライブ配信されたほか、全48試合のダイジェストが配信された。

■NHKプラスの新サービスと会員数動向

2020年4月からスタートしたNHKプラスでは、2023年にいくつか新しい機能が加わった。一つは、9月から始まった「同録クリーン」の配信だ。これまで、見逃し配信では、放送した番組をそのまま放送していたため、放送時に「速報スーパー」や「L字」が画面に表示されたままだったが、同録クリーンの配信により、これらがないクリーンな状態のものが視聴できるようになった。もう一つは、番組冒頭1分の見逃し配信である。10月から始まったこの機能により、番組の冒頭の1分間の見逃し配信を「トライアル視聴」として、未ログインのユーザーでも番組の内容を確認できるようになった。

資料2-2-1に、NHKプラスの閲覧者数の動向を示した。

■総務省における公共放送WGの動き、NHKインターネットの曲がり角か？

NHKに関して、2023年に大きな話題になり、議論されたのは、総務省における公共放送ワーキンググループ（WG）での議論である。公共放送WGは、視聴スタイルの変化やテレビ離れなどの現状がある中、NHKのインターネット配信の在り方などについて検討する場である。2022年9月に設定され、2023年末までに17回会合が行われてきた。2023年に入ってからはほぼ毎月会合が開かれ、議論も活発化してきた。10月にはWGの「取りまとめ」が公表された。それによると、NHKのネット活用業務を必須業務化し、ネットのみで放送同時配信や見逃し配信などを利用するユーザーについて、放送と同じように、視聴の対価としてではなく、相応の負担を求めることが適当とする方向性が示された。

特に議論となったのは、NHK NEWS WEBなどNHKが主にテキスト情報としてオンライン上で提供しているものの妥当性である。これらは、放送法に基づいた「理解増進情報（ニュースサイト／一般番組サイト／番組PRサイトなど、放送番組に関連する補助的な情報）」として提供されているが、必須業務化にあたっては、これらを見直すことが新聞協会や民放連などから求められ、NHKからは、再整理されることが示された。今後、具体的にどのように再整理されるかによって、NHKオンラインのコンテンツは大きく変わっていく。NHKのインターネット活用業務については、引き続き動向を見守りたい。

■TVer好調、オリジナルドラマも

TVerが引き続き好調だ。TVerの発表によると、2023年3月に月間動画再生数が初めて3億回を突破し、5月には3億5877万回（前年同月比約1.8倍）となり、8月には月間動画再生数も3.9

資料2-2-1　NHKプラス閲覧者数の推移

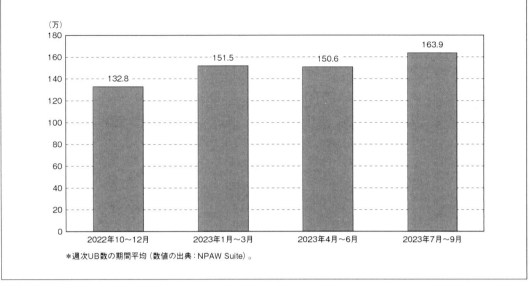

（万）

＊週次UB数の期間平均（数値の出典：NPAW Suite）。

出所：「2023年度 第2四半期インターネット活用業務の実施状況について」、https://www.nhk.or.jp/net-info/data/document/evaluation_committee/231121-iinka i5-siryou2.pdf

億回を達成した。ユーザー数で見ると、3月には2739万MUB（月間ユニークブラウザー数）と最高記録を更新し、8月には3000万とさらに記録を更新している。アプリダウンロード数でも累計で6000万を突破した。

また新たな試みとして、TVerのオリジナルドラマにも触れておきたい。TVer初のオリジナルドラマ「潜入捜査官　松下洸平」は、9月5日から配信が開始された。俳優の松下洸平氏が本人役で、潜入捜査官として芸能界に入り込むというサスペンスコメディーである。在京民放5局各局のバラエティー番組が毎回舞台となってドラマが進んでいく、現実と虚構がない交ぜになる野心的なストーリーだ。制作者によると、TVerでドラマを中心に見る人にバラエティー番組を見てもらうきっかけができないかと企画された。ドラマの配信開始から約2か月で、関連動画を含めた再生回数は685万回を突破したという。資料2-2-2にTVerの番組再生数ランキングを示した。

■在京民放各社の業績等

在京民放の業績についても概観しておきたい。

各社の2023年第3四半期業績資料によると、いずれの局も、スポット広告の減収になっており、これが影響して放送事業が減益になっている局も多い。これに対し、番組の配信による広告収入は好調だが、それでも放送事業の収入減を補うには、まだ配信収入は少ないというのが現状である。

また、在京民放全体のPUT（Persons Using Television、総個人視聴率）は以下のように推移している。PUTは、視聴率の調査対象となる世帯の4歳以上の個人全体の中で、どのくらいの人がリアルタイムでテレビを視聴していたのかという割合を表す。以下の数字から、4つの時間区分すべてで、前年同期に比べ減少していることがわかる。

全日　18.8%（－0.9pt）

資料2-2-2　TVerの番組再生数ランキング

2023年1〜3月期
1位：日本テレビ 日曜ドラマ「ブラッシュアップライフ」（3,072万）
2位：TBSテレビ 金曜ドラマ「100万回 言えばよかった」（2,135万）
3位：テレビ朝日 火曜ドラマ「星降る夜に」（2,116万）
4位：TBSテレビ 火曜ドラマ「夕暮れに、手をつなぐ」（2,054万）
5位：日本テレビ 土曜ドラマ「大病院占拠」（1,890万）

2023年4〜6月期
1位：フジテレビ 木曜劇場「あなたがしてくれなくても」（5,481万）
2位：TBSテレビ 火曜ドラマ「王様に捧ぐ薬指」（3,589万）
3位：フジテレビ 月9ドラマ「風間公親―教場0―」（3,056万）
4位：日本テレビ 金曜ドラマDEEP「夫婦が壊れるとき」（2,914万）
5位：TBSテレビ 日曜劇場「ラストマン―全盲の捜査官―」（2,571万）

2023年7〜9月期
1位：TBSテレビ 日曜劇場「VIVANT」（5,481万）
2位：日本テレビ 土曜ドラマ「最高の教師　1年後、私は生徒に■された」（3,390万）
3位：フジテレビ 月9ドラマ「真夏のシンデレラ」（3,240万）
4位：読売テレビ「CODE―願いの代償―」（2,408万）
5位：テレビ朝日 木曜ドラマ「ハヤブサ消防団」（2,309万）

出所：TVer プレスリリース

ゴールデン　30.9%（−1.5pt）

プライム　28.9%（−1.5pt）

ノンプライム　15.9%（−0.8pt）

（2023年4月3日〜10月1日、週ベース。カッコ内は前年同期比。ビデオリサーチ調べ・関東地区）

■ハリウッドストライキがもたらす配信報酬とAIの権利

2023年、ハリウッドでは、全米脚本家組合（WGA）と全米映画俳優組合（SAG-AFTRA）の4か月を超えるストライキが大きく影響した。新作が撮影できなくなるだけでなく、公開作のプロモーション活動も制限された。このストライキは、WGAが5月に、SAG-AFTRAが7月に始めたもので、いずれも全米映画テレビ製作者協会（AMPTP）に対して、待遇改善などのさまざまな要求を行っていた。中でも大きいのがストリーミングサービスに対する対価の要求と、生成AIの利用をめぐる要求である。ストライキは、9月にWGAとの妥結のあと、11月になってようやくSAG-AFTRAとも妥結した。

ストリーミングサービスについては、WGAは、最低報酬の引き上げや高予算配信番組におけるボーナス支給、動画配信作品の視聴データの開示などについて合意した。これまでは、配信サービスの会員数に応じた支払いのみだったという。SAG-AFTRAも同様に、最低報酬の引き上げ、動画配信された出演作の成果（視聴回数）に基づくボーナスの支給などを勝ち取った。

生成AIについては、WGAは、AIはオリジナル作品を作れないことを確認し、その上で、双方の同意があったときのみAIは利用できるが、製作会社側はAI利用を強制できない、との内容で合意した。また、AIによって生成された素材を脚本家に提供する場合は、その旨、告知する必要があるとした。

また、SAG-AFTRAは、生成AIで俳優がスキャンされる際の権利について、同意や補償なしに本人の映像がAIによって複製や改変、使用されないことの保証、などの権利を勝ち取った。これに従って、12月には、米ネットフリックスが、「What We Watched: A Netflix Engagement Report」という番組単位での総視聴時間を公表した。これは、今後、年2回公開していくという。公表された総視聴時間によると、2023年1〜6月期で最も見られたのは、『ナイト・エージェント』というオリジナルドラマで、総視聴時間は8億1210万時間という[1]。

■配信大手の現況

　国内の定額制配信サービスについて、GEM Partnersが2023年2月に発表したデータ[2]によると、2022年の市場規模は4508億円（推定）で、2021年の3862億円と比較して16.7％も上昇した。また、各定額制配信サービスの推計シェアでは、Netflixが22.3%（前年比－0.8pt）と4年連続でトップをキープしている。続いてU-NEXTが12.6%（前年比＋1.1pt）と前年からシェアを拡大、前年の3位からAmazon Prime Videoを抜いて2位に浮上した。3位のAmazon Prime Videoは11.8%（前年比－0.2pt）、以下、DAZNの11.4%（同＋1.6pt）、Disney+の9.4%（同＋3.4pt）と続く。

　最大手のネットフリックスでは、創業以来CEOを務めていたリード・ヘスリング氏が2023年1月に退任して会長となり、最高執行責任者（COO）だったグレッグ・ピーターズ氏が新しい共同CEOに就任した。これで、2000年から共同CEOを務めていたテッド・サランドス氏とともに、2人による共同CEO体制となった。Netflixの会員数は、一時期低下することもあったが、2023年第3四半期のデータによると全世界で2億4715万人だった。これは、2022年の第3四半期の会員数2億2308万人と比べて2407万人の増加となった。

　資料2-2-3にNetflixの地域ごとの会員数の推移を示す。

　Disney+では11月から料金プランが改定された。これまで月額990円のみだったプランは、スタンダード（月額990円）とプレミアム（月額1320円）の2つとなった。画質・音質・同時視聴端末数で2つのプランには差があり、スタンダードでは4Kに対応していない。これまで990円で4K画質のタイトルが楽しめたことを鑑みると実質値上げといえよう。なお、米国を見ると、Disney+の料金は2023年10月から27％の値上げ

となり、月額13.99ドルとなった（広告付きプランは7.99ドルに据え置き）。英国やカナダなどの地域でも値上げが行われている。ディズニーの業績を見ると、全Disney+の会員数は1億1260万人（2023年第4四半期）だが、これにディズニー傘下のHulu関連を合計して、ディズニーSVOD系全会員数は、1億9870万人（いずれも2023年9月末の数値）ともいえる（資料2-2-4）。

　収益面では、Disney+が含まれる「ダイレクト・トゥー・コンシューマ」部門は赤字が続いているものの、2022年の同時期に比べるとかなり回復しつつあるといえる（赤字は、2022年第4四半期の14億600万ドルから、2023年第4四半期は4億2000万ドルに縮小した）。他方、東南アジア地域で展開しているディズニーのテレビ放送を順次停止すると発表したり（2023年6月）、CEOのボブ・アイガー氏が、ディズニー傘下の米ABCや米ESPNなどのテレビチャンネルの売却を示唆したりしている（同7月）。これらの動きは、メディアコングロマリットとして、徐々にテレビ放送ビジネスから配信ビジネスへと軸足を移そうとしていることの証左だろう。

　『インターネット白書2023』の本記事でも触れたが、ワーナーメディアとディスカバリーが2022年4月に合併して誕生した「ワーナーブラザーズ・ディスカバリー」（WBD）では、「HBOMax」と「Discovery+」のそれぞれの配信サービスも2023年の夏に統合が予定されていた。それが早くも2023年5月23日に統合され、新たに「Max」というサービスになった。視聴プランは、広告付きが月額9.99ドル、広告なしが月額15.99ドル、4K HDR視聴などができるアルティメットプランは月額19.99ドルとなった。なお、2023年第3四半期のデータによると、Maxの会員数はグローバルで9510万人という。

　一方で、旧ワーナーメディア時代に提供を開

資料 2-2-3　Netflix の地域ごとの会員数推移（四半期ごとの数値）

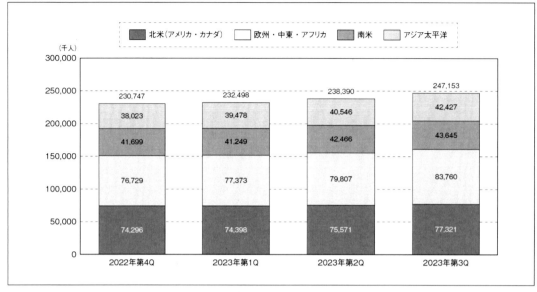

出所：ネットフリックス広報資料

資料 2-2-4　Disney+ と Hulu の地域ごとの会員数推移

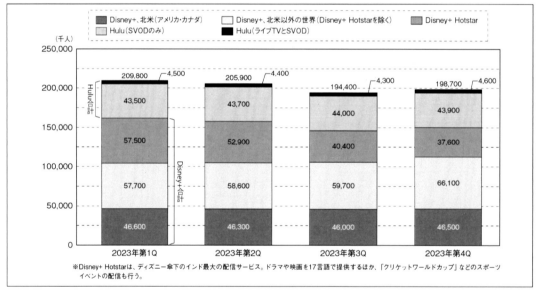

出所：Disney+ 広報資料

始した配信サービス「CNN+」は、合併とともに終了する憂き目にあったが、8月に、新しいMax傘下で「CNN Max」として再び登場した。CNN Maxは、すべてのMaxのプランで視聴できる。

本稿執筆時点の2023年12月下旬に、WBDと、同じくメディア大手のパラマウント・グローバルとが合併交渉を進めているというニュースが飛び込んできた。合併が実現すれば、ハリウッド最大

の映画スタジオと米国で3番目に契約者数の多い動画配信サービスが誕生する。ただ、アナリストの一部は、合併で合計数十億ドルもの債務と不振に陥っている従来のテレビ放送の資産を多く抱えることになるため、財務状況の悪化を招く可能性が高いと分析している。配信サービスが飽和状態にあるといわれて久しいが、今後も連携話や合併といった動きが続くとみていいだろう。

■サービスの停止・統合と新サービスの開始

最後に、2023年にサービスが停止・統合されたもの、および新しく始まったものについてまとめておきたい。

3月31日にGYAO!のサービスが終了した。GYAO!は、もともとUSENの子会社であったGyaOが2005年に開始した無料の映像配信サービスだった。2009年に、Yahoo!動画とGyaOが統合し、GYAO!として映画の配信や民放ドラマなどの見逃し配信などを行ってきた。2024年1月に運営会社のGYAOを吸収合併したLINEヤフーは、今後、縦型ショート動画サービス「LINE VOOM」に注力するととともに、TVerと業務提携を進めていくという。

U-NEXTは、有料動画配信サービス「Paravi」を運営するプレミアム・プラットフォーム・ジャパン（PPJ）と3月31日付で経営統合した。これにより、統合当時の数字で売上高800億円以上、有料会員数370万人以上、配信コンテンツ35万本以上を擁する、国内勢で最大の動画配信プラットフォームが誕生した。存続会社はU-NEXTと

なり、Paraviは6月30日にU-NEXT内に移管されてサービスを続けている。さらに、TBSホールディングスはU-NEXTの発行済み株式の20％を取得した。持分法適用会社とすることで、事業成長に向けた協業をより強固にし、さらなる戦略的なシナジーを生み出していくとしている。9月には、U-NEXTの有料会員は400万人を突破したという。

NTTドコモは、映像配信サービス「dTV」を4月12日から「Lemino（レミノ）」へとリニューアルした。Leminoプレミアムの月額料金は990円で、単純に比較できないが、旧dTVの月額500円からは約2倍となった。これまで以上に、スポーツや音楽イベントなど独占配信に力を入れるという。

Paramount+（パラマウントプラス）が12月、日本でもサービスを開始した。Paramount+は、米パラマウント・グローバルが運営する配信サービスで、CBS、パラマウント・ピクチャーズ、MTVE(MTV Entertainment Group)、ニコロデオン、コメディ・セントラル、ミラマックスなどのブランドを有しており、全世界に6100万人のユーザーがいる。日本では、J:COM STREAM、WOWOWオンデマンドを通じて日本国内でのサービスを提供しており、これらのサービスにすでに加入している人は、追加料金なしでParamount+を利用できる。

大手配信サービスがほぼ出揃った中、サービス同士の連携や合併話が続くと思われるが、視聴者にとって、ますます多様なコンテンツに触れる機会が増えることを期待したい。

---

1. Netflix Engagement Report は、以下からダウンロードできる。
https://about.netflix.com/en/news/what-we-watched-a-netflix-engagement-report

2. 「動画配信（VOD）市場5年間予測（2023-2027年）レポート」より抜粋。
https://gem-standard.com/columns/673

2023年のデジタル音楽の動向

荒川 祐二 ●株式会社NexTone 代表取締役COO

生成AIがアーティストだけでなく音楽ビジネスの周辺にも大きな影響を及ぼし、デジタルシフトした音楽市場にさらなる変革を促す。フェイクなどAIが悪用される一方、アーティストはAI利用に前向きだ。

■2022年も成長の勢いが続く

世界の音楽産業は、ストリーミングサービスの力によって再び大きく成長している。IFPI（国際レコード産業連盟）の集計によると、2021年の全世界の総売上は1999年以来の過去最高額を更新した。2022年もその勢いを維持しており、総売上は前年比9％増の262億ドルとなり、なかでもストリーミングサービスは、前年比で11.5％増の175億ドルを売り上げている（資料2-2-5）。

国ごとの市場規模ランキングのトップ10では、中国が6位から5位へ、ブラジルが圏外から9位へと順位を上げたのが目立っている。地域別の成長率を見ると、アジアが前年比15.4％増、南米が同25.8％増、中東・北アフリカ地域が同23.8％増、サブサハラ・アフリカ地域が同34.7％増と著しい伸びを見せた。なかでも中国、ブラジルを含むアジアと南米は、欧米に匹敵するほどの市場となりつつある。

■日本はコロナ禍前水準に回復、さらなるデジタルシフトへ

RIAJ（日本レコード協会）の発表によると2022年の日本の音楽市場は前年比で9％増の3074億円となり、コロナ禍前とほぼ同水準にまで回復した。この伸びを支えているのはやはりストリーミングサービスで、2021年から25％増の928億円を売り上げ、ダウンロードと合わせたデジタル音楽の総売上は、史上初の1000億円突破を記録することとなった（これまでは「着メロ・着うた」全盛の2009年の910億円が最高）。日本の音楽産業全体に占めるストリーミングなどのデジタルでの売上比率は34.5％となり、日本においてもデジタルシフトが徐々に加速しつつあることが見て取れる。

日本の音楽市場は、世界第2位の規模でありながら、世界でほぼ唯一デジタルよりもCDなどのパッケージの売上比率のほうが高い。この20年は減少続きだったパッケージ売上だが、直近では再び増加傾向が見て取れるようになっており、右肩上がりを続けるデジタルとアナログの両輪によって日本の音楽市場の成長機運が高まっている。

本稿では、これまで10年余りにわたって音楽産業のデジタルシフトを追いかけてきた。日本は、携帯電話の着メロ・着うたによって、デジタル音楽のダウンロード販売で世界に先鞭を付けた。しかし、アップルのiTunesによるデジタルを基盤とした新たな音楽市場のエコシステムが生み出され、その後のスマホの登場と重なって、日本のデジタル音楽市場はそのパラダイムシフトにのみ込

資料2-2-5　全世界の音楽産業の総売上、1999〜2022年

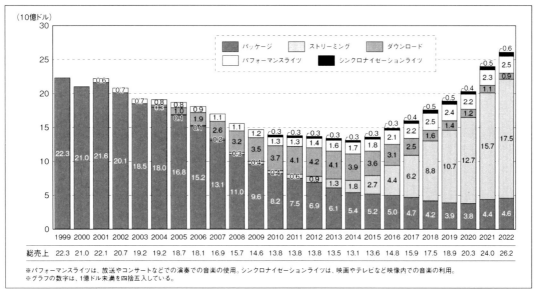

| 総売上 | 22.3 | 21.0 | 22.1 | 20.7 | 19.2 | 19.2 | 18.7 | 18.1 | 16.9 | 15.7 | 14.6 | 13.8 | 13.8 | 13.8 | 13.5 | 13.1 | 13.6 | 14.8 | 15.9 | 17.5 | 18.9 | 20.3 | 24.0 | 26.2 |

※パフォーマンスライツは、放送やコンサートなどでの演奏での音楽の使用。シンクロナイゼーションライツは、映画やテレビなど映像内での音楽の利用。
※グラフの数字は、1億ドル未満を四捨五入している。

出所：IFPI、Global Music Report 2023

まれることとなった。

　スマホにより、誰もが常時デジタルネットワークにつながった状態になり、YouTubeやストリーミングサービスの勃興によって、いつでも、どこでも、多種多様な音楽を、手軽に楽しめる世界が訪れた。世界の音楽市場は、デジタルを前提としたエコシステムの上に作り替えられており、日本もその例外ではない。そうしたタイミングで、生成AIが実用化され、誰もが利用できる環境が到来した。AIの利用は、今後の音楽制作と音楽ビジネスに対して、どのような影響を及ぼしていくのだろうか。

■生成AIが及ぼすもの

　コンピューターに音楽を作らせる試みは、生成AIブームの古くから存在した。音楽理論はアルゴリズム化が比較的容易なため、"それっぽい雰囲気"のメロディーラインとリズムを組み合わせて生成するソフトウエアの開発はさほど困難では

なく、生成AIブームの遥か以前から存在した。その後、ディープラーニングの手法によって、楽曲データそのものをAIに学習させ、そのAIによって注文どおりの音楽を生成することが容易にできるようになった。ジュークデックの「Jukedeck」（2014年リリース）、OpenAIの「JukeBox」（2018年リリース）、サウンドローの「Soundraw」（2020年リリース）のような楽曲生成サービスが登場し、タリン・サザンの「Break Free」のようにメジャーアーティストがAIで生成した楽曲をリリースするなど、音楽とAIとの距離はどんどん近づいていった。

　そして2022年に「ChatGPT」などの巨大言語モデル（LLM）をベースにしたAIが一般公開され、その高い能力が知れわたると同時に、LLMと音楽とを組み合わせた音楽生成AIがいくつも登場した。グーグルの「MusicFX」、Stability AIの「Stable Audio」、メタ・プラットフォームズの「MusicGen」などは、LLMを利用することで、

プロンプトと呼ばれるテキスト入力に応じて音楽を生成することができる。ビーチやドライブ、読書といったシチュエーション別の楽曲、また楽しい、寂しい、のんびり、といった気分に合わせた楽曲だけでなく、具体的なアーティスト名を入れることで、そのアーティストっぽい楽曲も作ることができてしまう。

こうしたAIで生成した楽曲は、筆者個人としては、少なくとも現時点においてじっくりと聞き込んだり楽しんだりできるレベルに達していないという感想だ。ただ、たとえばテレビ番組のBGMとして流したり、YouTuberが自分の動画で使ったり、インディーゲーム（個人や小規模なチームによって低予算で開発されたゲームソフト）のサウンドトラックに使ったりといった用途であれば、十分使えるクオリティーには達している。

これまで、こうした映像と組み合わせて使われる音楽としては、当然のことだが人間が作曲した楽曲が使われてきた。テレビドラマや映画などの商業映像では、メジャーなアーティストの楽曲や、著名な定番曲を流すことで、そのシーンの雰囲気作りを効率的、印象的に行うことができるからだ。また、いわゆる「タイアップ」に代表されるような双方のプロモーション目的の映像と音楽の組み合わせも頻繁に行われてきた。

しかし、現在すでに生成AIを使って、特定のアーティストや過去の名曲然とした楽曲を作らせて、映像作品で使うというケースがいくつもあるという。その結果、アーティストに支払われるはずだった著作権使用料やギャランティーが減るなど、映像制作側のコスト削減につながっている。映像制作側にとっては、短時間で、シーンの意図に合い、尺も揃ったオリジナルの楽曲が手配できるというのは、コストだけでなく多くの点で魅力的なことは間違いない。

もちろん、映像に使われる音楽が、すべて生成AIによるものに置き換えられるわけではない。著名なアーティストを使うことが、映像制作側にとってもメリットがあるケースも多いだろうし、前述のタイアップのようにビジネスモデルとして成り立っている形態もある。

ある著名な日本人アーティストのプロデューサーに対して、筆者が生成AIとその影響について説明した際、プロデューサーは「そのアーティストなら生成AIを上回る新しい楽曲を書けるから全く心配していない」と断言した。筆者もこの感覚は正しいと考えるし、評価を不動のものとしているアーティストならば、生成AIに大きく左右されることはないだろう。

だが、必ずしも特定のアーティストや特定の楽曲でなくてもよい場面、音楽のクオリティーよりもコストが重視されるケースなどでは、生成AIによる楽曲は、今後増えていくだろうし、それによってアーティストの収入の減少といった負の影響も生まれてくるだろう。それらが、どのくらいの規模になり、また音楽業界にどのような影響を与えうるのか、現時点で推測しようもないのが正直なところだ。

■模倣や粗製乱造がはびこる

生成AIの影響は、別のところにも及んでいる。筆者は『インターネット白書2020』の本稿で、AIによって著名アーティストを模倣したり、粗製乱造したりされた楽曲がストリーミングサービスを汚染する可能性に触れた。そして、2023年において、それは現実のものとなった。

ストリーミングサービスの多くは、ユーザーの聴取履歴に応じてレコメンドした楽曲を自動再生し続ける機能を持つ。レコメンドされた楽曲の中に、生成AIによって楽曲・曲名・アーティスト名・ジャケットなどをすべてでっち上げ、大量にストリーミングサービスに登録した「不正楽曲」

が混じってしまうと、それらが実際に再生された場合、不正楽曲をアップロードした「悪意ある権利者」が使用料をかすめ取るということになる。それらの楽曲は、AIが生成した音楽を適当な長さでブツ切りしただけのものも多いが、実際に聞いてみると違和感はあるものの、ユーザーの多くは気づかずに再生を続けてしまうだろう。もちろん、サービス側もそうした不正楽曲をAIにより検出し削除しているが、いたちごっこの状態が続いている。

こうした「AIの悪用」を象徴するような出来事が、2023年4月に起きた。ドレイクとザ・ウィークエンドの連名による楽曲が公開され、ビッグアーティスト同士のコラボとして一挙に話題となった。その楽曲は、TikTokやYouTube、Spotifyなど各種プラットフォームにて再生され、未確認だが総再生回数は数千万回にも及んだという。しかし、それはAIによって両者の声を模倣して作られたフェイクだとすぐにわかり、最終的に楽曲は削除された。匿名の制作者はghostwriterというアカウントで、自分がAIを用いて制作した旨を認めているものの、明確な目的は不明のままだ。

■生成AIの利用に積極的なアーティストが多数派

ここまで生成AIについてネガティブな話が続いたが、生成AI自体は、音楽業界において必ずしも否定されてばかりいるわけではない。AIの利用動向についてのアンケート調査がいくつか行われているが、多くのアーティストが音楽制作においてすでに生成AIを用いているとの結果が出ている。

デジタル専門のインディーズレーベルでありアーティスト向け各種デジタルソリューションを提供している「Believe」が、約1500組のインディーズアーティストに対して行った調査による

と、27％のアーティストがなんらかの形でAIを使っていると回答し、50％のアーティストが自らの楽曲をAIに学習させることに肯定的だった。

また、多くのメジャーアーティストと契約する音楽配信代行業者のDitto Musicが、自社の契約アーティスト1200組に対する調査を行ったところ、こちらでは59.5％のアーティストが何らかの形でAIを利用しており、さらに11％がすでに作曲でも利用していると回答した。一方で、今後もAIを使うつもりがないと回答したアーティストは、28.5％と少数派だった。

音楽に限らず、さまざまな領域で生成AIの利用が進んでおり、特にビジネス分野では多くの企業が積極的な導入意向があるという調査が見られる。それと比較すれば音楽業界の生成AI利用は消極的かもしれないが、筆者の正直な感想を言えば、思ったよりもアーティストは前向きに生成AIについて考えている印象を受けた。実際に、自身の過去の楽曲を学習させた生成AIを活用して、新たな楽曲制作のヒントにするような形でAIを利用しているメジャーアーティストも出てきている。プロモーションやファンとのコミュニケーションといった範囲まで含めれば、今後のアーティストがAIをまったく利用しないことのほうが難しい状況になっていくと考えられる。

一方で、AIの学習における著作権の問題は、完全に整理されているわけではない。少なくとも日本の著作権では、AIに第三者の著作物を学習させるために複製する行為自体は問題ないという解釈が一般的だが、他国では必ずしもそうではない状況だ。そうしたなかで、音楽業界としては生成AIに関連した法律上の規制だけでなく、ビジネス上の慣習やルールについても議論が必要になってくるだろう。

■AIと音楽制作に関わる国際的な議論に注力する

AIを音楽制作に利用するアーティストは着実に増えている。またBGMなどでAIによる自動生成が使われるシーンも今後ますます増えていくだろう。そうしたなかでも、人々は変わらず音楽を楽しみ、好きなアーティストを"推す"こともやめないだろう。日本の音楽市場が今後も成長し、また権利者側に適切に利益が分配され、国内のアーティストが継続的に音楽をファンに届けられる環境を維持するには、音楽のデジタルシフトと同時にAIとアーティストに関わる国際的な議論にも、日本が自ら問題解決に向けてコミットしていく必要がある。

メタバースとオンラインゲームの動向

澤 紫臣 ●アマツ株式会社 CCO

世界で最初に「メタバース」の語を用いたSF小説『スノウ・クラッシュ』から30年余、国内メタバース事情は大きく変化した。その概況と、近接かつビジネスで先行するオンラインゲームの動向を取り上げる。

■ブームの浮沈を超えて根強く息づくメタバース

メタバースといえば、2007年頃の「Second Lifeブーム」、2016年頃の「VRブーム」を思い浮かべる方も多いことだろう。メタバースは仮想世界の概念を、VRはバーチャル・リアリティ（仮想現実）をそれぞれ示すキーワードで、厳密には分けて語られるべきであるが、本稿ではメタバースの定義について一般的なイメージである「3DCGで表現された仮想世界かつプラットフォームになっているもの」とし、必要に応じてそれ以外の形態や、あるいはメタバースに関係なくVR特有のものかを記すものとする。

最初にブームとなったSecond Lifeは、次第に活用例が少なくなりマスメディアが取り上げることもなくなったが、それは日本国内での話である。実際は今日まで世界中に幅広く利用者がおり、現在でも世界最大級のメタバースプラットフォームの一つとして運営されている。

VRについては、2016年当時「Oculus Quest（現Meta Quest）」や「VIVE」「PlayStation VR」などのブランドからVR機器が発売されたが、話題になりこそすれ商品としての定着はなかった。アミューズメント施設としては、たとえば2017年に期間限定で新宿歌舞伎町にオープンした遊戯施設「VR ZONE SHINJUKU」がある。ただしこれはもともと当該地域の再開発計画が着工するまでの暫定施設だったので、2年後の2019年には閉館している。現在その跡地には東急歌舞伎町タワーがそびえ、そのそばのトー横（新宿東宝ビルの横）では連日のように行き場のない少年少女が集まり、社会問題化している。

このように当時の熱狂は様変わりしてしまったが、メタバースとVRが再び脚光を浴びたきっかけは、なんといっても2021年末に旧フェイスブックがメタ・プラットフォームズ（通称メタ）へと商号変更したことだろう。世界的な大手SNSプラットフォーマーであり、ビッグテックを表すGAFAMの「F」が改称してまでメタバース事業に舵を切ったというのは、世界中にインパクトをもって伝えられた。

これによってメタバースブームは再燃し、VR機器もブームから約5年で大きな進化を遂げ、その間に育まれてきた「VRChat」をはじめとするメタバースプラットフォームでの文化が注目されるようになった。

■メタバース市場とそれを支えるもの

総務省の「情報通信白書 令和5年版」によると、世界のメタバース市場は2022年の8兆6144

億円から2030年には123兆9738億円への拡大が予想されているという。日本国内のメタバース市場に限っても、矢野経済研究所の調査によると、2022年度に1377億円と推計されたものが、2023年度の見込値で2851億円、2026年度には2023年度比で約5倍の1兆4159億円にまで伸びる予測が立っている（資料2-2-6）。

この数字は、メタバースのプラットフォームだけでなく、メタバースのプラットフォーム以外のコンテンツおよびそれらを支えるインフラや、メタバースサービスで利用されるXR（VR、AR、MR）機器を合算したもので、この予測どおりになるならば、稀に見る急成長が期待される分野と言えるだろう。

■一般化するメタバース、先鋭化するVR

メタバース市場の拡大にあたって重要なのは、一般消費者の実生活やビジネスにどれだけの利便性や革新性をもたらすかだと考えられる。これについては、たとえば旧来の家庭用ゲーム機市場のような、ゲーム機を販売しそれをプラットフォームとしてあまたのソフトが市場を拡大するというイメージは合わない。2016年頃のVRブームでも普及しなかったように、VR機器が先行するとは考えづらい。

VRゴーグルによる体験の魅力である臨場感や魔法のような映像処理をアピールするよりも、スマホやタブレットで手軽にアクセスできる、またはPCのブラウザー上で展開できて、メタバース体験の裾野が広がるほうが先であろう。

これは、YouTubeやニコニコ動画などの動画投稿サービスと同様である。2005〜2008年頃、これらの動画投稿サービスでは、イノベーター理論でのアーリーアダプター層（初期採用者）がPCを主軸として配信者と受信者層を形成していたところ、スマホが普及したことで視聴者が拡大し、新たに広がったレイトマジョリティー層（後期追随者）が受信者から配信者へ"鞍替え"するにあたって、アーリーアダプター層が最初からそうしていたように、高性能なゲーミングPCへと使用端末をアップグレードさせた。

メタバースにおいても、VRゴーグルやモーショントラッカーなどの機器を使いこなす先行者を旗手としつつも、多くの人々はメタバースの醍醐味である仮想世界のビジュアルとコミュニケーションをまずスマホやPCのウェブブラウザーで味わい、そこから高度な体験へと道を開いていく、というプロセスが重要であろう。

そういった点で、国内メタバース事業者は、スマホやウェブブラウザーをプラットフォームとしてメタバースの一般消費者への普及を目指しているように見える。たとえばVR機器だけでなくスマホやPCからアクセスできる「Cluster」、スマホでのアバターライブ配信に特化した「REALITY」が代表的なものである。今後もこれらのサービスが消費者のメタバースへの参加ハードルを下げていくと考えられる。

メタバースの企業利用は、これらのプラットフォーム上にショーケースとなるブースや顧客対応窓口を設置したり、イベントを行ったりするものがよく知られているが、現在ではSecond Lifeブームの頃よりもずっとスマートな使われ方をしている。人と人、あるいは人と仮想化した消費物とをつなぐサービスとして、サービス提供者と消費者との遠隔コミュニティを形成するツールとして、確実に選択肢の一つとなっている。

また、メディアを問わず、CGで描かれたアバターを用いたライバー（VTuber）たちが芸能人然とした振る舞いで人気を博しているが、ユーザーの本人性から離れたアバターで活動する意義が消費者へも伝わっており、これはメタバースの入り口としても機能していると考えられる。SNSでさ

資料2-2-6 日本のメタバース市場規模の推移と予測

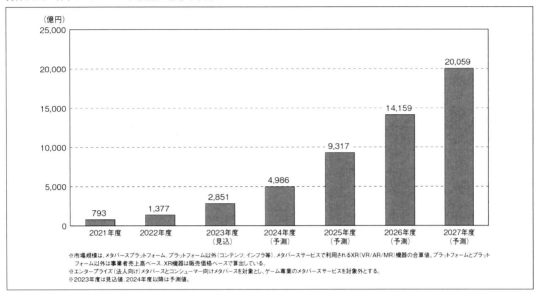

※市場規模は、メタバースプラットフォーム、プラットフォーム以外（コンテンツ、インフラ等）、メタバースサービスで利用されるXR（VR/AR/MR）機器の合算値。プラットフォームとプラットフォーム以外は事業者売上高ベース、XR機器は販売価格ベースで算出している。
※エンタープライズ（法人向け）メタバースとコンシューマー向けメタバースを対象とし、ゲーム専業のメタバースサービスを対象外とする。
※2023年度は見込値、2024年度以降は予測値。

出所：矢野経済研究所「メタバースの国内市場動向調査（2023年）」（2023年8月30日発表）

え匿名で複数アカウントを使い分ける若者にとって、ビデオチャットのように顔を出すこともなくコミュニティに参加できるメタバースには利点も多く感じられることだろう。

VTuberを多数擁する事務所「ホロライブプロダクション」を抱えるエンターテインメント企業カバーが、メタバースプラットフォームの「ホロアース」（2023年末時点でβ版）を開発運用しているのも、配信を一方的に受けるだけの視聴者からメタバースの利用者すなわちバーチャルな存在へ、そこからさらに配信をはじめとしたクリエーターへと道筋をつけるためのものと考えられる。

こういった形で裾野が広がり、ボトムアップで高みへ向かっていく一方で、先端を邁進しているのは海外事業者のプラットフォームである「VRChat」「NeosVR」などをベースに醸成されているVRSNS文化である。

VRSNS（バーチャル空間におけるSNS）では、画期的な体験のために高度な機材を使用する点

でも、CGやスクリプトの技術を切磋琢磨する黎明期特有のクリエイター気質という点でも、メタバースをアーリーアダプターがリードしている姿を垣間見ることができる。アバターをはじめとしたさまざまなアセットの自作や、そのデータ売買で拡大するCtoC（個人間取引）ビジネスも、VRSNSの特徴と言えるだろう。

■メタバースとオンラインゲームの境界事例

メタバースの範疇に入るかどうかで論争が起こるのがオンラインゲームである。メタバースとオンラインゲームの境界について普遍的な定義があるわけではないので、見た目から区別する手がかりはない。

メタバースとの線引きが難しいものとして、四半世紀にわたる歴史があり、3DCGで描かれた仮想世界での冒険が主流となっているMMORPG（Massively Multiplayer Online Role

Playing Game、多人数接続型オンラインロールプレイングゲーム）が挙げられる。特に、UGC（User Generated Contents、ユーザーが自身でゲーム内コンテンツを作り出せること）を内包するMMORPGは、より一層メタバース色が強いと言える。

たとえば、「マインクラフト」は10年以上にわたって人気のクラフト系オンラインゲームであり、児童の知育から大人の鑑賞に堪えうるアート分野にまで活用されている。

マルチプレイのクラフト系ゲーム最新作として、ポケットペアが2024年1月にリリースしたPC／Steam版の「パルワールド」は、3日間で500万本売り上げるという快挙を達成した。それ以降も同時接続数が170万人を超えるなど順調にセールスを伸ばしている。この現象はゲームの面白さやキャラクターの話題性だけに牽引されたものではなく、前作にあたる「クラフトピア」での顧客を活用し、SNSアプリケーションのDiscordで開発段階からファンコミュニティを築き、VTuberを中心に先行プレイの実況配信を行って話題性を確保し、ゲームバランスの調整や追加開発を前提とした未完成状態でも、早期アクセス扱いで割引販売をするなど、マーケティングを戦略的に行った成果と考えられる。

また、サバイバル型のFPS（First Person Shooting、一人称視点の銃撃戦）ジャンルでも、「フォートナイト」のように砦の構築というクラフト要素を備えつつ、ゲーム自体をプラットフォームとしたユーザー向け開発環境を整え、メタバースと呼べるに等しいほどのUGC支援を実現しているものがある。この開発環境を利用し、フォートナイト内でプレーできる「Rocket Ninja -Rumble Sprint2-」のような「ゲーム内ゲーム」の提供を専門とする企業も現れているほどである。

プラットフォーム化されたオンラインゲームの特徴は、ゲームとして基本的なルールや勝敗・競争の設定が十分に機能した上で、ユーザーのアイデンティティーを示すアバターや家屋といったデータのカスタマイズ、アセットの創作、オブジェクトの動作を制御するスクリプト、などの開発余地が豊富なこと、そして、音声や文字だけでなくアバターのジェスチャーなどでも他者とのコミュニケーションがとりやすいことなどが挙げられる。

■仮想世界ビジネスの先駆者としてのオンラインゲーム

VR機器を除いたメタバースのプラットフォーマーによるビジネスモデルについては、多様でありつつ曖昧であると言わざるを得ない。

たとえば、かつてのSecond Lifeブームのように自ら運営するメタバースに集客をしておき、そのユーザー数をベースにしてスポンサー企業に出展させて料金を徴収するものは思い浮かべやすいだろう。そのほか、企業のために仮想世界を構築して納品するモデルもあれば、オンラインセミナーシステムやリアルのイベント会場のように仮想空間を期間貸しするもの、ライバーを用いたプロモーション映像や番組の制作をするものなど多岐にわたる。

しかしながら、これらは受託開発を含んだBtoBモデルであり、メタバースのプラットフォーマーが利用料を設けて個々のアバター顧客へのサブスクなどの直接課金をしているBtoCビジネスは、一部のアバター販売を除いてあまり見られない。

これに対して、オンラインゲームの市場は1兆1550億円ほどで、後述する海外企業の売り上げが不透明なため国内に限って言えば下降気味ではあるが、消費者向けサービスの点で一日の長がある（資料2-2-7）。

先ほどメタバースとオンラインゲームについて

資料2-2-7　オンラインゲーム市場規模の推移

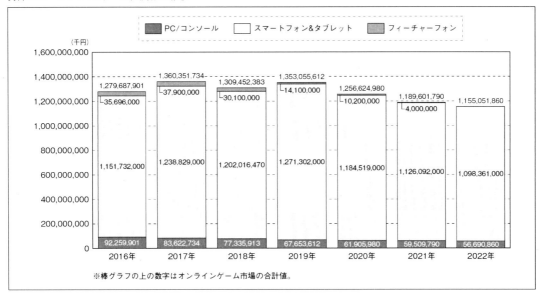

※棒グラフの上の数字はオンラインゲーム市場の合計値。

出所：JOGA オンラインゲーム市場調査レポート 2023

「見た目から区別する手がかりはない」と書いたが、ビジネスモデルにおいては確実に大きな違いが存在しており、オンラインゲームが先行していると言える。

　メタバース市場が予測どおりに躍進できるかどうかについては、VRゴーグルやモーショントラッカー、ゲーミングPCなどがリーズナブルな価格になるタイミングと、前述したユーザーが裾野からボトムアップするタイミング、そして、現在の受託開発メインのBtoBモデルにユーザー同士のCtoCビジネスがぶら下がっている状況から、BtoCの直接課金サービスへ転化するタイミングが、うまく重なるかどうかにかかっていると言えるだろう。

■海外事業者の動向に影響を与える税制・規制

　ここで、オンラインゲーム市場における最新の重要なトピックについて触れておきたい。

　『インターネット白書2023』の本記事でも課題の一つとして挙げているが、海外企業が日本の消費者へ向けて配信するゲームタイトル群については、市場規模の実態がつかめていない。それらは日本のスマホゲーム市場の約3割を担うほど大規模であると推測されているにもかかわらず、追跡調査が難しいため統計に反映されず、実際の市場規模との間に乖離があった。当然、それら海外企業の一部は適切に納税していないのではないかという疑いも生じていたところ、その海外事業者に影響を及ぼす出来事が2023年末に2つ起こった。

　一つめは、アップルやグーグルといったビッグテックのプラットフォーマーに対する消費税徴収の制度化である。以前から経済産業省が2024年度の税制改正要望に盛り込んでおり、これを受けた政府によって検討されていた。デジタルサービスの取引高が50億円を超えるプラットフォーマーには、海外ゲーム事業者に代わっての消費税納税が義務付けられる。2025年度以降に実施

される見込みで、実施されるとビッグテックのプラットフォーマーから海外ゲーム事業者への支払いは、手数料と日本の消費税が引かれた後の金額となる。この制度によって、国内事業者と海外事業者の間にあった不公平感は薄まることであろう。

この報道があったのは2023年12月だが、その数週間ほど前に、先ほど例に挙げた「フォートナイト」を提供するエピックゲームズの関連会社が、国税庁によってフォートナイトの売り上げにかかる消費税などの申告漏れを指摘され、約35億円を追徴課税されたというニュースがあったことも印象的である。

もちろん、アップルやグーグルを介さないブラウザーゲームやブロックチェーンゲームは依然として存在することになるが、こういった事業者へは取引実態を把握するために報告義務を課すなどの施策が考えられる。

2つめは、中国において草案が発表された、過度とも思えるオンラインゲーム規制である。具体例として「ガチャ販売の禁止」「初回課金、継続課金の誘導禁止」といったビジネスモデルに関わるものから「配信者へのスパチャ（投げ銭）の禁止」に至るまでが挙げられており、草案段階ではあるがテンセントをはじめとした中国ゲーム企業の株価に即日影響を与えた。その後、年末年始を挟んで、規制担当者が解雇されたというニュースが流れ、2024年1月下旬に、この草案は規制機関のウェブサイトから削除された。今後修正案が出されるのかは不明だが、中国の政策においてゲームは好まれない娯楽ビジネスであるという印象を色濃く残した。

中国では以前からオンラインゲームへの風当たりが強い。2021年にも未成年者のゲームプレー時間を細かく定めた規制をしているほか、中国国内で提供されるゲームへの版号（許可番号）の交付数を審査によって厳しくコントロールしている。これらは日本企業が中国へ進出する際の障壁にもなっているが、一方、規制によって中国国内でのビジネスが強く締め付けられれば、中国から日本などへの輸出・販売戦略が一層強まると考えるのが自然であり、非対称の越境ビジネスとしてアンバランスさの拡大に拍車がかかると言える。

売り上げランキング上位の日本産タイトルを、「パズル＆ドラゴンズ」や「モンスターストライク」といったいわば"10年選手"や「Fate/Grand Order」など長期運営タイトルが占めている現状で、次々と投下される、見るからに「カネのかかった」リッチな海外タイトルは新鮮味があり、日本のゲーム会社にとって脅威でもある。

国境のないインターネットビジネスに、排他的な施策はナンセンスではあるが、国策として自国ゲーム産業の維持と振興のために、引き続きイコールフッティングを目指した制度を充実させていくことは不可欠であろう。

■仮想世界の今後

仮想世界には人類の夢がある。しかしながら、メタバースはまだ体験のハードルが高いと言わざるを得ない。さまざまなプラットフォームが林立しておりユーザーにとっての選択肢は多いが、マスアダプション（一般化）とインターオペラビリティー（相互接続性）の問題を抱えている。

素のメタバース内ワールドにログインしても、ゲームのようなコンテンツと違って目的やシナリオもない「場」である。遊園地のような遊具やアトラクションに恵まれているわけではなく、かといってプラットフォームをまたいでアバターが行き来することもできない。メタバース内での他者との出会いをはじめとしたコミュニケーションを求心力とするには、メタバース内に幅広いコミュニティを形成することが重要となる。

この点で、MMORPGをはじめとしたオンラインゲームは、仮想世界内のコンテンツにあふれ、まさにゲーミフィケーションの名のとおり、操作方法からコンテンツ消化やコミュニケーションの作法まで、手とり足とりプレーヤーを褒めそやしてチュートリアルにし、定住できるように導いてくれる。

　こうしたホスピタリティーの差、取っ掛かりやすさの差、ひいては体験の差が、ビジネスモデルの差を生んでいると言える。裾野の利用者は自らの欲するものを自覚しているわけではない。現実空間ではいつも何かが起こっているのに対して仮想世界が無風では世界を名乗るに値しない。メタバースの自由でクリエーティブな世界は、想像や創造とは無縁の受動的な消費者にとって退屈で苦痛な空間でさえある。

　早期にマスアダプションとインターオペラビリティーの解決を図り、コンテンツを絶え間なく投入していくべきだろう。

　そして、国境のないインターネットサービスゆえのグローバルな課題を、先行するオンラインゲーム分野で解決していくことにより、同様にメタバースにおいても安心・安全なサービス事業の展開が可能になると言える。

　メタバースとオンラインゲームは、どちらも仮想のものを扱う抽象的なエンターテインメント分野である。双方の利点と欠点ををいま一度整理して将来へつなげていくことが求められるだろう。

国内インターネット広告市場の動向

高野 峻 ●みずほ銀行 産業調査部 インダストリーアナリスト

厳しい競争環境を背景に、コンテンツ強化やフルファネルマーケティングを目的としたサービスの統合や連携が増加。生成AIはインターネット広告市場の成長率をさらに高める可能性がある。

2022年の国内総広告費[1]は、電通が発表した「2022年 日本の広告費」によれば、前年比4.4%増の7兆1021億円と、同社が1947年に推計を開始して以降、過去最高となった。下半期はウクライナ情勢や金融政策の転換等の影響を受けたものの、アフターコロナにおける行動制限の緩和や、2022年北京冬季オリンピック・パラリンピックなどの大型イベントが成長に寄与した。インターネット広告費（媒体費および制作費）は前年比14.3%増の3兆912億円と大きく成長している（資料2-2-8）。

同年のインターネット広告費の媒体別内訳では、ビデオ広告、物販系EC広告、検索連動型広告がいずれも前年比15%以上の高い成長率を記録している（資料2-2-9）。

2023年は景況感が悪化する中で、これらの媒体の競争環境にも変化が見られる。具体的には、①動画配信サービスはサービス終了や統合等、優勝劣敗が鮮明化し、②収益多様化を図るメディアプラットフォーマーはEコマースへ進出する動きが見られ、③ChatGPTの登場とともに瞬く間に世間に浸透した生成AIは、検索サービスを一部代替する可能性がある。

以下に2023年の市場を振り返りつつ、今後の展望をまとめたい。

■動画配信サービスの競争環境は厳しさを増し、各社はコンテンツラインアップを拡大

2023年は、1月にGYAO!のサービス終了が発表され、動画配信サービスの競争激化を感じさせる幕開けとなった（資料2-2-10）。運営会社のGYAOは2005年にサービスを開始した、無料動画配信サービスの草分けである。対照的に、2007年にGyaO NEXTとしてローンチされ、国産サービス最大手となったU-NEXT（2009年に改称）は、2023年2月にParaviとの統合を発表した。

翌3月には、NTTドコモがdTVをリニューアルし、Leminoと名称変更することを発表した。同社はその記者会見にて、将来的な非動画コンテンツとの連動可能性に言及している。また同じく3月には、DMM.comが2022年12月にローンチしたDMMプレミアム（動画や書籍、ゲーム等をバンドリングしたサービス）の累計会員登録数が60万人を突破した。今後、動画配信サービスにおいては、動画コンテンツのみならず、さまざまなコンテンツをバンドリングすることで競争力を高める動きが一層進んでいくと思われる。

アフターコロナにおいて消費者の外出が回復する中、メディア視聴時間の奪い合いはAVOD、SVOD関係なく厳しさを増している。ネットフ

資料2-2-8　国内広告市場と媒体別広告の成長率の推移と予測

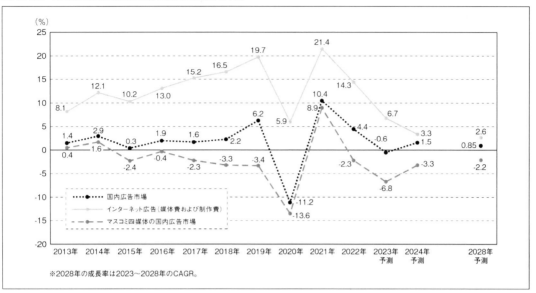

出所：2022年までの実績値は電通「2022年日本の広告費」。2023年以降はみずほ銀行産業調査部推定・予測

資料2-2-9　2022年のインターネット広告費の媒体別内訳

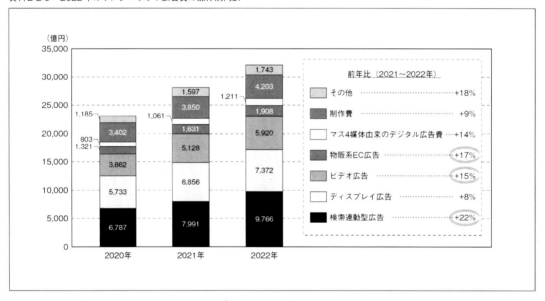

出所：CCI/D2C/電通/電通デジタル/セプテーニ・ホールディングス「2022年 日本の広告費 インターネット広告費 詳細分析」より、みずほ銀行産業調査部作成

リックスは2021年よりゲームサービスを開始しており、同アプリからモバイルゲームをダウンロードできるようになったが、新たにクラウドゲーム事業のテスト配信を実施している。グー

グルは2023年1月にクラウドゲーム「Google Stadia」のサービスを停止しているが、新たにYouTube Playableというオンラインゲームサービスのテストを開始したことを公表している。コ

資料2-2-10　メディアプラットフォームの動向

プラットフォーム		2023年の主なトピックス	戦略の方向性	
			①コンテンツ強化	②収益多様化
日本企業	U-NEXT	■「U-NEXT」と「Paravi」を統合	✔	
	NTTドコモ	■「dTV」をリニューアルし「Lemino」に。また、Leminoに広告プランを導入	✔	✔
	TBS HD	■ゲームブランド「TBS GAMES」を設立	✔	
	LINEヤフー	■Gyao!サービス終了 ■LINEにショッピングタブを導入する計画を発表		✔
海外企業	メタ（旧フェイスブック）	■サブスクリプションプランを導入		✔
	X（旧ツイッター）	■サブスクリプションプランを導入		✔
	バイトダンス	■TikTok Shopを米国や東南アジアで正式ローンチ		✔
	アマゾン・ドット・コム	■ショート動画サービス「Inspire」をローンチ	✔	
	マイクロソフト	■アクティビジョン・ブリザードを買収 ■Chat GPTとBingを連携	✔	
	ネットフリックス	■クラウドゲームのテスト実施を発表	✔	

出所：各種公開情報より、みずほ銀行産業調査部作成

ンテンツ強化の源泉は投資額の大きさであり、コンテンツのバンドリングやリッチ化が進めば、海外メディアプラットフォームと比較して顧客基盤が小さく、投資余力が小さい日本のメディアプラットフォームの競争環境は一層厳しさを増す可能性がある。

　そうした競争環境の中で、2023年の動画広告は前年比+15.4％の2桁成長となった。在京民放5社が放送する番組のリアルタイム配信を2022年からスタートしたTVerは、2023年8月にMAU[2]が3000万人（前年同月比+50.1%）に到達するなど、右肩上がりで利用者数が増加している。またABEMAも、FIFAワールドカップカタール2022の放送をきっかけに利用者数が増加しており、2023年9〜12月における平均WAU[3]は、1879万人（前年同月比+14.6%）を記録している。

　UGC[4]型の動画配信サービスでは、引き続きショート動画に注力が集まっている。前述のGYAOは、同一グループ会社のLINEヤフーが提供するショート動画配信サービスLINE VOOMに、経営資源を引き継ぐことを発表した。消費者ニーズの高まりを背景に、TikTokが牽引するショート動画は今後も成長が期待されるが、チャンネル登録者数の増加が必ずしも収益に結びつくわけではないなど広告との相性は悪く、ネガティブなニュースも見られた。YouTuber事務所を運営するUUUMは2023年10月の決算発表にて業績予想を下方修正しており、その理由としてYouTubeショートの再生回数増加に伴い、他動画の再生回数が予想を下回ったことを挙げている。ショート動画の人気が高まる一方で、広告収益との相性がよくないこの状況は、メディアプラットフォームに収益多様化の動きを促すだろう。

■市場の成長鈍化を背景に、メディアとEコマースの融合が進む

2023年は巣ごもり需要が後退したこともあり、メディアプラットフォーマー各社に収益多様化の動きがみられた。前述のLeminoはサービスリニューアルと同時に広告モデルを導入している。海外でもネットフリックス、ディズニープラスといったグローバルプラットフォーマーが2022年末から広告モデルを導入している。他方で、広告モデルのSNSプラットフォームを運営していたX（旧ツイッター）とメタ・プラットフォームズは、アカウント認証の対価として課金プランを導入したことで話題を呼んだ。

そうした中、Eコマース機能を導入したのがTikTokであり、TikTokで直接商品を販売できる「TikTok Shop」は東南アジアですでに高いシェアを獲得している。LINEヤフーも2023年11月の決算発表において、LINEにショッピングタブを2024年中に導入する計画を公表している。広告の最終目的は商品やサービスを購入してもらうことであり、メディアプラットフォームがEコマース機能を導入することは自然な流れといえる。反対に、Eコマースを運営するアマゾン・ドット・コムも、TikTok風のショート動画サービスAmazon Inspireを2022年12月にローンチしている。TikTok Shop、Inspireはいずれも日本ではまだ展開されていないが、すでに導入されている地域のアプリ操作画面では、メディアとEコマースのタブが隣り合っており、文字どおり融合が進んでいるといえよう。

顧客行動に対する利用メディアの変化を、電通が発表したAISASをもとに整理をしたい（資料2-2-11）。従来は、地上波広告で認知し（A：Attention）、興味を深め（I：Interest）、Googleで検索し（S：Search）、Amazonで購入し（A：Action）、Twitterでシェアをする（S：Share）といったように、ファネルの各層において利用メディアが異なることが多かった。それが、TikTokやLINEのようなメディアがEコマース機能を備え、AmazonのようなEコマースサービスがメディア機能を備えることによって、1つのプラットフォーム上で認知、検索、購入／購買、シェア（共有）に至る広いファネルをカバーする強力なフルファネルマーケティングが可能となりつつある。

Cookie規制によりターゲティングが困難となる中、同一プラットフォーム上でファーストパーティーデータを活用しながら適切なマーケティング施策を実行できることは広告主にとって魅力的であろう。足下ではプラットフォーマー傘下のメディアを集約する動きは少ないが、中期的にはスーパーアプリ化、さらにはファネルの拡大が進んでいくと想定される。

2023年10月に、Zホールディングスは「LINEヤフー」に社名を変更し、LINEアカウントとYahoo! Japan IDの連携を開始した。これにより、LINEとヤフーの広告主はターゲティングの精度を高めることができるだろう。同社は2023年1月にはTVerとの業務提携も発表しており、認知広告の強化が期待される。地上波コンテンツを抱えるTVerのほか、国内SNSサービストップのLINE、国内検索サービストップのYahoo!、そしてYahoo!ショッピングやZOZOTOWNといったEコマースサービスを揃える同社は、広告主にとって大きな魅力となる。

海外に目を向ければ、世界最大の動画サービスYouTubeと検索サービスGoogleを抱えるアルファベットが、2021年にEコマースプラットフォームを運営するShopifyと提携しEコマース機能を強化している。

検索エンジンMicrosoft Bingを提供するマイクロソフトは、2022年にネットフリックスと広告

資料2-2-11　AISASをもとに整理した顧客の購買行動の変化

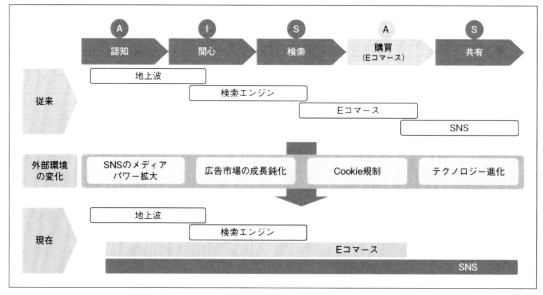

出所：各種公開情報より、みずほ銀行産業調査部作成

パートナーシップ契約を締結したほか、2023年には世界有数のゲーム会社アクティビジョン・ブリザードの買収を決定した。ゲーム内広告が強化されれば、同社の認知広告がさらに強化されることが予想される。なおマイクロソフトは、EC関連サービスを手掛けるPromoteIQを2019年に買収している。

フルファネル化が進行する中、投資余力が大きく、大規模な買収を仕掛けビジネスを拡大し続けるグローバルプラットフォーマーは、日本企業にとって引き続き脅威となるだろう。

■生成AIがインターネット広告市場の成長率をさらに高める可能性

ChatGPTの登場とともに、生成AIは瞬く間に世間に浸透した。生成AIは特徴の1つに、大量かつ高速にコンテンツを生成できることが挙げられる。地上波広告のようなマスメディアでは、コンテンツに対して1種類の広告が表示されるのに対

し、インターネット広告の中心となった運用型広告では、アドサーバーが広告を管理することで、コンテンツに対して訪問者ごとに異なる広告を流すことが可能である。運用型広告は、広告効果の高い広告に差し替え続ける必要があり、大量かつ高速に生成できる生成AIと相性が良いと考えられる。

また、マスメディアの広告枠が限られていることは導入のハードルが高いことも意味する。広告枠が大量にあるインターネット広告では試験的な導入がしやすく、急速に活用が進むと予想される。結果的としてインターネット広告の効果がより高まれば、インターネット広告市場がさらに成長することが期待されよう。

電通デジタルが発表したAIサービスブランド「∞AI（ムゲンエーアイ）」では、過去の広告等を学習することで人の琴線に触れるようなコピーを生成することが可能である。テキストや画像から映像を生成するサービスも登場しており、将来的

には多種多様な形態の広告を容易に生成可能となることが想像される。

また生成AIは、広告媒体にも大きな影響を与えると考えられる。まず、チャットボットの普及である。日本市場で最もシェアが大きいインターネット広告は検索連動型だが、検索サービスからチャットボットにツールが変化することで、広告シェアに変化が生じるだろう。次に、テキストよりも訴求力が高いとされる動画広告についても、これまで制作コストの高さがネックの1つであったが、安価で大量に生成できるようになればさらに成長することも予想される。

他方で、生成AIによる広告制作に際しては、最適な広告を訪問者ごとにパーソナライズして生成し提供することが求められる。デジタルマーケティングにおいて高いシェアを持つアドビが発表したAdobe Sensei GenAIは、既存のマーケティングツールに統合されており、顧客データと、生成した広告コンテンツの双方を1つの大規模言語モデル上で処理できる。個人データと広告データの双方が集まるほど利便性が高まることから、生成AIの開発で先行しているグローバルメディアプラットフォームの競争力がさらに高まってしまう恐れもある。

これと競うべく国内の生成AIで期待を集めているのはサイバーエージェントやソフトバンクで、日本語に特化した独自の言語モデルを開発している。海外コンテンツを中心に学習したモデルと異なり、日本の広告コンテンツを中心に学習したモデルが開発できれば、日本の消費者が好むような微妙なニュアンスまで含めて表現できる可能性がある。グローバル企業に対抗するために、こうしたサービスの躍進が期待されよう。

■2024年の展望

2024年の広告市場は景況感も回復し、緩やかな成長が期待される。広告市場に占めるインターネット広告の比率も引き続き上昇するだろう。

他方でコロナ禍のピークと比較すればデジタルメディアの成長率は低く、厳しい競争環境を背景に、コンテンツ強化やフルファネルマーケティングを目的とした、サービス間の統合や連携が予想される。また、生成AIの活用には著作権侵害やフェイクコンテンツの増加等の問題も多く、引き続き注目が集まるだろう。

サービスの統合や生成AIの開発に向けては、投資余力が競争力の1つとなり、顧客基盤が小さい国内企業の競争環境は、グローバル企業よりも厳しくなることが予想される。日本企業同士で不足している機能を補完しあうことで、競争力を高めることが期待される。

---

1. 2019年から、インターネット広告費に物販系ECプラットフォーム広告費を、プロモーションメディア広告費にイベント領域を追加推定している。遡及改定は行っていない。インターネット広告費は媒体費、物販系ECプラットフォーム広告費、制作費の合計。
2. Monthly Active User、月あたりのアクティブユーザー数。
3. Weekly Active User、週あたりのアクティブユーザー数。
4. User Generated Contents、ユーザーが生成するコンテンツを指し、プロが生成するコンテンツと対比される。

国内モバイルキャリアのビジネス動向

天野 浩徳　●株式会社MCA 通信アナリスト

通信事業の底入れが見える中、携帯各社は「法人」と「新領域」の強化を急ぐ。5Gネットワーク整備の一方で、衛星通信サービスが開始。2024年の競争軸は「経済圏競争」へ突入する。

■通信事業の収益減を「法人」「非通信」がカバーするも通信事業は今後反転／2024年から本格化する「経済圏競争」

国内の携帯電話契約数は2億1268万回線（2023年9月時点）で、前年同期比1049万の純増だった。内訳は、NTTドコモが8851万（累積シェア41.6％）で純増は前年同期比263万（純増シェア25.1％）、KDDIが6595万（累積シェア31.0％）で純増は同353万（純増シェア33.7％）、ソフトバンク（SB）が5300万（累積シェア24.9％）で純増は同365万（純増シェア34.8％）、楽天モバイルが522万（累積シェア2.5％）で純増は同68万（純増シェア6.5％）だった（資料2-3-1、2-3-2）。MVNO契約者（2023年第1四半期時点）の比率は、14.5％（3085万）と、前年同期比で1.3％（純増400万）上昇した。MVNO事業者（SIMカード型）の累積シェアでは、IIJが20％（617万）、NTTレゾナントが12.2％（376万）、オプテージが9％（278万）の順となっている。

2023年度上半期（2023年4〜9月）の決算では、携帯大手3社はいずれも「増収増益」だった。「官製値下げ」とも言われた政府主導の通信料金引き下げの影響で屋台骨である通信事業の収益が大きく落ち込み、法人事業や非通信事業の拡大で補填する事業構造が続く。しかし、ここへきてトラフィック拡大などでARPUが下げ止まり、下半期はいよいよ反転しそうな勢いだ。

なかでも楽天グループは、モバイル事業の赤字2662億円（2023年1〜9月の営業利益）が事業全体の足を引っ張る構造に変化はないが、足元の「純増数」や「解約率」「ARPU」では改善傾向が見られる。大胆な費用削減（150億円／月）と共に早期の黒字転換を目指している。

5G戦略を巡るKDDI、SB、NTTドコモの違いも出てきている。国内の5G契約者数は2023年6月時点で7476万回線と対前年同期比で44.7％増（2313万の純増）と順調に拡大している。5Gネットワーク構築では、KDDIとSBが2022年から4G周波数を5Gに転用するNR（New Radio）を推進したことで、SBは2022年3月、KDDIは2023年3月に、それぞれ5G人口カバー率90％を突破した。それに対して5G向け新周波数の「瞬足5G」を選択したNTTドコモはエリア展開が遅れ、NR化を2022年3月から開始するも5G人口カバー率90％を超えるのは2024年3月の予定だ。「瞬足5G」である程度全国を広く薄くカバーし、都市圏の混雑エリアでの対策の遅れが「パケ詰まり」問題の一因ともなった。

また、今後の収益拡大へ向け、各社注力しているのが「通信と金融」の新料金プランだ。先行す

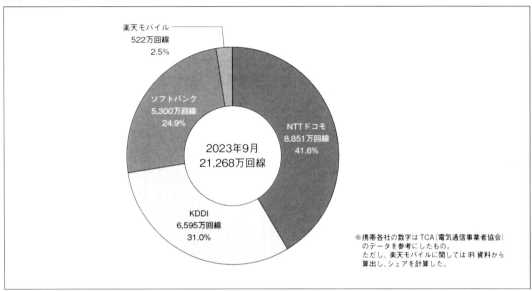

出所：筆者作成

資料2-3-2　携帯各社の回線純増数の推移

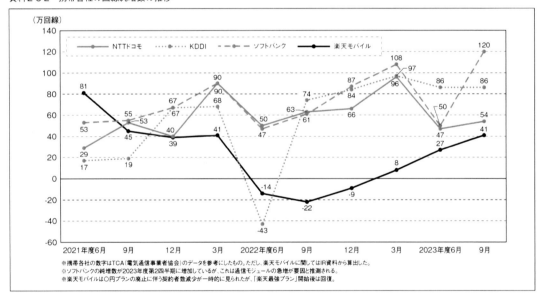

出所：筆者作成

る KDDI が2023年9月から使い放題プランと金融サービスの特典をセットにした「auマネ活プラン」を、10月からはSBもスマホ決済サービス「PayPay」の支払いにポイントが付与される「ペ

イトク」を開始した。いずれも基本料金だけに限れば値上げだが、金融面でメリットを打ち出すことでお得感を演出している。こうした流れに、マネックス証券を買収したNTTドコモと、グループ

内に証券や銀行を抱える楽天モバイルがどのように対抗してくるか、2024年は通信と金融を融合させた「キャリア経済圏競争」が本格化しそうだ。

■衛星通信市場をリードする「Starlink」／国内ではいち早く提携したKDDIが2024年から衛星とスマホの直接通信を計画

5Gのエリア整備が進む一方で、近年注目を集めているのが衛星通信サービスだ。地上系の携帯電話と比較して、衛星通信は通信速度の遅さや専用端末が必要になるなどの課題はあるものの、カバーエリアを一気に拡大できるメリットがある。

市場をリードするのが米国の起業家イーロン・マスク氏が経営する米スペース・エクスプロレーション・テクノロジーズ（通称スペースX）の「Starlink」だ。衛星が高度550kmという低い軌道を周回することで高速通信（最大220Mbps）を実現する。月額7000円弱（日本）で利用でき、契約者は約50cmのアンテナを屋外に設置する。従来の衛星通信サービスでは、NTTドコモのワイドスターIIのように静止衛星（N-STAR）が赤道上空3万6000kmから日本全土をカバーし、利用には専用端末が必要だった。

国内でスペースXと提携し、いち早くStarlinkの商用化へ踏み出したのがKDDIだ。まずはStarlinkの持つ100Mbpsの高速通信を生かし、au基地局のバックホール回線に利用した後、2022年10月からは法人向けサービス「Starlink Business」を開始した。専用アンテナを介せばどこでもデータ通信できる特徴を生かし、それまで圏外だった山小屋のWi-Fi構築や、災害現場向けの車載／可搬／船舶型の基地局設置、海上では商船三井と組んでクルーズ船やフェリーなどでの通信の実現など、着実に実績を積み上げている。KDDIでは、2024年には衛星通信とスマホを直接つなぐSMS

サービスを、そして2025年にはデータ通信や音声通話のサービスの提供も計画している。

こうしたKDDIの順調な衛星事業立ち上がりに競合するSBは2023年9月から、そして2023年10月からはNTTドコモもStarlink Businessの取り扱いを開始した。SBはもともと衛星通信の取り組みに積極的で、高度20kmを飛ぶ無人飛行機のHAPS（High Altitude Platform Station）、高度1万2000kmの低軌道衛生を用いたOneWeb、そして高度3万6000kmにある静止軌道衛星を運用するSkylo TechnologiesのSkylo、という3種類のNTN（Non-Terrestrial Network）ソリューションを計画している。またNTT、NTTドコモ、NTTコミュニケーションズ、スカパーJSATの4社は、2023年11月にアマゾン・ドット・コムが提供する低軌道衛星ブロードバンドネットワーク「Project Kuiper」の国内提供へ向け協力していくことを発表した。Starlink同様に多数の低軌道衛星でネットワークを構築するもので、2025年からの商用化を予定している。NTTとしては、Beyond 5G時代のIOWN戦略として宇宙空間のインフラ基盤の実現に向け、地上網と統合したNTN技術を確立する狙いがある。

最後に、楽天モバイルは、出資する米AST SpaceMobile（AST）が2023年4月に世界で初めて衛星と市販スマホとの直接通信による音声通話を実現したと発表した。ASTが提供しているサービス「Space Mobile（スペースモバイル）」は、地表から約730kmの高度に打ち上げられた低軌道衛星により、スマホに直接接続できる衛星通信になる点が大きな特徴だ。上空20kmのHAPSと比較すると地上からの距離がはるかに高い（上空730km）にもかかわらず、本当にスマホの電波が届くのかが懸念されるが、楽天モバイルによれば人工衛星に全長24mの巨大なアンテナを使うことで、その問題をクリアできるとしており、

2024年以降の商用化が予定されている。

■視界不良の「NTT法」問題／「廃止」と「改正」で両陣営が対立

自民党の特命委員会が政務調査会で防衛費増額の財源としてNTT株の売却を検討するよう政府に提言し始まったのがNTT法改正だった。2023年8月、自民党は、NTT法（正式名称：日本電信電話株式会社等に関する法律）のあり方を議論するプロジェクトチームを同委員会の下に立ち上げたが、その背景には、単なる財源捻出を超えて、NTT法が定める経営体制に対するさまざまな制約や、NTTが負う社会的責務なども見直しの対象として議論するという目的があった。通信会社を招いたヒアリングでは、NTTの島田明社長が「NTT法は役割を終えた」とNTT法の廃止を訴える一方、KDDI、SB、楽天モバイルの大手通信会社3社は法の一部見直しには賛成だが、NTT法の廃止には揃って反対を表明した。

改正議論の主な論点としては、「研究開発の成果を公開する義務」「ユニバーサル・サービスである固定電話の位置付け」「取締役を日本人に限る条文の見直し」などがある。たとえば法的に研究開発の開示義務があると共同開発での提携を拒否されるケースがあるなど、NTTはデメリットを訴える。また、競合各社が懸念している公正競争については、NTT法を廃止しても電気通信事業法などでカバーできる、とNTTは主張する。これに対して廃止に反対する3社やケーブルテレビ会社などは、電電公社から承継した電柱、局舎、管路などの特別な資産を保有するNTTが完全な民間企業となれば、たとえばNTTドコモとNTT東西の合併による「巨大NTT」が誕生することもあり得る、と懸念を示す。結果、公正競争が阻まれれば通信料金の値上げにつながりかねず、廃止ではなく「NTT法の改正」で対応するべきというの

が反対する各社の立場だ。

その後、NTT法を巡るお互いの主張は激しさを増しており、記者説明会、決算説明会やSNSの場にまで広がっている。SNSでは楽天の三木谷浩史会長兼社長がX（旧Twitter）で「国民の血税で作った唯一無二の光ファイバー網を完全自由な民間企業に任せるなど正気の沙汰とは思えない」と投稿すると、競合するSBの宮川社長とKDDIの高橋社長が反応し、相次いでNTT法廃止に反対する意見を投稿して話題になった。対するNTTもX上で「いわゆる特別な資産は最終的に株主に帰属するので主張はナンセンスな話です」と投稿、「KDDIやSBも前身企業が国営企業の資産を受け継いでおり、特別な資産はNTTだけが持つものではない」と反論した。

着地点が見えない両者の議論だったが、2023年12月に開催された総務省の情報通信審議会でNTTの島田社長は自民党の提言を「尊重しないといけない」とする一方で、「2025年のNTT法廃止を求めているわけではない」とコメントし、歩み寄る姿勢を見せた。発端となった自民党政務調査会は2023年12月5日に、2024年の通常国会で研究成果の公開義務の撤廃を含むNTT法改正を進めるとし、付則に廃止に向けた措置をとると明記した。そして、2025年の通常国会をめどに電気通信事業法と外為法の法令を改正し、NTT法廃止を目指すとしている。

次世代通信基盤「IOWN」や生成AIの開発を加速させ、国際競争力を強化していくという観点は大事だ。しかし、今はそれ以上に日本の通信インフラの未来のために自民党が提言した「結果」ありきではない「オープンな議論」が必要なのではないだろうか。

■NTTドコモ：2023年度上半期は増収増益／「パケ詰まり」問題のブランド力回復が2024年の課題

NTTの2023年度上半期の売上高は前年同期比1.2％増で過去最高の6兆3645億円、営業利益が同4.6％減の9509億4600万円の増収減益だった。固定音声関連収入の減収やコロナ禍後の反動による光回線の伸び悩みなど地域通信事業の減収が響いたが、DXの需要増でNTTデータのシステム開発やデータセンター事業が順調に増加した。

NTTドコモの上半期売上高は同1.6％増の2兆9464億円、営業利益は同0.7％増の5808億円で増収増益だった。部門別で見ると、「コンシューマー通信事業」の売上高は料金値下げの影響で同0.8％減の1兆6703億円だったが、営業利益は同2.5％増の3353億円を確保した。「法人事業」の売上高は同4.1％増の8794億円だったが、営業利益は中小企業営業向け人員増強のコストや新サービス開発のための投資などで同2.8％減の1421億円だった。「スマートライフ事業」は、売上高が同1.7％増の5210億円、営業利益が0.2％増の1034億円と部門別では唯一「増収増益」を達成した。

NTTドコモでは2023年7月から新料金プランとして、大容量向けの「eximo（エクシモ）」と、0.5GBから9GBまで段階的に料金と通信量を選べる「irumo（イルモ）」を開始し、従来のオンライン料金プラン「ahamo（アハモ）」を加え3ブランド体制となった。eximoを選択するアップセル（大容量プランへの乗り換え）が増加し、さらにeximoとirumoは「dカード」「home 5G」などとのクロスセル（関連商品の購入）も好調だ。また、従来は10GB未満の低容量プランが手薄だったことから、他キャリアのサブブランドに移行するユーザーが多かったが、irumoはそうしたユーザーの解約率抑止に効果を発揮した。

5G契約数は2023年9月時点で前期比239万増の2484万契約まで拡大している。5Gの人口カバー率では2023年度内に90％を目指しているが、2023年に入り問題になったのが東名阪の駅や繁華街を中心につながりにくくなる「パケ詰まり」事象だ。SNSからの相次ぐ投稿が発覚のきっかけだったが、NTTドコモでは全国約2000か所のエリアに加えて鉄道沿線でも集中的に対策を実施し、通信ネットワークの品質改善に300億円を投じると発表した。SNSの投稿内容と実通信量を掛け合わせ、AIの機械学習により改善が必要な場所を絞り込む。対策は9月末時点で約2000か所のうち7割ですでに実施済みで、2023年内には9割以上で完了するという。絞り込まれたエリアでは5Gや4Gのアンテナ増設のほか、電波をより効率的に使えるようにする「Massive MIMO」などの新技術も導入していく。

NTTドコモについては、NTTによる完全子会社化やコスト削減の影響などが懸念されるが、もともと高いネットワーク品質が売りだっただけに、2024年度はブランドをどの程度回復できるのか注目される。

■KDDI：2023年度上半期は増収増益／「通信と金融」の融合化で市場をリード

KDDIの2023年度上半期の売上高は前年同期比1.4％増の2兆7790億円、営業利益は同0.2％増の5603億円で増収増益だった。通信ARPU収入が8億円、DX領域が54億円、エネルギー事業が95億円とそれぞれ増加したことで、懸念されていた楽天モバイルからのローミング収入の減収をカバーできた。

部門別で見ると、「パーソナルセグメント」の売上高は、モバイル通信料収入の減少や前期の一時的な金融事業収入の減少等により、前年同期比0.6％減の2兆3259万円、営業利益は同0.7％減

の4573億円の減収減益だった。「ビジネスセグメント」の売上高はNEXTコア事業の成長によるソリューション収入の増加等で同7.5%増の5847億円、営業利益は同5.7%増の1016億円の増収増益だった。燃料費の高騰などマイナス要因があったもののIoT事業の好調が増益要因で、コネクテッドカーでは、海外メーカーの事業拡大を見据え新会社も設立した。

契約者数では、マルチブランドIDは3094万で前年同期比28万の増加、前期比でも4万増と増加基調が続いている。マルチブランド通信ARPUは前年同期比30円増の3960円で上昇傾向にあるが、スマホの販売は2023年第2四半期の端末出荷台数が134万台と、前年同期と比べ20万台減少した。

金融事業では、au PAYカードの会員数が10月に900万を突破し、au PAY会員数は前年同期比293万増となる3373万、同事業の営業利益は前上期比92.9%増の171億円、決済／金融取扱高は同19.3%増の8.1兆円と拡大基調が続いている。2023年9月からは使い放題プランと金融サービスの利用額に応じてポイント還元や金利優遇を受けられる「auマネ活プラン」をリリースした。これにより、店頭における加入率がau PAYカードで約1.2倍、au PAY ゴールドカードで約1.5倍、auじぶん銀行口座で約4.8倍と拡大するなど「通信と金融のセットプラン」が着実な成果を上げている。

5Gネットワークでは、生活動線に沿ったエリア展開を行っており、すでに鉄道47路線、商業地域384エリアをカバーした。東京のJR山手線では全駅で5Gの利用が可能となっている。2023年中に9.1万局の5G基地局の整備を計画している。5GのSub6帯では、衛星通信との干渉が2023年度末に解消される見込みで、エリア展開も一層加速されそうだ。

一方、Starlinkと提携する衛星通信サービスでは、BtoB向けの用途開拓が進んでおり、たとえば清水建設とは建設中の超高層ビルでの実証実験を行っている。超高層ビルでは通常の携帯電話の電波が届きにくい場合があり、光ファイバーなどを敷設して通信環境を構築する代わりに、衛星通信サービスを利用する。

2024年は、5Gと衛星通信を活用したモバイルネットワークの広がりや、ソリューション展開が加速していきそうだ。

■ソフトバンク：2023年度上半期は増収増益／通信事業のプラス反転見込める中、LINEヤフーの相次ぐトラブルが懸念材料

ソフトバンク（SB）の2023年度上半期の売上高は前年同期比4.5％増の2兆9338億円、営業利益は同5.7％増の5144億円と増収増益だった。「コンシューマー事業」の売上高は、同0.4％減の1兆3803億円、営業利益は同2％減の3096億円と減収減益だったのに対し、「エンタープライズ事業」は、ソリューション好調の波を受け売上高は同5％増の3794億円、営業利益は15％増の819億円、ヤフーやLINEなどの「メディア・EC事業」の売上高は2％増の7778億円、営業利益は28％増の1090億円とそれぞれ増収増益を確保した。また、「ファイナンス事業」は、2022年度第3四半期にPayPayを子会社化したことで売上高は1095億円で増収だったが、営業利益は20億円の減益だった。

通信サービスではスマホ契約数が11月に3000万件を突破し前年同期比6％増を達成した。主要回線の純増数は40万に上り、ペイトクの無制限プランが登場してからは、新規獲得の主役がワイモバイルからSBへ変わってきている。同プランでは、PayPayなどの決済サービスでポイント還元

率が上昇する。通信料値下げの影響は落ち着き、2024年度通期でのプラス反転を見込んでいる。

　一方、今後の成長領域と位置付けるのが「エンタープライズ事業」と「メディア・EC事業」だ。「エンタープライズ事業」は継続収入が18％増加しており、さらに「ヘルスケア」と「スマートビル」分野の強化を急ぐ。「ヘルスケア」では住友生命とSB傘下のヘルスケアテクノロジーズが資本・業務提携契約を締結し、ウェルビーイング領域の新サービスを開発していく。「スマートビル」では、日本最大の設計事務所である日建設計との合弁会社「SynapSpark」を設立し、データ連係により自律的にビル環境を最適化するスマートビルの実現を目指す。

　もう一つの「メディア・EC事業」ではZホールディングスやヤフー、LINEを含めたグループ再編を実施し、サービスを跨いだクロスユースの推進や、生成AIを活用した検索体験の提供、それぞれの会員を自社のECサービスへ誘導する取り組みの強化、などを目指している。

　しかしその矢先の2023年11月、韓国のIT大手ネイバーの関連会社のシステムを介した不正アクセスによる、LINEのユーザー情報など約44万件の漏えい事件が発覚した。このためLINEヤフーは、予定していた500億円程度の社債の発行を中止する事態に追い込まれた。LINEヤフーはSBグループとネイバーの傘下にあり、2021年以降、個人情報保護の不備でトラブルが相次いでいる。通信事業の回復が見える中、LINEヤフーのトラブルをどのように終息させることができるのかが、大きな焦点となりそうだ。

■楽天モバイル：先行投資が続き赤字が常態化／足元のKPIは成長トレンドだが、2024年から社債返済が本格化

　楽天グループの2023年第3四半期連結決算（1～9月期間累計）の売上高は前年同期比9.7％増の1兆4912億円、営業利益は1495億円の赤字だったが、前年度より1131億円改善した。収益源であるインターネット事業（前年同期比67億円減の430億円）とフィンテック事業（同29.1％増の882億円）の増益をモバイル事業の赤字（2663億円）が吹き飛ばすパターンが5期続いている。

　楽天モバイルでは、2021年4月に、月間データ利用量が1GB以下ならプラン料金が0円、最大でも月額3278円となる「Rakuten UN-LIMIT VI」を提供開始し、2022年度第1四半期にはその契約者数を491万まで一気に増加させた。しかし早くも同年7月には同プランの提供を終了し、全ユーザーを最低月額料が980円に引き上げられた新プラン「Rakuten UN-LIMIT VII」へ自動移行するとしたことで、契約者の間に波紋が広がった。旧プランの加入者にとっても自動的に実質的な値上げになることが批判を集め、2022年度第4四半期には44万減の448万まで減少した。しかし、解約者の8割は1GB未満ユーザーだったということもあり、収益については、課金ユーザーの増加で9月以降は顧客単価がプラスに反転した。

　2023年6月からは料金プランはそのままにパートナー回線エリア内のデータ容量制限を撤廃した「Rakuten最強プラン」を開始し、これにより楽天回線エリアの4G人口カバー率が98.4％から99.9％へと一気に広がった。念願だったプラチナバンドについてはこれまで課題だった都心屋内を優先して対応し、今後10年間で544億円の設備投資を計画している。データ使用量は平均で18.4GBと、他社平均の約2倍に上り、ヘビーユーザー向けキャリアとしてのポジションを目指している。足元の解約率は2％を切っており、11月には契約者数が600万件を突破し、ARPUも前年同期比で590円アップの2046円に上昇するなど、モバイル事業の改善が見えてきた。

一方、楽天グループはモバイル事業への巨額投資のために社債発行を続けた結果、2025年までに約9000億円の劣後債・社債の償還が予定されている。手元資金の確保に窮する中、2023年5月に大規模な公募増資に踏み切ったほか、7月には楽天証券ホールディングスの上場を申請するなど、資産売却にも踏み切っている。損益分岐点となる契約数について楽天モバイルでは顧客単価を2500～3000円とした場合、「800万～1000万」に設定している。楽天グループはモバイル事業の具体的行程として、2024年以降を黒字化および国内トップのモバイルキャリアを目指す「フェーズ3」と位置づけているが、本格化する負債の返済と携帯事業の黒字化を両立できるのか、2024年は楽天グループ全体にとって正念場の年となりそうだ。

第3部　インターネットと社会制度

インターネット関連法律の全体動向

岡村 久道 ●弁護士／京都大学大学院 医学研究科 講師

民事関係手続デジタル化法、ADR法、地方自治法などが改正され、さまざまな手続きのデジタル化が可能となった。不正競争防止法等改正、性的姿態撮影等処罰法成立によりデジタル化の弊害が是正された。

■はじめに

2023年春の通常国会（第211回国会）、同年秋の臨時国会（第212回国会）では、資料3-1-1の通り多くのインターネット関連法案が可決成立した。以下、例年通り、成立した個々の法案を、成立日順に説明する。

■景品表示法に関する令和5年内閣府告示第19号

この告示は、景品表示法に基づく「ステルスマーケティング規制」に関するものである。法律ではなく告示であるが、同法による規制であり、インターネットに強く関係するため説明を加える。

同法は、商品及び役務の取引に関連する不当な景品類及び表示による顧客の誘引を防止するため、一般消費者による自主的・合理的な選択を阻害するおそれのある行為の制限・禁止について定めることにより、一般消費者の利益保護を目的とする法律である。違反行為は、内閣総理大臣の指導・助言、勧告・公表、及び報告徴収・立入検査等の対象となるほか、適格消費者団体の差止請求権等、罰則の対象となることもある。この法律は不当表示（優良誤認表示・有利誤認表示・指定告示）を禁止しており（同法5条）、この場合には、さらに措置命令、課徴金の対象となる。

この指定告示として、2023年3月28日に出されたのが「一般消費者が事業者の表示であることを判別することが困難である表示」（令和5年内閣府告示第19号）である。

これはSNSなどによるステルスマーケティング規制を含んでおり、その内容を具体化するものとして、同日付けで消費者庁長官決定「『一般消費者が事業者の表示であることを判別することが困難である表示』の運用基準」が公表された。

これによって、事業者が第三者に依頼・指示をして行わせるSNSなどによる消費者向けのステルスマーケティングについては、「広告」という文言など、広告であることを消費者が判別できる表示を付けなければならなくなった。

同年10月1日に施行されている。

■民事関係手続デジタル化法

正式名称は「民事関係手続等における情報通信技術の活用等の推進を図るための関係法律の整備に関する法律」である。

それに先立ち、2022年に「民事訴訟法等の一部を改正する法律」（令和4年法律第48号）で、民事訴訟手続のデジタル化が定められた。具体的には、①インターネットを利用した申立て等の実

資料 3-1-1　関連法律の全体動向

法令（成立日順）	成立日	公布日
景品表示法に関する令和5年内閣府告示第19号	2023年3月28日	（2023年10月1日施行）
民事関係手続等における情報通信技術の活用等の推進を図るための関係法律の整備に関する法律（関係法律一括改正）	同年4月14日	同年6月14日
ADR法（改正）	同年4月21日	同年4月28日
地方自治法（改正）	同年4月26日	同年5月8日
景品表示法（改正）	同年5月10日	同年5月17日
刑事訴訟法（改正）	同　上	同　上
著作権法（改正）	同年5月17日	同年5月26日
次世代医療基盤法（改正）	同　上	同　上
放送法・電波法（改正）	同年5月26日	同年6月2日
番号利用法（改正）	同年6月2日	同年6月9日
不正競争防止法等（改正）	同年6月7日	同年6月14日
デジタル社会形成基本法等（改正）	同年6月14日	同年6月16日
性的姿態撮影等処罰法	同年6月16日	同年6月23日
金融商品取引法等（改正）	同年11月20日	同年11月29日
社債、株式等の振替に関する法律等（改正）	同　上	同　上

出所：筆者が作成

現、②期日におけるウェブ会議等の活用、③判決等の事件記録の電子化、である。

　この令和4年法律第48号に続き、2023年成立の「民事関係手続デジタル化法」では、民事訴訟以外の民事裁判手続もデジタル化された。対象となる民事関係手続は、民事執行、倒産手続、家事事件、非訟事件等である。それらについて、①インターネットを利用した申立て等、②期日におけるウェブ会議等の活用、③事件記録の電子化、④判決の電子化対応（正本等の提出省略）、が図られた。ただし、「民事関係手続デジタル化法」という新しい法律が制定されたわけではなく、上記に関係する民事執行法その他の一連の複数の関係法律を、一括して改正するというものである。

　公布（2023年6月14日）後5年以内の、別途、政令で定める日（本稿執筆段階では未定）までに、段階的に施行される予定である。

　「民事関係手続デジタル化法」には、公正証書に係る一連の手続に関するデジタル化も含まれて

いる。公正証書とは、私人（個人又は法人）からの嘱託によって、公務員である公証人がその権限に基づいて作成する公文書のことである。

　これまで公正証書は、書面・対面手続に限られてきた。この改正によって、①公正証書の作成の申請を、インターネットを利用して、電子署名を付して行うことが可能になり、②公証人の面前での手続について、嘱託人（申請者）が希望し、かつ、公証人が相当と認めるときは、ウェブ会議を利用して行うことを選択できるようになるとともに、③公正証書の原本は、原則として、電子データで作成・保存し、公正証書に関する証明書（正本・謄抄本）を電子データで作成・提供することを嘱託人が選択できるようになった。

　こちらは、公布（2023年6月14日）後2年6月以内の、別途、政令で定める日（本稿執筆段階では未定）に施行される予定である。

■ADR法の改正

　正式名称は「裁判外紛争解決手続の利用の促

進に関する法律」である。裁判外紛争解決手続（ADR）とは、訴訟手続によらずに民事上の紛争を解決しようとする当事者のため、公正な第三者が関与して、その解決を図る手続である。2023年改正によって、手続のオンライン化が可能となった。

経済取引の国際化の進展等の情勢の変化に鑑み、裁判外の民間ADRの利用を一層促進し、紛争の実情に即した迅速、適正かつ実効的な解決を図る観点からの改正である。最新の国際水準に対応する形で一体的に強化するため、併せて「仲裁法」も改正され、「調停による国際的な和解合意に関する国際連合条約の実施に関する法律」も制定された。

■地方自治法の改正

地方自治法も改正された。この改正によって、地方議会に係る手続をオンラインにより行うことが可能になった。具体的には、議会等がオンラインによる通知を行うことなどが可能になる。

また、「指定公金事務取扱者制度」が創設された。普通地方公共団体の長が指定するものに、公金事務（公金の徴収・収納又は支出に関する事務）を委託することができるものとする。これによって、今後は上下水道料金のような公金の徴収・収納等を、外部の事務取扱者に委託して、オンラインで徴収する途が開かれた。

一部を除き、2024年4月1日から施行される。

■景品表示法の改正

景品表示法に関する内閣府告示については前述したが、2023年5月には同法それ自体も改正されている。改正点は多岐にわたるが、サイバー法に関係する部分に限定して解説する。

従来の同法は、課徴金に関し、特定の消費者へ一定の返金を行った場合に当該課徴金額から当

該金額が減額される返金措置を定めてきたが、返金方法として金銭による返金に加え、この改正によって、第三者型前払式支払手段（いわゆる電子マネー等）によることも、新たに許容されることになった（10条）。

■刑事訴訟法の改正

この改正（令和5年法律第28号）によって、被告人や刑が確定した者の逃亡を防止し、公判期日等への出頭及び裁判の執行の確保を図るため、位置測定端末により保釈された者の位置情報を取得する制度が導入された。

カルロス・ゴーン事件のような保釈中の逃亡を、GPS端末の装着を義務付けることによって、防止しようとするものである。

■著作権法の改正

この改正は、①著作物等の利用に関する新たな裁定制度の創設等、②立法・行政における著作物等の公衆送信等を可能とする措置、③海賊版被害等の実効的救済を図るための損害賠償額の算定方法の見直し、を骨子としている。このうちサイバー法に関係する部分は、②と③である。

別途、前述した「民事関係手続デジタル化法」の中でも、民事関係手続等と関係する規定として、著作権法42条の2が改正されている。これは民事関係手続のデジタル化に伴い、書証などが著作物である場合であっても、それを裁判所などに送信することを可能にするものである。

■次世代医療基盤法の改正

正式名称は「医療分野の研究開発に資するための匿名加工医療情報に関する法律」である。2023年改正は、①認定を受けた事業者が仮名加工医療情報を作成し利用に供する仕組みの創設、②匿名加工医療情報と公的データベースを連結解析でき

る状態で匿名加工医療情報を研究者などに提供できるようにすること、③病院などに次世代医療基盤法に基づく施策への協力を求める規定の創設、を骨子としている。

前記①は、同法に、個人情報保護法の仮名加工医療情報制度を新たに導入するものである。具体的には、ⓐ仮名加工医療情報の作成事業者の認定、ⓑ仮名加工医療情報の利活用者の認定、ⓒ薬事承認に資するための仮名加工医療情報の利活用、というプロセスに分かれる。

前記②は、本法に基づく匿名加工医療情報と、NDBや介護DB等の公的データベースを連結解析できる状態で研究者等に提供できることとするものである。NDBとは「レセプト情報・特定健診等情報データベース（National DataBase）」の略称であり、厚生労働省が提供する医療データベースである。NDBには、医療機関から保険者に発行するレセプト（診療報酬明細書）、及び定健診・特定保健指導の結果が含まれている。

■放送法・電波法の改正

インターネット動画配信サービスの伸長等を背景として、若者を中心に「テレビ離れ」が進んでいる。こうしたメディア環境の変化や、地方における人口減等により、今後、テレビ広告市場が想定以上に縮小していく懸念も拭い切れない。一方、中小規模のローカル局は固定的な経費の比率が高く、コスト削減には限界がある。こうした状況を踏まえ、経営難が顕在化した場合に迅速な対応ができるよう、先行して経営の選択肢を増やしておくことが望ましいという声も寄せられている。

この改正は、①複数の放送対象地域における放送番組の同一化、②複数の特定地上基幹放送事業者による中継局設備の共同利用、③基幹放送事業者等の業務管理体制の確保に係る規定の整備、を骨子としている。これによって、ローカル局等の

コスト削減が期待される。

■番号利用法の改正

この改正で、マイナンバーの利用等に係る規定が見直された。①法律でマイナンバーの利用が認められている事務に準ずる事務（事務の性質が同一であるものに限る）についてもマイナンバーの利用を可能とする、②法律でマイナンバーの利用が認められている事務を主務省令に規定する、という内容である。この改正により、情報連携が可能となり、マイナンバーの利用範囲が拡大した。

次に、マイナンバーカードと健康保険証の一体化が図られた。ただし、その弊害防止のため、本人からの求めに応じて「資格確認書」を提供することもできる。他に、戸籍等の記載事項や、マイナンバーカードの記載事項等に「氏名の振り仮名」を追加するなどの改正がなされた。

■不正競争防止法等の改正

この改正内容も多岐にわたるので、サイバー法に関係する部分に限定して解説する。デジタル空間における形態模倣行為の防止に関する部分である。

この改正まで、有体物の商品を想定し、他人の商品形態を模倣したコピー商品を規制してきた。しかし、近年において、デジタル技術の進展、デジタル空間の活用が進み、現行法では想定されていなかったデジタル上の精巧な衣服や小物等の商品の経済取引が活発化している。そのため、新たにデジタル空間上の商品の形態模倣行為（電気通信回線を通じて提供する行為）も規制対象として、デジタル空間上の商品の保護を強化した。

この改正によって、メタバース上の商品をメタバース上だけでなく、実社会でコピー商品として取引することも規制対象となることが明確化された。

■デジタル社会形成基本法等の改正

デジタル技術の進展を踏まえ、その効果的な活用のために規制の見直しを推進する目的で、①デジタル社会形成基本法、②デジタル手続法（情報通信技術を活用した行政の推進等に関する法律）、③アナログ規制を定める個別法、の改正を行うものである。

■性的姿態撮影等処罰法

正式名称は「性的な姿態を撮影する行為等の処罰及び押収物に記録された性的な姿態の影像に係る電磁的記録の消去等に関する法律」である。

人の意思に反して性的な姿を撮影したり、それによって出来上がった記録を第三者に提供したりする行為が行われると、そのような記録の存在や拡散などによって、撮影時以外の機会に他人にそれを見られる危険が生じ、ひいては、不特定多数の者に見られるという重大な事態が生じる危険がある。他方、盗撮行為等は、従来、各都道府県の迷惑防止条例や児童買春等処罰法の「ひそかに児童ポルノを製造する罪」などにより、処罰対象とされてきたものはあった。しかし、迷惑防止条例は、都道府県ごとに処罰対象が異なる。児童ポルノ製造罪も保護の対象は児童のみであり、必ずしもこれらの条例や法律だけでは対応しきれない事例が存在した。そこで、この法律では、そのような事例も含めて、意思に反して自分の性的な姿を他の機会に他人に見られないという権利利益を守るため、意思に反して性的な姿を撮影したり、これにより生まれた記録を提供したりする行為などを処罰対象とした。

まず、①性的姿態等撮影罪、②性的影像記録提供等罪、③性的影像記録保管罪、④性的姿態等影像送信罪、⑤性的姿態等影像記録罪、が新設された。次に、刑罰（付加刑）として、ⓐ性的姿態等撮影罪又はⓑ性的姿態等影像記録罪の犯罪行為により生じた物やの複写物の没収も可能となる（原

本は刑法によって没収可能）。

さらに、検察官が保管する押収物に記録されている対象画像について、行政手続として、その存在形態に応じて、ⓐ電磁的記録の対象画像は消去又は押収物の廃棄、ⓑそれ以外の対象画像は押収物の廃棄、ⓒいわゆるリモートアクセス捜査のアクセス先に残存する電磁的記録の対象画像は電磁的記録の消去命令、の措置対象とした。

■金融商品取引法等の改正

デジタル化への対応関係では、インターネットを用いてファンド形態で出資を募り企業等に貸し付ける仕組みを取り扱う金融商品取引業者に係る規制の整備等が行われた。

■社債、株式等の振替に関する法律等の改正

デジタル関係では、①日銀出資証券のデジタル化、②投資法人、特定目的会社、有限責任監査法人登録簿等のインターネット公表、③財務書類の虚偽証明等を行った公認会計士等に対する課徴金納付命令に係る審判手続のデジタル化のための規定整備等、が行われた。

■その他

本稿のテーマに関係するものとして、内閣サイバーセキュリティセンターが「サイバーセキュリティ関係法令Q&AハンドブックVer2.0」を、2023年9月に策定した。このセンターのウェブサイトからダウンロードできる。これまでのサイバーセキュリティ関係法令を俯瞰したものであるから、別途、参照されたい。

「デジタル敗戦」などという声も聞かれる中、わが国のデジタル化を急ぐことによって国際競争力を回復するため、さらに今後も関係法案が多数国会へ提出されることを期待するものである。

世界におけるAI規制の動向

藍澤 志津 ● 一般財団法人マルチメディア振興センター ICTリサーチ＆コンサルティング部 リサーチディレクター

開発競争力を維持しながら責任あるAIの実現を目指して米国、中国、欧州などで法制化の動きが進む。G7の広島AIプロセスをはじめ、生成AIのリスク低減に向けた国際協力の枠組みも始まっている。

2016年ごろから、各国政府・国際機関は人工知能（AI）技術の開発の進展を踏まえ、社会・経済構造の変化を想定し、AIに関する国家戦略・原則を打ち出した[1]。AI原則に関しては国際的なコンセンサスが形成されつつあり、日本も統合イノベーション戦略推進会議決定において「人間中心のAI社会原則」を発表した。また、日本を含む複数国間で合意したOECDのAI原則では、①包摂的な成長、持続可能な開発および幸福②人間中心の価値観および公平性③透明性および説明可能性④堅牢性、セキュリティおよび安全性⑤アカウンタビリティ——が掲げられた[2]。

AIの社会実装が進展する中、2022年11月、米OpenAIが、大規模言語モデル（LLM）に基づく生成AIの一種であるAIチャットボット「ChatGPT」のプロトタイプを一般公開した。これは世界で急速に利用が拡大し、今もなお人々の生活や仕事に大きな影響を及ぼしている。これを受け各国政府は、AIを構成要素として含むAIシステム、AIシステムの機能を提供するAIサービス、その他付随的サービスと、これらを開発・利用・提供する者に対する規制・ガバナンスに関して、次々に方針・対策を打ち出している。

以下に米国、中国、EUと、国際協力枠組みの動向を報告する。

■主要国におけるAI規制

●米国

【AI権利章典】

ジョー・バイデン米大統領は2021年1月20日の就任初日、連邦政府全体に対して、不公平を根絶し、意思決定プロセスに公正さを組み込み、米国における（プライバシー権を含む）公民権、機会均等、人種的公正を積極的に推進するよう命じた[3]。これを踏まえ、ホワイトハウスの科学技術政策局（OSTP）は2022年10月、AIの開発等における原則をまとめた「AI権利章典の青写真——アルゴリズム時代における公民権保護のビジョン」（以下、AI権利章典）を発表した[4]。AI権利章典は「技術、データ、自動化システムの利用がバイデン政権の礎石としている米国の基本原則である公民権や民主主義的価値観と引き換えにもたらされるものであってはならない」としている。その上で、AIの時代において米国民を保護するための自動化システムの設計、使用、展開の指針となる5つの原則、すなわち①安全で効果的なシステム②アルゴリズムによる差別からの保護③データのプライバシー④利用者への通知と説明⑤人間的な代替案、配慮、撤収（フォールバック）——を示した。

AI権利章典は、AIの説明責任を拡大する内容

となっている。特筆すべきは、アルゴリズムによる差別・バイアスからの保護を掲げた点である。これに先立つ2022年5月には、司法省と雇用機会均等委員会（EEOC）が、AIが生み出す雇用差別に対処するガイダンスを発表し、採用候補者の事前審査に使われるソフトウエア、アルゴリズム、AIが障害を持つ候補者を不当に差別した場合、連邦公民権法違反となる恐れがあると警告した[5]。

このAI権利章典は、実務レベルでのAIによるバイアス問題の解決への道筋を示し、連邦政府による公民権の保護の取り組みを支える内容となった。

【大手IT企業による自主的取り組みで合意】

生成AIの開発競争が加速する中、バイデン政権は2023年7月、AI技術の安全、安心、透明性のある開発への移行を支援するため、AIを開発する主要企業7社（アマゾン・ドット・コム、アンソロピック（Anthropic）、グーグル、インフレクションAI（Inflection AI）、メタ、マイクロソフト、OpenAI）による自主的な取り組みの実施で合意を取り付けたと発表した[6]。7社は、3つの原則（安全性、セキュリティ、信頼性）に基づきAI普及に伴う偽情報やその他のリスクに対処するため、AI生成コンテンツを識別できる透かしシステムを開発する等の安全策の導入を約束した。

【AIに関する包括的な大統領令】

バイデン大統領は2023年10月、AIに関する包括的な大統領令に署名した[7]。これは①AIの安全性とセキュリティを高める新基準②米国民のプライバシー保護③平等と人権の尊重④消費者、患者、学生のために立ち上がる⑤労働者の支援⑥イノベーションと競争の推進⑦米国の国際リーダーシップ向上⑧政府による責任ある効果的なAIの活用促進——という8つの原則から成っている。

同大統領令は、米国で初めて法的拘束力を持つAI規制となる。これに加え、議会においてAI規制に関する法案の策定も進められている[8]。

●中国

【責任あるAIの発展】

中国政府は2019年3月、AIに関する法律、倫理、社会問題の研究を強化し、AIの世界的なガバナンスを積極的に推進するため「国家次世代AIガバナンス専門委員会」を設立した。同委員会は同年6月には「新世代AIガバナンス原則——責任あるAIの発展」を発表し①調和（和諧）・友好②公平・公正③包摂・共有④プライバシーの尊重⑤セキュリティ・制御可能性⑥責任の共有⑦開放・協力⑧アジャイルガバナンス——という8つの原則を提示した[9]。同原則はAIガバナンスの枠組みと行動ガイドラインであり「責任あるAIの発展」を強調している。

【アルゴリズム規制】

中国政府は2021年11月、「インターネット情報サービスに関するアルゴリズム推奨の管理に関する規定」を発表した[10]。レコメンデーション・アルゴリズム・サービスに関して、サービス提供者に対しレコメンデーション・アルゴリズムの利用を分かりやすく明示することと、アルゴリズムの基本原理、目的、意図、構造等を適切な表現で告知することを義務付けた。

さらに、政府は2022年12月、「インターネット情報サービス深度合成管理規定」を制定し、深度合成技術[11]に対する規則を制定した[12]。生成・編集される情報内容に関して、合理的な場所や分かりやすいサインにより、深度合成アルゴリズムの利用を明示することが義務付けられた。

【AI倫理規制】

中国政府は2022年4月、「科学技術倫理ガバナンス強化に関する意見」を発表し、倫理5原則（人間の幸福度の向上、生存権の尊重、公正・公正の堅持、リスクの合理的な管理、オープン性と透明性）を示した[13]。さらに、2023年4月には同倫理原則を立法化するべく「科技倫理審査弁法（試行）」に関する諸問が開始された[14]。AIを含む科学技術の倫理審査・監督の強化と、責任あるイノベーションの推進を目的とする。

【生成AI規制】

中国政府は2023年7月、ChatGPTや百度（バイドゥ）の「文心一言（ERNIE Bot）」等の生成AIの中国でのサービス提供に当たり、守るべき点や罰則を定めた「生成型AIサービス管理暫定弁法」を発表し、同年8月15日から施行した[15]。

同弁法での生成AIは「アルゴリズム、モデル、ルールに基づきテキスト、画像、音声、動画、コード、その他のコンテンツを生成する技術」と定義されている。

サービス提供者に義務付けられるのは、知的財産権を侵害しないこと、個人情報保護の責任を負うこと、サービス提供前にセキュリティ評価を報告しアルゴリズムを提出すること、事前学習データと最適化された学習データの合法性に責任を負うこと、利用者に身元情報の提供を義務付けること、利用者が生成コンテンツに過度に依存・耽溺しないように適切な措置を講じること、人種・国籍・性別等に基づく差別的なコンテンツを生成しないこと、生成コンテンツをラベリングすること、苦情受け付けの仕組みを構築することなどとなっている。また、中国の領土外から本土への生成AIサービスの提供が法律・行政規則等に準拠していない場合、政府は関連機関に通知し、技術的措置およびその他の必要な措置を講じる。

同弁法に違反した場合は「サイバーセキュリティ法」「データセキュリティ法」「個人情報保護法」等に基づいて罰則が科される。規定がない場合には警告や是正要請が発出されるが、是正拒否や状況が深刻な場合には、サービスの停止や終了が命じられるとともに、行政処分や、刑事責任が追及される場合もある。

●欧州連合（EU）

【欧州連合AI法案】

欧州委員会は2021年4月、「AIに関する調和された規則を定める規則案」（欧州連合AI法案）を発表した[16]。欧州のAIを信頼に足るものにするとともに、AIの優れたエコシステムを構築し、EUのグローバル競争力を強化することを目的としている。同法案は、AIのリスクのレベルを以下の4つに分類・定義し、それに応じてプロバイダーやAIシステムを導入する者の義務を定めるというリスクベースのアプローチを採っている[17]。

（1）許容できないリスク

政府による社会的採点から、危険な行動を助長する音声アシスト玩具等、人々の安全・生活・権利を明らかに脅かすAIシステム。全て禁止される。

（2）高リスク

交通機関のような重要インフラのAIシステム等。市場に投入される前に、適切なリスク評価と軽減システム、リスク最小化のための人的監視手段等の厳しい義務が課される。

（3）限定的なリスク

特定の透明性義務を有するAIシステム。例えばチャットボットを利用する場合、利用者はAIシステムの利用を認識し十分な情報を得た上で、継続か後退かを決定できるようにすべきである。

（4）最小リスクまたはリスク無し

自由な利用を認める。AI対応のビデオゲームやスパムフィルター等。現在EUで使用されている

AIシステムの大半が属する。

　さらに、同法案ではAIシステムが市場投入された場合、当局が市場監視を担当すること、利用者は人的監視とモニタリングを確保すること、プロバイダーはモニタリング体制を整備すること、プロバイダーと利用者が重大な事故や故障を報告することを規定している。

　同法案が発表された後、2022年11月にOpenAIがChatGPTのプロトタイプを発表し、世界的に普及したことを受け、欧州理事会は同年12月に、同法案に「汎用AI」の内容を追加した。さらに、2023年6月に欧州議会が修正案を採択し「基盤モデル」「生成AI」の内容を追加した。

　その後、2023年12月、欧州議会と理事会は、同法案に関して暫定合意に達した[18]。主な合意内容は以下の通りである。

・禁止されるAIシステム

　市民の権利と民主主義にもたらす潜在的脅威があるとして、以下のようなAIシステムを禁止する。センシティブな特性（政治的、宗教的、哲学的信条、性的指向、人種等）を利用した生体認証分類システム、顔認識データベース作成のためのインターネットやCCTV映像からの顔画像の無作為なスクレイピング、職場や教育機関における感情認識、社会的行動や個人的特徴に基づく社会的採点、人間の行動を操作して自由意志を回避するAIシステム、人の脆弱性（年齢、障害、社会的または経済的状況）を利用するAIシステム。

　一方、遠隔生体認証（RBI）システムに関して、事後のRBIは重犯罪訴追のため司法の許可を得た場合に限定され、リアルタイムのRBIは被害者（誘拐、人身売買、性的搾取）の捜索、特定かつ現在のテロ脅威の防止、特定の犯罪（テロ、人身売買、性的搾取、殺人、誘拐、強姦、武装強盗、

犯罪組織への参加、環境犯罪等）を犯したと疑われる人物の位置特定や身元確認に限定して認められる。

・高リスクのAIシステム

　健康、安全、基本的権利、環境、民主主義、法の支配に重大な害を及ぼす可能性があるとして高リスクAIシステムの義務を明確化した。保険や銀行部門に対して基本的人権の影響評価を義務化するとともに、選挙結果や有権者の行動に影響を与えるAIシステムも高リスクに分類し、市民は苦情の申し立てや説明を受ける権利を持つ。

・汎用AIシステムのガードレール

　汎用AIシステムおよびモデルは、透明性要件に準拠する。同要件には、コンテンツがAIによって生成されたことを開示することや、技術文書の作成、EU著作権法の順守、トレーニングに使用されたコンテンツに関する詳細な要約の配布等が含まれる。影響力の大きい汎用AIモデルについては、モデル評価の実施、リスクの評価と軽減、敵対的テストの実施、重大インシデントの報告、サイバーセキュリティの確保、エネルギー効率の報告等を義務付ける。

・制裁と発効

　不順守の場合、違反内容と企業規模に応じて3500万ユーロまたは世界売上高の7％から750万ユーロまたは売上高の1.5％までの罰金が科せられる可能性がある。

　同法案は今後、議会と理事会の双方での正式な承認を経て成立する。なお、同法案は「規則（Regulation）」であり、加盟国の国内法制化を経ることなく直接適用されることとなる。早ければ2026年にも全面適用される予定だが、AIのリス

クと活用規制を詳細に記述しており、世界への影響力は大きいと考えられる。

■国際協力枠組み

●広島AIプロセス

2023年5月に広島で主要7か国首脳会議（G7）が開催され、利用や開発が急拡大するChatGPT等の生成AIをめぐり著作権の保護や偽情報への対応などについて閣僚級で議論する「広島AIプロセス」を開始することが盛り込まれた。これを踏まえ、同年10月にAIの開発者が守るべき責務をまとめた国際指針と行動規範で合意した[19]。

市場投入前から利用までの各段階でリスクを低減することを求める内容となっており、具体的には、開発企業に対して、レッドチームによる疑似的なテスト、電子透かしやAIコンテンツ識別等の技術の導入、高度なAIシステムの能力領域の公表やインシデントの報告、権利侵害を防ぐためのプライバシーや知的財産を尊重する安全措置等を求めた。

●AI安全サミット

2023年11月、英国主催の「AI安全サミット」が開催され、開催地にちなみ「ブレッチリー宣言」が発表された[20]。日本、中国、米国を含む29か国が署名し、フロンティアAI[21]の安全かつ責任ある開発、機会とリスク、最も重要な課題に対応するための国際的行動の必要性について、世界初の合意に達した。これは、G7、OECD、欧州評議会、国連、GPAI（AIに関するグローバルパートナーシップ）を含む既存の国際的な取り組みを補完するものである。

さらに、各国政府とAI企業はフロンティアAIモデルの安全性テスト計画で合意した。モデルの配備前と配備後にAIの安全性を確保し、特に国家安全保障、安全、社会的危害等のテストで協力する。これにより、フロンティアAIモデルの安全性に関する責任を、企業のみではなく政府も担うこととなった。

フロンティアAIの安全性に関する国際協力プロセスとして、韓国で6か月以内にAIに関するミニ・バーチャル・サミットが共同開催されることと、フランスが1年後の次回AI安全サミットのホスト国となることが決定した。

今後も、AIリスクに取り組む国際協力は推進されていく。

■責任あるAI開発の推進に向けて

以上述べてきたように、AI規制に関して、中国では世界に先駆けて生成AIに関する規制が導入されており、米国と欧州では法制化が進行中である。一方、G7の広島AIプロセスでは開発企業向けの国際指針と行動規範が合意され、英国主催のAI安全サミットでは官民協力によるAIの安全性確保が推進される等、国際協力によるAIのリスクの低減が目指されることとなった。日本でも、AI事業者向けの指針の議論が進んでおり、政府のAI戦略会議では、生成AIのリスク低減に向けて法規制も含めた検討が進んでいる。

進化し続けるAI環境において、倫理と開発のバランスを取りつつ、責任あるAI開発を推進する緊急性はかつてないほど高まっている。各国政府、企業、学界、国際社会、あらゆる利害関係者がさらなる連携を通じて、リスクを軽減しすべての人々に役立つAIの未来を確保することが望まれている。

1. マルチメディア振興センター、「世界各国における AI の国家戦略」、『インターネット白書2021』、2021 年

2. OECD, Recommendation of the Council on Artificial Intelligence, May 22, 2019
https://legalinstruments.oecd.org/en/instruments/OECD-LEGAL-0449
（以下、ウェブページの参照はすべて 2023 年 12 月 12 日）

3. The White House, Inaugural Address by President Joseph R. Biden, Jr., Jan. 20, 2021
https://www.whitehouse.gov/briefing-room/speeches-remarks/2021/01/20/inaugural-address-by-president-joseph-r-biden-jr/

4. The White House, Blueprint for an AI Bill of Rights: A Vision for Protecting Our Civil Rights in the Algorithmic Age, Oct. 4, 2022
https://www.whitehouse.gov/ostp/news-updates/2022/10/04/blueprint-for-an-ai-bill-of-rightsa-vision-for-protecting-our-civil-rights-in-the-algorithmic-age/

5. U.S. Department of Justice, Justice Department and EEOC Warn Against Disability Discrimination, May 12, 2022
https://www.justice.gov/opa/pr/justice-department-and-eeoc-warn-against-disability-discrimination

6. The White House, FACT SHEET: Biden-・Harris Administration Secures Voluntary Commitments from Leading Artificial Intelligence Companies to Manage the Risks Posed by AI, Jul. 21, 2023
https://www.whitehouse.gov/briefing-room/statements-releases/2023/07/21/fact-sheet-biden-harris-administration-secures-voluntary-commitments-from-leading-artificial-intelligence-companies-to-manage-the-risks-posed-by-ai/

7. The White House, Executive Order on the Safe, Secure, and Trustworthy Development and Use of Artificial Intelligence, Oct. 30, 2023
https://www.whitehouse.gov/briefing-room/presidential-actions/2023/10/30/executive-order-on-the-safe-secure-and-trustworthy-development-and-use-of-artificial-intelligence/
The White House, FACT SHEET: President Biden Issues Executive Order on Safe, Secure, and Trustworthy Artificial Intelligence, Oct. 30, 2023
https://www.whitehouse.gov/briefing-room/statements-releases/2023/10/30/fact-sheet-president-biden-issues-executive-order-on-safe-secure-and-trustworthy-artificial-intelligence/

8. The White House, WHAT THEY ARE SAYING: President Biden Issues Executive Order on Safe, Secure, and Trustworthy Artificial Intelligence, Oct. 31, 2023
https://www.whitehouse.gov/briefing-room/statements-releases/2023/10/31/what-they-are-saying-president-biden-issues-executive-order-on-safe-secure-and-trustworthy-artificial-intelligence/

9. 科学技术部, 发展负责任的人工智能：新一代人工智能治理原则发布, Jun. 17, 2019
https://www.most.gov.cn/kjbgz/201906/t20190617_147

107.html

10. 国家互联网信息办公室他, 互联网信息服务算法推荐管理规定, Jan. 4, 2022
http://www.cac.gov.cn/2022-01/04/c_1642894606364259.htm

11. ディープラーニング、バーチャルリアリティ、その他の生成合成型アルゴリズムを使用してテキスト、画像、音声、映像、バーチャルシーン、その他のネットワーク情報を生成する技術。

12. 国家互联网信息办公室他, 互联网信息服务深度合成管理规定, Dec. 11, 2022
http://www.cac.gov.cn/2022-12/11/c_1672221949354811.htm

13. 科学技术部, 中共中央办公厅国务院办公厅印发《关于加强科技伦理治理的意见》, Mar. 20, 2022
https://www.most.gov.cn/xxgk/xinxifenlei/fdzdgknr/fgzc/gfxwj/gfxwj2022/202203/t20220321_179899.html

14. 科学技术部, 关于公开征求对《科技伦理审查办法（试行）》意见的公告（已结束）, Apr. 4, 2023
https://www.most.gov.cn/wsdc/202304/t20230404_185388.html?_ga=2.121368968.1251830295.1701752847-11659524.1696147575&_fsi=TFzHINRc

15. 国家互联网信息办公室他, 生成式人工智能服务管理暂行办法, Jul. 13, 2023
http://www.cac.gov.cn/2023-07/13/c_1690898327029107.htm

16. European Commission, Proposal for a Regulation laying down harmonised rules on artificial intelligence, Apr. 21, 2021
https://digital-strategy.ec.europa.eu/en/library/proposal-regulation-laying-down-harmonised-rules-artificial-intelligence

17. European Commission, Regulatory framework proposal on artificial intelligence, n.d.
https://digital-strategy.ec.europa.eu/en/policies/regulatory-framework-ai

18. European Parliament, Artificial Intelligence Act: deal on comprehensive rules for trustworthy AI. Dec. 9, 2023
https://www.europarl.europa.eu/news/en/press-room/20231206IPR15699/artificial-intelligence-act-deal-on-comprehensive-rules-for-trustworthy-ai

19. 外務省、広島 AI プロセスに関する G7 首脳声明、2023 年 10 月 30 日
https://www.mofa.go.jp/mofaj/ecm/ec/page5_000483.html

20. GOV.UK., Countries agree to safe and responsible development of frontier AI in landmark Bletchley Declaration, Nov. 1, 2023
https://www.gov.uk/government/news/countries-agree-to-safe-and-responsible-development-of-frontier-ai-in-landmark-bletchley-declaration

21. 英国政府は「多様なタスクをこなし、現在の最先端モデルと同等かそれ以上の能力を持つ、非常に高性能な汎用 AI モデル」と定義している。

デジタルプラットフォームを巡る規制の動向

寺田 眞治 ● 一般財団法人日本情報経済社会推進協会 客員研究員

EUで2023年11月にデータ法が成立。日本も影響を受けて、公正な競争環境のための議論が高まる。プライバシー保護や偽情報を巡っては、国家経済安全保障という視点も必要に。

2023年は、GAFA[1]をはじめ、X（旧Twitter）やTikTok等のグローバルなデジタルプラットフォームに対して、EUや米国で巨額な制裁金が課されるような訴訟も連日報道されるなど、一段と風当たりが強まった年であった。

これらのデジタルプラットフォームが、インターネットによる社会のデジタル化を牽引し、新たな価値や産業を生み出した功績は誰もが認めるところではある。その一方で、巨大化した企業による「監視資本主義」ともいわれる市場支配の構造が形成され、さまざまな弊害もあらわになってきている。ただし、それぞれのデジタルプラットフォームは異なる事業を展開しており、ひとくくりで単純に規制できるものでもない。そのため、国ごとに自国への影響に合わせて規制を進めているのが現状である。その中で、最も系統立てて事前的な規制を進めているのがEUで、発生した問題ごとの個別事後規制的な対応が目立つのが米国である。日本はこの中間に位置しているが、EUの影響を受けて事前規制的な方向へ一歩進み始めたところである。

デジタルプラットフォームの規制に関する論点は、以下の3点が主たるものである。すなわち①公正な競争環境②プライバシー保護とセキュリティ③国家および経済の安全保障──である。以下では、それぞれの概要と欧米の規制動向を概観し、最後に日本の規制動向を見ていく。

■欧米のプラットフォーム規制

①公正な競争環境

〈概要〉

ある市場におけるシェアが一定以上になると、当該市場において支配的な影響力を持ち、自社優遇や排他的な行為が問題となる。これにより事業者間の競争が阻害されると、商品やサービスの選択肢が狭まったり価格が高止まったりするなど、消費者にとっての不利益が生じることになる。近年では、急速な技術開発に呼応したベンチャー企業等によるイノベーションを阻害することも課題として挙げられることが多い。また、プラットフォームと消費者の間の情報格差が大きいことから、優越的地位の乱用についての規制が、従来のBtoBだけではなくBtoCにも適用する流れが強まっている。

〈規制動向〉

市場シェアの大きさによって支配力が異なることから、市場ごとに対象事業者が指定されるのが

一般的であるため、国や地域によって対象事業者が多少異なる。

EUではデジタル市場全体を対象として捉え、デジタル市場法（Digital Markets Act：DMA）が2022年11月に施行されている。デジタル市場法には、インターネット上のサービスだけではなく、OSやブラウザーといったサービスを利用するための必須ソフトウエアも含まれる。EU内でのコアプラットフォーム・サービスについて4500万人以上の月間アクティブユーザーがあり、時価総額が750億ユーロ以上の企業をゲートキーパーとして指定する。2023年9月に22のコアプラットフォームと6つの事業者が指定されたが、今後も増えることが予想される（資料3-1-2）。幅広いコアプラットフォームの定義は、各国の参考にされることになるだろう。

また、2023年11月に成立したデータ法では、IoT機器を含むネットワークに接続された端末およびソフトウエアから取得したデータについて、たとえデータ主体（本人）の同意があってもデータ市場法でゲートキーパーとして指定された事業者には提供してはならないとされており、プラットフォームへのさらなるデータ集中阻止が盛り込まれている。

米国では、司法省やFTC（連邦取引委員会）、民間企業による提訴が数多くなされている。原則的な法令として反トラスト法があり、特にプラットフォームに対しては「商取引におけるまたは商取引に影響を及ぼす不公正な競争方法、および、商取引におけるまたは商取引に影響を及ぼす不公正もしくは欺瞞的行為または慣行は、本法により違法と宣言する」とするFTC法第5条の適用が目立つ。これは消費者保護の観点から公正な競争を目指すものでありプラットフォームのみを対象とするものではないが、被害や影響力の大きさから大手のプラットフォームに対する監視が強まってい

る。一方、プラットフォーム自体の規制を目的とした法制度の策定は、毎年のように法案提出がされているものの成立する見通しは立っていない。

②プライバシー保護とセキュリティ
〈概要〉

プライバシーに関する情報の取り扱いについては、世界的に急激な規制強化が見られる。これはプライバシーを基本的人権と捉える傾向が強まると同時に、多様化・複雑化する情報の取得・加工・利用に対する不安や不信感の強まりに呼応したものである。このような潮流の中で、膨大な消費者に利用されるプラットフォームは、当然利用者の個人情報を大量に保有することから、その取り扱いについて適正性や安全性などがより強く求められることになる。利用者のデータだけではなく、商品やサービスの販売に関する各企業の情報、アマゾンのAWSやマイクロソフトのAzure、グーグル等が提供するクラウドプラットフォーム上の膨大なデータについてのセキュリティの重要性は言うまでもないだろう。さらに、寡占状態にあるOSやブラウザーの脆弱性も問題視される。

〈規制動向〉

プライバシー保護に関しては、2018年施行のEUのGDPR（一般データ保護規則）以降、これをスタンダードとする同様の法制度が世界中に広がった。各国間で個人情報を流通させるための仕組みも、GDPRの十分性認定だけではなく、APEC（アジア太平洋経済協力会議）のCBPR（Cross Border Privacy Rules）、さらにはこれを拡大し英国が参加表明したGlobal CBPR等、一定の進展が見られる。このような事業領域や規模を問わない法制度の下、規模の大きなプラットフォームに対してより強力な規制を課す傾向が強まっている。また、個人情報の取り扱いについてはプライバシー保

資料3-1-2　EUのデジタル市場法で指定されたゲートキーパーとコアプラットフォーム

ゲートキーパー	コアプラットフォーム							
	SNS	メッセンジャー	仲介	ビデオ共有	検索	広告	OS	ブラウザー
アルファベット (Alphabet)			Google Map Google Play Google Shopping	YouTube	Google Search	○	Android	Google Chrome
アマゾン・ドット・コム (Amazon.com)			Amazon Marketplace			○		
アップル (Apple)			App Store				iOS	Safari
バイトダンス (ByteDance)	TikTok							
メタ (Meta)	Facebook Instagram	WhatsApp Messenger	Meta Marketplace			○		
マイクロソフト (Microsoft)	LinkedIn						Windows	

出所：筆者

護の観点だけではなく、子どもなど弱者の保護、消費者保護、プライバシーを含む人権の保護という、より広い視点から規制する考え方が一般化しつつある。

　EUではデジタルサービス法において、デジタル市場法と同様に、特に大きなプラットフォームに対する規制を強化している（資料3-1-3）。この法令は、違法有害な情報やフェイクニュース等のDisinformationを抑制することが主たる目的とされているが、レコメンドやデジタル広告の透明性確保の義務も課されることから、個人情報のプロファイリングについても規制がかかることになる。

　米国においては、特に青少年層の利用が多いSNSでは一般的に成年が関与する決済などが必要ないため、年齢認証の是非や正確性が問題となっている。例えば、42州・特別区は2023年10月、子どもの保護を怠り利用者を欺いているとしてメタを提訴している。

　また、CPRA（カリフォルニア州プライバシー権法）をはじめ、州ごとにプライバシー保護法が乱立している。それに対し、プラットフォームは対応の煩雑さを回避するために最も厳しいものに合わせることとなることから、結果的に実質的な規制強化となっている側面がある。

　セキュリティについては、IT企業としての責務は規模の大小にかかわらず変わるものではないが、規模の大きいプラットフォームでは社会に対する影響が大きいことから、セキュリティ対策についての公表、規制当局への報告、監査の実施等を強化することが主流となっている。

　EUではデジタル関連法、データ関連法、プライバシー保護関連法、さらには直近のAI法、IoT機器やサービスに対するサイバーレジリエンス法の全てで、セキュリティの重要性を指摘している。基本的な考え方はリスクマネジメントにあるが、対応についての透明性確保がプラットフォームには重荷となっている。

　米国では、NIST（米国立標準技術研究所）の仕様が事実上の国家標準と言えるだろう。特に、政府関連の調達を受けるためにはこの仕様を満たさなければならないため、結果的にプラットフォー

資料3-1-3　EUデジタルサービス法で指定されたプラットフォーム

オンラインプラットフォーム	Alibaba AliExpress、Amazon Store、Apple AppStore、Booking.com、Facebook、Google Play、Google Maps、Google Shopping、Instagram、LinkedIn、Pinterest、Snapchat、TikTok、X（旧Twitter）、Wikipedia、YouTube、Zalando、Pornhub、Stripchat、XVideos
オンライン検索エンジン	Bing、Google Search

出所：筆者

ムのセキュリティが強化されることになる。

③国家および経済の安全保障

〈概要〉

　ここ数年、急速に危機感が高まっているのが安全保障に関するプラットフォームの関与である。特に前項のプライバシー保護とセキュリティに関係が深いが、大量の情報の取得と集積、情報主体への到達可能性の容易化に伴い、政治・社会への影響が深刻化しているためである。選挙への介入、フェイクニュース等のDisinformationの流布、国家によるプラットフォーム事業者を通じた情報収集等、企業間だけではなく国家間の情報戦争の一部にプラットフォームも組み込まれつつあるのが現状である。

　象徴的なキーワードが、日本が提唱したDFFT（Data Free Flow with Trust、信頼性のある自由なデータ流通）である。もともとは「プライバシーやセキュリティ、知的財産権に関する信頼を確保しながら、ビジネスや社会課題の解決に有益なデータが国境を意識することなく自由に行き来する、国際的に自由なデータ流通の促進を目指す」というコンセプトであったが、「Trust」の解釈が拡大され、西側先進国とそれ以外といった分断の象徴ともされつつある。

〈規制動向〉

　規制の方向性は、データの取り扱いに対するものと、プラットフォームの機能の利用に対するものとに大別される。前者では、プライバシー保護やセキュリティに関する規制と重なる部分が多いが、データの保存を国内や地域内に置くことを求めるデータローカライゼーション、越境移転の制限などが目立ち始めている。後者では、プラットフォーム自身が違法有害情報やDisinformationを監視するコンテンツモデレーションを求める規制が増えている。

　EUでは、データガバナンス法でデータを取り扱う組織のガバナンスについて規律を設け、データ法でデータ利用の推進を図るという体系になっている。データ法ではEU域内の自由なデータ流通を推進しようとしているものの、越境移転については個人情報以外のデータについても、EUと同等に近い体制を構築している相手に限るという規制が加えられている。

　また、2023年11月に暫定政治合意に達したサイバーレジリエンス法は、一般的なデジタル機器だけではなく、IoT機器等を含む幅広い製品とソフトウエアを対象として、厳しいセキュリティ基準の順守を求めている。製品がEUの安全規格に適合していることを示すCE認証を取得しなければ、EUでの機器の販売やソフトウエアの利用などができなくなることが想定されている。特に米国の大手プラットフォームはグローバル展開していることから、EUの規則への対応が求められることになる。中には、データ法のようにゲートキーパーにデータを提供することを禁止する内容が含まれていたり、違反時のサービス停止命令や

莫大な課徴金等の制裁措置があったりするなど、プラットフォームにとって厳しいものとなっている。

EUの違法有害情報、フェイクニュース等のDisinformationにはデジタルサービス法で対応がされている。2023年4月、特に大きなプラットフォームと検索エンジンを指定し、不適切な投稿や取引を管理するコンテンツモデレーションの充実と透明性確保に加えて、規制当局や研究者へのデータ提供、独立機関による監査、コンプライアンス担当責任者の任命等、厳しい義務が課されることとなった。

■日本のプラットフォーム規制

日本では、2018年7月に経済産業省・総務省・公正取引委員会が設置した「デジタル・プラットフォーマーを巡る取引環境整備に関する検討会」から本格的な議論が始まった。当初は競争政策として国内市場を守るためのGAFA対策と報道されることが多かったが、公正な競争環境という前提では、事業者を国内外で差別することはあり得ない。そのため、対象事業者としてマーケットプレイスの楽天、多様なサービス領域でシェアが大きいLINEヤフー等、国内の企業も対象とされるようになった。

①公正な競争環境

日本における競争法の観点では、2021年2月に施行された、経済産業省による「特定デジタルプラットフォームの透明性及び公正性の向上に関する法律」（以下、透明化法）が最初の一歩と言える。ただし、これは強力な規制を課すものではなく、指定されたプラットフォームに対して自主的な対応を求める共同規制である。現在はECのマーケットプレイス、スマートフォンアプリのマーケットプレイス、デジタル広告の3つの分野が対象とされ、BtoBでの優越的地位の乱用防止を基本とする透明性の確保、苦情や問い合わせ対応の充実等を求め、その実施状況の報告を義務付けている（資料3-1-4）。施行に合わせて第三者による相談窓口を設置するとともに、経済産業省でもモニタリングし大臣による評価を行っている。その結果によっては今後、新たな規制が策定されることになろう。デジタル広告分野では、消費者に対する優越的地位という観点から利用者情報の取り扱いも含まれ、後述する総務省と協調することとなり、第1回のモニタリングが2023年の夏から秋にかけて行われた。

オンラインビジネスがスマートフォン中心に移行する中、OSやブラウザー、アプリ販売と決済に至るほぼすべてが、実質的にアップルとグーグルの2社によるものとなっている。そのため、内閣官房のデジタル市場競争会議にて「モバイル・エコシステムに関する競争評価」が行われ、多くの課題が指摘されることとなった。2024年の通常国会では、透明化法の議論も加味した新たな法案が議論されることが予想されている。アプリストアのサードパーティーによる設置、アプリ課金手段の選択自由化、プラットフォームが有する情報のアプリ事業者への開示と自由な営業の保証等が検討されている。アップルとグーグルが支配することでアプリのプライバシー保護やセキュリティが堅固になり違法有害なビジネスの阻止につながったことは間違いないが、その一方で事業者と消費者両方の選択の自由が阻害されることとなったのも確かである。安心・安全を死守しつつ競争環境をどう構築するかが議論の争点となるだろう。

②プライバシー保護とセキュリティ

プライバシー保護やセキュリティに関しては、個人情報保護委員会と電気通信関連を所管する総

資料3-1-4　日本の規制法において指定されたプラットフォーム

デジタルプラットフォーム透明化法	総合物販オンラインモール	アマゾンジャパン、楽天グループ、LINE ヤフー
	アプリストア	アップル、iTunes、グーグル
	デジタル広告市場	グーグル、メタ、LINE ヤフー
電気通信事業法	特定利用者情報を適正に取り扱うべき電気通信事業者	iTunes、X（旧 Twitter）、エヌ・ティ・ティ・コミュニケーションズ、NTT ドコモ、エヌ・ティ・ティ・ブロードバンドプラットフォーム、グーグル、KDDI ソフトバンク、TikTok、NTT 西日本、NTT 東日本、マイクロソフト、メタ、UQ コミュニケーションズ、LINE ヤフー、楽天グループ、楽天モバイル、ワイヤ・アンド・ワイヤレス、Wireless City Planning

出所：筆者

務省が中心となっている。多くのプラットフォームは多様なビジネスを展開している複雑さから結果的に個人情報保護法の規律順守が重荷になるという側面はあるが、個人情報保護法は原則として事業の区別や規模の大小を問うものではない。また、端末ID、位置情報、Cookieなど端末から取得される情報は、それ単独では個人情報とされていないため、プライバシーに不安あるいは利用者に不利益を与える可能性があるデジタル広告やレコメンド等を規制することができない。そのため、総務省では「プラットフォームサービスに関する研究会」「電気事業ガバナンス検討会」での議論を経て、2023年6月に改正電気通信事業法を施行した。特定利用者情報を適正に取り扱うべき電気通信事業者として指定された、規模が大きなプラットフォームに対しては、利用者情報の取り扱いの厳格化、透明化、届け出等が義務化される（資料3-1-4）。その他の事業者に対しても、端末から情報を外部送信させる場合の規律（外部送信規律）を新設した。EUの同意取得の義務化や米国のオプトアウトの義務化までは踏み込んでいないが、自主規制に任されていた利用者情報の取り扱いについても個人情報と同様に、少なくとも通知もしくは公表することが義務化されたことになる。ただし、これは電気通信事業法の限界から、電気通信事業者と電気通信事業を営む者に対象が限定されている。

③国家および経済の安全保障

安全保障の面では、セキュリティとプライバシー保護に加え、違法有害情報とフェイクニュース等のDisinformation対策が挙げられるが、総合的・統一的なものではなく、個別の法令等で対処しつつあるという状況である。

セキュリティではクラウドについての議論が大きかったが、ISMAP（Information system Security Management and Assessment Program、政府情報システムのためのセキュリティ評価制度）が一つの解決策として2020年2月に発足している。政府調達ではこのリストに登録されているものであることが必要であるが、一般企業にとっても安心・安全を担保する上での指標となっている。

プライバシー保護に関しては、2022年施行の改正個人情報保護法と2023年施行の改正電気通信事業法のいずれにおいても、データの海外越境移転について、移転先の条件と公表義務、漏えい報告の義務と、内容が強化されている。

違法有害情報とDisinformationについては、いずれも総務省の「プラットフォームサービスに関する研究会」で議論され、2023年末に第3次とりまとめ案としてパブリックコメントにかけられている。同時に、Disinformationについては総務省の「デジタル空間における情報流通の健全性確保の在り方に関する検討会」にて引き続き議論が行

われている。

これらの結果を基に一定の法制度化が行われることになるが、その際、EUのデジタルサービス法がモデルとされることが予想される。

■今後の方向性

EUは基本権憲章をベースに人権、公正な市場環境、安全保障など守るべきものを特定した上で、デジタル政策とその中でも重要となるデータ政策を系統立てて構築しており、そこでデジタルプラットフォームの位置付けと規律を策定している。急速な技術進化や世界情勢に合わせて柔軟に対応し事前規制にまで踏み込めているのも、このような基本戦略が早い時期に出来上がっているからであろう。一方、米国は主に発生した事案ごとに政府機関や州あるいは議員が問題提起したり法案を提出したりするといった、一貫性のない対応が目立つ。ただし、反トラスト法やFTCの消費者保護といった強固な基盤と、消費者団体も含めた強力な訴訟制度が一定の抑止力を発揮している。

翻って日本は、問題意識はあるもののEUや米国の状況を見て、後追い的に縦割りの行政組織の管掌範囲で対応する傾向が強い。先行事例からいいとこ取りできるという面もあるが、経済のグローバル化がますます進展する現状では後れを取ることや、規制が重複するといったことが危惧される。

2024年は、個人情報保護法と透明化法が共に3年ごとの見直し開始の時期に入るとともに、プラットフォームサービスに関する研究会とりまとめも確定し、それぞれ具体的な制度設計の段階に入る。ここに、近年のAIに関する論争やEUのさまざまな規則が影響を与えることになろう。全体的な方向性としてはこれまで同様、先行するEUをモデルとしつつも一歩引いたものとなることが想定されるが、いずれにしろ大手のプラットフォームに対する規制の強化は免れない。

同時にこれらの規制は、規模の大小に関わらないあらゆるプラットフォーム、さらには一般企業に対しても努力義務や規範として提示されるだけではなく、最低限の基本事項が義務化されるであろうことは想像に難くない。プラットフォーム規制は大手だけのものとして注視を怠っていると、思わぬ事態に見舞われる可能性が高まっている。特にEUのデジタル・データ・プライバシー保護、セキュリティの規則は、いずれ日本にも入ってくるものとして、経営戦略や事業戦略に織り込んでおくことが肝要であろう。

---

1. グーグル（Google）、アップル（Apple）、フェイスブック（Facebook、現メタ（Meta））、アマゾン・ドット・コム（Amazon.com）。

EUのWeb 4.0戦略

寺田 眞治 ● 一般財団法人日本情報経済社会推進協会 客員研究員

2030年以降のデジタル化された世界に向け、EUが人材・ビジネス・公共サービスを通貫する総合戦略を発表。デジタルと現実をつなぐためには、デジタルIDの普及とTrust（信頼性）が鍵に。

■Web 4.0の定義と位置付け

2023年7月、欧州委員会は「Web 4.0と仮想世界をリードするEU戦略」[1]を発表した。

EUはWeb 4.0を「デジタルと現実のオブジェクトや環境の統合、人間と機械の相互作用の強化を可能にする」技術と位置付けている。また、ブロックチェーンや分散型台帳に代表される非中央集権型の次世代インターネット（Web 3.0）、メタバース、AI、（あらゆるモノがネットにつながる）IoTなどはWeb 4.0実現のための要素となり、統合されていくものとしている。日本における類似の概念としてはSociety 5.0があり、「サイバー空間（仮想空間）とフィジカル空間（現実空間）を高度に融合させたシステムにより、経済発展と社会的課題の解決を両立する、人間中心の社会（ソサエティー）」とうたっている。

いずれもデジタルと現実、サイバーとフィジカルの統合・融合を目指すものであり概念として大きな差異はないが、EUのWeb 4.0戦略では解決すべき課題やアクションプランが具体化されており、Web 4.0実現のためのさまざまな政策（データ政策、AI政策、セキュリティやプライバシー保護政策等）を横断するものと位置付けられている。さらに今回の発表では、デジタル政策としてメタバースに代表される仮想世界への取り組みの強化が加えられている。

EUのWeb 4.0戦略の源流は、デジタル化社会の到来を見据えて2015年に発表されたEUのDSM（Digital Single Market、デジタル単一市場）の実現に向けたものにある。その後、2020年発表のShaping Europe's digital futureで大枠の目標と行動を設定し、さらに2021年発表のEurope's Digital Decadeで10年後の具体的な目標を設定すると同時に、この目標に向けた数値目標を2030 Digital Compassとして発表している。これらの一連のデジタル政策ではすでに、DMA（Digital Market Act、デジタル市場法）、DSA（Digital Service Act、デジタルサービス法）が立法化されている。今回の発表は、2030年以降のデジタル化された世界を見据えて、新たな戦略を打ち出したものである。

■戦略の柱

重要な戦略の柱は、Europe's Digital Decadeで表されたデジタル化における4つの目標のうち、スキル（人材）、ビジネス、政府（公共サービス）に沿ったものである。もう一つの目標であるインフラストラクチャーについては、2023年2月に発表したCommission's connectivity packageとその他のコンピューティング、クラウド、エッジの

能力に対する広範な取り組みで対応するとしている。また、この戦略では4つめに仮想世界とWeb 4.0のオープン性、グローバルガバナンスについて取り上げている。

・スキル（人材）：意識を高め信頼できる情報にアクセスし、仮想世界のスペシャリストの人材プールを構築するために人々に権限を与え、スキルを強化する。
・ビジネス：欧州のWeb 4.0産業エコシステムを支援して卓越性を拡大し、断片化に対処する。
・政府（公共サービス）：仮想世界が提供できる機会を活用するために、社会の進歩と仮想公共サービスを支援する。
・オープンで相互運用可能な仮想世界とWeb 4.0の世界標準を形成し、少数の大手企業によって支配されないようにする。

■アクションプラン

　戦略の柱に沿って、以下の10のアクションプランが発表されている[2]。

●スキル
①女性と少女を含む仮想世界の技術（デジタル・ヨーロッパ・プログラム）、およびデジタルコンテンツのクリエーターと視聴覚専門家（クリエーティブ・ヨーロッパ・プログラム）のスキル開発を支援する［2024年］／EUを非EU諸国の高度なスキルを持つ専門家にとって魅力的な目的地として推進する［2023年第3四半期］
②市民パネルが提唱する仮想世界の指導原則を推進し、子どもの健康と福祉への影響に関する具体的な研究を含め、ホライゾン・ヨーロッパ・プログラムを通じて人々の健康と幸福に対する仮想世界の影響に関する研究を支援する［2023年第4四半期］

③一般向けの仮想世界ツールボックスと、「子ども向けインターネットの改善」戦略に基づく若者向けの仮想環境に関するリソースを開発する［2024年第1四半期］

●ビジネス
④加盟国と協議し、産業および技術ロードマップを策定するための新しい欧州パートナーシップの立ち上げを検討する［2024年第1四半期］
⑤EUの文化・クリエーティブ産業が、クリエーティブ・ヨーロッパ・プログラムを通じて仮想世界で新しいビジネスモデルをテストできるように支援する［2024年第1四半期］／仮想世界の開発者と産業ユーザーの間のマッチングを促進する［2024年第1四半期］／欧州デジタル・イノベーション・ハブとエンタープライズ・ヨーロッパ・ネットワークを活用して仮想世界ハブを支援し、新しい仮想世界ソリューションの導入を促進する［2024年第4四半期］
⑥オープンで相互運用可能な仮想世界の標準開発を支援する［2023年第4四半期］／新しいデジタル協力モデルの可能性を探る［2023年第4四半期］／仮想世界を含む偽造と闘うためのツールボックスを開発する［2023年第4四半期］／加盟国による仮想世界の規制サンドボックスの使用を促進する［2024年第2四半期］

●政府（公共サービス）
⑦スマートで持続可能な都市とコミュニティのための公的旗艦であるCitiVerse、およびホライゾン・ヨーロッパおよびデジタル・ヨーロッパのプログラムに基づく欧州のバーチャル・ヒューマン・ツインの開発を支援する［2023年第4四半期］／仮想世界とWeb 4.0に関連する分野で欧州デジタル・インフラストラクチャー・コンソーシアム（EDIC）を奨励する［2023年第4四半期］

●ガバナンス

⑧加盟国を結集させ、専門家グループを通じて仮想世界の開発とWeb 4.0への広範な技術移行に関する共通のアプローチとベストプラクティスを共有する［2023年第4四半期］

⑨既存のマルチステークホルダーのインターネットガバナンス機関と連携して、オープンで相互運用可能な仮想世界を設計する［2023年第4四半期以降］／既存のインターネットガバナンス機関の権限を超えて、仮想世界とWeb 4.0の特定の側面に対処するための技術的なマルチステークホルダーフォーラムの創設を支援する［2024年第1四半期以降］

⑩加盟国および利害関係者とともに、すべての産業エコシステム全体にわたって仮想世界の発展を監視するための構造化されたアプローチを開始する［2024年第1四半期以降］

■Web 4.0実現に関連する政策

前述した通り、Web 4.0戦略は2030年に向けたデジタル戦略に基づくと同時に、さらにその先を見越してさまざまな政策を横断することになる。当面は主に新技術にフォーカスした個別の政策が検討されると思われるが、同時に、大枠としてのWeb 4.0戦略の下で以下の政策も整合性が図られていくことになるだろう。

●デジタル政策

デジタル政策における制度化では、冒頭に記したデジタル市場法（DMA）やデジタルサービス法（DSA）が市場の公正な競争を促進し、違法・有害な取引や行為を規制するものとして発効している。特に大量のデータを取得・流通・利用する事業者への規律を強化し、米国のビッグテックに対して出遅れたデジタル市場の保護や今後の産業振興を目指すものとなっている。

●データ政策

デジタル政策において重要となるデータの取り扱いについても、2020年発表のデータ戦略に基づき、データガバナンス法とデータ法が成立している。これはデータ流通を促進するためのものであり、公的機関だけではなく事業者に対してもデータのオープン化を求めるものとなっている。その一方で、個人データ以外のデータの域外移転についても一定の規律を求めており、グローバルでのデータ流通に影響が及ぶものとなっている。

●プライバシー保護

これらのデジタル政策やデータ政策を進める上では人権を守ることも重要であることから、プライバシー保護のための一般データ保護規則（GDPR）が定められていることは周知の通りである。電気通信に特化したePrivacy規則は、審議に入って久しいもののまだ成立には至っていないが、その前身であるePrivacy指令に基づく各国の法令は強化されており、EDPB（European Data Protection Board、欧州データ保護会議）によるガイドラインなどの発表や各国の規制当局による取り締まりも活発化している。

なお、デジタル政策・データ政策・プライバシー保護政策については『インターネット白書2023』の拙稿（3-1 法律と政策「EUにおけるデータ流通政策の動向」）も参照いただきたい。

●AI

重要な動向としては、2023年12月に暫定合意したAI法[3]が挙げられる。細部の詰めや手続きの進展次第ではあるが、施行は2025年中が見込まれている。産業振興がうたわれているが規制色の強いもので、今後の世界各国でのAI規制策定に大きな影響を与えることが想定される。AI法は、

デジタル政策、データ政策、プライバシー保護政策、セキュリティ政策等のすべてに関係する制度横断的なものであると同時に、事前規制としての色合いが強い。この傾向は、Web 4.0戦略にも当てはまることが予想される。

●メタバース

メタバースはデジタルと現実を統合するためのユーザーインターフェースであるだけでなく、現実世界とは異なる新たに生まれる産業や生活の空間であり、既存のガバナンスが通用しない可能性をはらんでいる。EUは、米国のビッグテックによる現在のデジタル市場席巻を踏まえ、次の技術革新の機会を主導することを目指してメタバースに関する政策を進めようとしている。その一方で、現実的なビジネスとしてはまだ黎明期であり、一般市民や産業界において顕著な弊害が顕在化しているとまでは言えない。そのため、マルチステークフォーラムを創設するなど啓発とリテラシー向上を図りながら、一般市民や産業界の意見を聴取しつつ活発化させることで世論を形成しようともくろんでいるように思われる。

●IoT

IoTについては、前述のデータ法によってデータのオープン化を図ろうとしていると同時に、製品のセキュリティに対する規制を強化しようとしている。2023年11月に暫定合意したサイバーレジリエンス法[4]では、医療機器や航空、自動車など既存のEU法で定められている一部製品を除く、他の製品やネットワークにデータ接続するあらゆる製品（ソフトウエアを含む）を対象としている。脆弱性対応の必須要求事項を満たしたもののみEU域内での販売を認めるというもので、2027年の施行が見込まれている。

●Web 3.0

ブロックチェーン等による非中央集権的なデジタル化に関する統一的な制度は、現時点では存在せず、主にこれまで述べてきた法令や金融関連等の事業別の規制によるものとなっている。むしろ振興政策が活発で、European Blockchain Sandbox[5]を創設し、多数のプロジェクトに対して規制のサンドボックス（地域限定や期間限定で法律の規制を停止する制度）を活用する取り組みを2023年から進めている。

■Web 4.0で重要になるデジタルIDとTrust

Web 4.0ではデジタルと現実の境目がなくなることから、両空間で通用する個人や組織に関するさまざまな証明が必要となる。そのためには個人や組織のIDが必須であり、デジタル空間でも通用するデジタルIDの普及が最重要事項となっている。

EUではすでに、公的機関での各種申請や電子商取引等での信頼性確保のために、eIDAS規則（Electronic Identification and Trust Services Regulation）が2016年から施行されており、2023年11月には改定の最終案であるeIDAS 2.0[6]が公表されている。

特筆すべきは、EU全域で利用されるEUDI Wallet（EU Digital Identity Wallet）についてである。EUDI Walletは、パソコンやモバイル端末等で個人や組織のデジタルIDによる身元提示や属性情報の提供を管理する仕組みである。運転免許証やパスポート、金融サービス、旅行や引っ越しの際のさまざまな手配、ECやシェアリングサービス等、公共サービスだけではなくさまざまな民間のサービスにおいても本人認証や信頼のおける取引を可能とすることを目指している。

日本のマイナンバーは個人の属性（氏名・住所・

本籍地・性別・生年月日等）との間に関係がないため、これ単独で本人認証はできない。これに対しEUDI Walletは基本情報を持つと同時に、利用の際には必要な情報だけを提供できるようにするなど、Walletのみでさまざまなサービスを直接利用できるものとなっている。日本においてもマイナンバーを活用するために次期マイナンバーカードの議論が行われており、将来はスマートフォン等でWallet機能を持つことを検討しているが、実現への道は長い。この点でもデジタル敗戦といわれる日本のデジタル化の遅れが顕著に表れている。

Web 4.0は、サイバーフィジカル、デジタルツイン、デジタルトランスフォーメーションを実現した後の社会を前提とする概念であり、社会全体の構造変革がもたらされることを想定している。そのため、EUのWeb 4.0戦略は、その根底でEUの価値観としての基本権憲章や政策の柱となるデジタル単一市場を基盤としつつ、10年単位の枠組みや目標に基づく施策を横断し、さらにその延長線上にある。

その中で近年クローズアップされつつあるのは、Trust（信頼）という概念である。技術革新が進む中で専門家・有識者や政治家主導による規制では対応できなくなっており、広範な関係者（マルチステークホルダー）による議論を基に社会全体における信頼性についての考え方を醸成しようとしている。さらに、その結果を基に、急激な技術革新と社会構造の変革に対応するために事前規制を導入する傾向が強まっている。

このような潮流は、例えば米国でも2023年10月に公布されたAI規制の大統領令に見て取れる。日本でもいくつかの動きがあるが、特徴的なものとしては内閣官房におけるTrusted Web推進協議会[7]がある。これは、デジタル社会における信頼性を確保するための枠組みを検討するものである。Web 4.0やSociety 5.0そのものを検討しているわけでも、技術や競争法関連等の規制を議論しているものでもなく、Trustの仕組みそのものを作ることを目指している。規制論的な議論が多い中、このような前向きな議論があることも忘れてはならない。

一方で、EUのWeb 4.0のような将来の社会の全体像に基づく統合的な戦略とアクションプランは日本にはなく、今日のデジタル敗戦以降もその格差が広がる恐れがあるのが現状である。

0. 1.Towards the next technological transition: Commission presents EU strategy to lead on Web 4.0 and virtual worlds, Jul. 11, 2023
    https://ec.europa.eu/commission/presscorner/detail/en/ip_23_3718

0. 2.An EU initiative on virtual worlds: a head start in the next technological transition, Jul. 5, 2023
    https://digital-strategy.ec.europa.eu/en/library/eu-initiative-virtual-worlds-head-start-next-technological-transition

0. 3.Artificial Intelligence Act: deal on comprehensive rules for trustworthy AI, Sep. 12, 2023
    https://www.europarl.europa.eu/news/en/press-room/20231206IPR15699/artificial-intelligence-act-deal-on-comprehensive-rules-for-trustworthy-ai

0. 4.Cyber resilience act: Council and Parliament strike a deal on security requirements for digital products, Nov. 30, 2023
    https://www.consilium.europa.eu/en/press/press-releases/2023/11/30/cyber-resilience-act-council-and-parliament-strike-a-deal-on-security-requirements-for-digital-products/

0. 5.EBSI, Sandbox Project
    https://ec.europa.eu/digital-building-blocks/sites/display/EBSI/Sandbox+Project/

0. 6.European Digital Identity - Provisional Agreement, Nov. 16, 2023
    https://www.europarl.europa.eu/committees/en/european-digital-identity-provisional-ag/product-details/20231116CAN72103

0. 7.Trusted Web 推進協議会
    https://trustedweb.go.jp/promotion-council/

日本におけるライドシェアビジネスの論点

白石 隼人 ●KPMG コンサルティング株式会社 アソシエイトパートナー

2024年4月から部分的に解禁されるライドシェアは、利便性や経済性、革新性、環境への配慮などの点からも注目される。法整備が進み安全性が担保されれば、日本でも一気に認知度が高まり利用が広がるはずだ。

■ライドシェアのおこりと世界の市場

●ライドシェアとは

昨今、「ライドシェア」がメディアで多く取り上げられている。経済産業省によると、主に個人の車両所有者と利用者（同乗したい人）を結びつけるサービスであり、移動をシェアする利用形態である。スマートフォンなどのアプリで一般ドライバーと利用者を仲介し、一般ドライバーが有償で運送サービスを行う。

出発地や目的地が同一である者を無償（実費のみ精算）で同乗させる「カープール型」や、大型車両を利用して10人前後が費用を分担し相乗りする「バンプール型」などを含めて、「ライドシェア」と定義する場合もあるが、本稿では、TNC（Transportation Network Company、交通ネットワーク企業）がプラットフォームを提供して一般ドライバーと乗客のマッチングを行い、一般ドライバーが自家用車を用いて有償で旅客運送を行う「TNCサービス型」を指すこととする。

これまで日本では、タクシードライバーなどが所有する普通自動車第二種免許（以下、二種免許）を持たない者が有償で旅客運送を行うことはいわゆる「白タク行為」と呼ばれ禁止されてきたが、移動ニーズに対する供給不足が深刻となり、その

対策の一つとしてライドシェア実現に向けた試みや規制緩和の議論が盛んに行われ始めている。本稿では、ライドシェアのおこりと世界における現状、日本における課題と展望を概説する。

●世界におけるライドシェア

2010年頃に米国で始まった、TNCサービス型のインターネットマッチングによるライドシェア事業は、スマートフォンやウエアラブルデバイスなど、個人とインターネットを常時その場で接続する機器が広く普及したことを背景に、十数年の期間で飛躍的に世界中に拡大した。その利便性と経済性からだけでなく、規制ビジネスの制約を超える革新性や、環境意識などの点からも注目されている。

市場は新型コロナウイルス感染症（COVID-19）のパンデミックによる需要の減少から一時大幅な落ち込みを示していたが、調査会社SDKIの調査によれば、世界のライドシェアリング市場は2019年に730.7億ドルと評価され、2020年から2025年までの期間にわたる予測値は19.2%のCAGRとなり、2025年までには2096億ドルに達すると予測されている[1]（ただし、TNCはタクシーなど法人の配車サービス事業も行うケースが多く、「一

般ドライバー」とのマッチングに限った市場規模の統計はまだ見られない）。

■国内におけるライドシェアのこれまでの歩み

ある世界的なTNC大手企業のCEOは「日本はとても大きく、戦略的な市場だ。認められれば参入する」と日本での事業展開に意欲を示している。ライドシェアのニーズは十分に存在すると考えているのだ。実際に、特に地方の高齢者の多い地域において「移動難民」が問題となるなど、移動ニーズに対する交通手段の供給不足は深刻化している。また、海外事例からは、自家用車の有効活用や働き口の増加などのライドシェア実現によるメリットも知られてきている。ではなぜ2023年12月現在まで日本でライドシェアが実現に至っていないのか。日本の抱える問題とライドシェア導入のメリットを確認したうえで、実現を阻む背景を紐解いていきたい。

●移動ニーズに対する供給不足の深刻化

日本の都市部は公共交通機関が発達しており、特に東京都市部は世界的に見ても公共交通の利用割合が高いことで知られている。そうした中、「タクシーが全然つかまらない」という問題が起きている。原因の一つがCOVID-19の感染拡大による外出自粛だ。需要減少による収入減でドライバーの離職が進み、すでに高齢だったドライバーにはそのまま引退を決めた人も多いという。

国土交通省の「数字で見る自動車2023：タクシー事業の運転者数の推移（令和3年末現在）」によると、タクシー会社で働くドライバーの数は2021年時点で25万人あまりと、10年前と比較して3割以上も減少した[2]。TNCによる配車サービスの影響もあり、タクシー1台1台の実車率（走行距離に占める旅客運送距離の割合）も上がって

おり、コロナ禍が明けたとされ需要が回復する一方で、供給が追い付いていない現状がある。

地方の暮らしには自家用車が必須とされる一方で、高齢者には免許返納が促されることも多く、特に高齢者の暮らしの支えとして地域の公共交通が欠かせないものとなっている。しかしながら少子化や現役世代の流出による収益性の低下とドライバーの減少から、地域の公共交通はその維持自体が困難となってきている現状があり、今後さらなる「移動難民」の増加が予想される。

●ライドシェア導入によるメリット

ライドシェアのメリットは、こうした移動ニーズへの供給不足軽減だけではない。一般ドライバーにとっては、自家用車を有効活用して維持費の負担を軽減しながら収入を得ることができ、渋滞の解消につながる可能性もある。

乗客にとっては、①移動コストの低減、②利便性の向上、という大きく2つのメリットがある。
①移動コストの低減

通常、ライドシェアはタクシーよりも料金が安い。マッチング機能により、迎車料金の低減も期待できる。
②利便性の向上

マッチング機能によりタクシー乗り場まで移動したり道端でタクシーをつかまえたりする必要がなく、また公共交通と比較して移動のタイミングや目的地に柔軟に対応できる。乗車前に目的地を入力することで事前に料金が決まり、決済ができるため、乗車後に目的地を伝える、到着後に料金を支払う、などの必要もない。

●日本でのライドシェア導入を阻む課題

それでは、2023年12月現在、日本でライドシェアが実現に至っていない背景を見ていこう。

ライドシェア導入に向けて、事業者が直面する

最も大きな課題は安全対策と考えられる。具体的には、次のようなことが挙げられる。

・旅客自動車運送事業者と同等程度の安全を担保するための高度な運転技能と知識を習得する。
・ライドシェアを悪用した犯罪の抑止に努める。
・ライドシェア事業者が決済情報を保持することによる、「移動情報＋決済情報」という個人情報を保全する。

　ICT市場専門のコンサルティング企業MM総研の「ライドシェアに関する社会受容性調査（2023年10月）」によると、ライドシェアのデメリットとして挙げられた懸念は、利用経験がない人では「犯罪などに巻き込まれる可能性がある」（46.4%）が最も多く、海外などで利用経験がある人では「運転の質や安全性が担保されない」（36.8%）が最も多かった。このため、安全性の担保や事故時の補償制度の確立が課題であると言えるだろう[3]。

●日本の規制状況
　日本は、道路運送法により、二種免許を持たない（国土交通大臣の許可を得ていない）一般ドライバーによる有償での旅客運送を認めていない。

　バス・タクシー事業の旅客自動車運送事業を行うためには、国土交通大臣の許可、運行管理者の選任などの安全・利用者保護の体制整備、二種免許保有などの要件を満たす必要がある。

　道路運送法による規制対象は「有償」での運送であり、「有償」でない運送については規制の対象外で旅客自動車運送事業の許可や自家用有償旅客運送の登録は不要となるため、利益を得ない相乗り、自発的な謝礼の支払いは可能となっている。

●これまでの取り組みと成果
　国内では実費の割り勘を基本とするカープール型（無償運送）での事業化の試みが複数事業者で存在していたが、収益性が確保できず、現在すべての事業者がサービスを停止している。

　2016年頃から、公共交通手段が不足する地域において、高齢者を中心とする住民や観光客に向けたライドシェア実証実験が多数実施されている。

　自治体の協力により無料で利用できるものや実費負担のカープール型だけではなく、特区による自家用有償運送の実証実験も進む。運営の仕組みには、導入しやすい、海外で普及しているカープール型やバンプール型のライドシェアサービスのシステムを活用したもの、地元のタクシー会社と提携したもの、ゼロからシステムを構築したもの、などが存在する。

　カープール型では、地域貢献という意義はあっても、事業として安定した収入は見込めずドライバー側の負担も大きく、ドライバーの獲得が困難である。また、自治体が主体の場合、移動範囲が限られるため、利用者の行動ニーズに応えるには近隣地域との連携が不可欠となる。マッチングを増やすためには、より多くの人に認知・理解してもらい、参加を促進することが、引き続き今後の課題として残る。

　一方で、利用者や自治体からの補助だけに依存せず、地域企業と連携しながら運営し、企業から協賛費を得ることでビジネスモデルを成立させているバンプール型のライドシェアの例もある。2023年6月時点では、バンプール型は全国50か所以上の自治体に拡大し、運行している。

　利用者のニーズと利便性から、どのタイプのライドシェアを採用し、どのくらいの価格設定にするかを検討することももちろん重要であるが、必ずしも利用者からの運賃のみで事業として成立させることを考えるのではなく、経済圏全体の利益を視野に検討することも価値があるだろう。

■今後の展望

今後の展望として、日本にライドシェアが根付くためには、一企業の事業としてのライドシェア単体だけで終わらせない議論が必要と考える。

たとえば、規制緩和でライドシェアに優良タクシーが駆逐されはしないかという業界の懸念に対しては、TNC型プラットフォーマーが責任を持ち、一般ドライバーの中から評価が高いドライバーを認定し、旅客運送ができるドライバーとするなど、も考えられる。

また、応急救護処置講習を受けている、といった条件にもとづいて「ドライバー認定」を与えたり、乗客からの評判によって多くの割り当て（報酬）を提供したり（インセンティブ化／ゲーミフィケーション）するなど、TNC側が認証する制度と乗客が評価する点数とを掛け合わせることもできるのではないかと考える。たとえば、TNCの認証ドライバーはタクシーの二種免許の取得時に一定の考慮がされれば、ドライバーにもメリットが存在し、かつ、乗務員不足のタクシー業界にとってもメリットがあると考えられる。

一企業だけでないという観点では、保険会社との関わりも検討できるのではないだろうか。損害保険会社がプラットフォーマーとしてTNCと契約を結び、TNCのドライバーとして運転している間はTNCと提携した保険会社が保証するスキームが作れれば、懸念の一つである事故時の対応がカバーできるのではないか。

こうした議論については、地域ごとのニーズや旅客運送機能の状況に合わせた対応（ローカライズ）も必要になるだろう。

なお、地域を限定した有償ライドシェアの実現に向けては、2023年10月に「地域公共交通の活性化及び再生に関する法律等の一部を改正する法律」が全面施行されたことが示す通り、今後、さらなる規制緩和が想定される。

●「交通空白地有償運送の登録に関する処理方針について」

岸田文雄首相を議長とする「デジタル行財政改革会議」でも方針が示されたように、政府は2024年4月からライドシェアを大幅に解禁する方針を固めた。

2023年度内に新たな制度を設け、2024年4月からタクシー会社の運行管理の下、タクシーが不足する地域や時間帯に限って普通免許を持つ一般ドライバーが有料で客を運ぶことを認めるという。

新制度では、タクシー会社の配車アプリのデータを活用し、タクシーが不足している地域や時期、時間帯を明確化し、ドライバーが足りない地域や時間帯について、一般ドライバーで補うことを認め、タクシー不足の解消を図る。地方だけでなく、都市部でも認められる見込みとされている。安全面などへの懸念に配慮し、タクシー会社が一般ドライバーの教育や、運行管理、車両整備の管理、運送責任などを担う方向だ。

一般ドライバーとタクシー会社の労働関係については、雇用契約に限定せず、さまざまな働き方ができる方策を検討する。また、既存のタクシー会社以外の企業がタクシー事業に新規参入できるように検討を進める。タクシー会社以外がライドシェアに参入する「全面解禁」については、2024年6月をめどに考え方を示すとしている。

●生活者の受容性も重要な要素

シェアリングエコノミーの広がりとともに、ライドシェアへの抵抗感は減少し、受容が醸成されつつある。法の整備や事業者の努力（仕組みづくりおよび広報／広告）がさらに進めば、安全性も担保され、認知度はいっそう向上していくはずだ。

総務省の2018年の調査「ICTによるインクルー

ジョンの実現に関する調査研究」によれば、ライドシェアの認知率は日本で15.6%に対し、英国40.2%、米国50.8%にのぼる。同調査におけるライドシェアの利用経験は日本で4.9%、英国22.5%、米国36.9%となっている[4]。

　さらなる規制緩和と生活者の受容の広がりを踏まえると、ライドシェアは、プラットフォームを提供する一企業のサービスを超えて、社会に溶け込むエコシステムとして見るべきではないか。ライドシェアの利用者だけでなく、運転するドライバー、影響を受ける既存業界、行政など、すべてのステークホルダーにメリットがある仕組みを先端テクノロジーやビジネスモデルの多様化により生み出していくことが、ライドシェアの浸透に必要と考える。

　さらに、完全解禁後の状況に応じて、機動的かつ迅速に制度見直しの検討や発生した課題への対応を可能にするよう、規制改革推進会議の発展体となる組織が必要ではないか。コンソーシアムのような形で、タクシー事業者もそれ以外の事業者も含めた官民一体で、移動ニーズを満たすための安全かつ利便性の高い方法を継続的に検討していくことが求められる。

●参考文献
・「平成30年版情報通信白書」、総務省
https://www.soumu.go.jp/johotsusintokei/whitepaper/ja/h30/pdf/
・「ライドシェア、日本参入に意欲　ウーバーCEO『大きく戦略的な市場』」、朝日新聞デジタル（2023年11月17日）
https://www.asahi.com/articles/DA3S1579432

0.html
・「令和5年版　国土交通白書」、国土交通省
https://www.mlit.go.jp/statistics/file000004/pdfindex.html
第I部　第1章 国土交通分野のデジタル化
https://www.mlit.go.jp/statistics/file000004/pdf/np101100.pdf
・「ウーバーの日本市場攻略が行き詰まったワケ　ライドシェアに反発のタクシーと連携模索も」、東洋経済オンライン（2017年12月7日）
https://toyokeizai.net/articles/-/200252
・「『ライドシェアの課題を検討する』。その前にタクシーの規制緩和を、イコールフッティングを！」、資料3-4 全国ハイヤー・タクシー連合会提出資料、第1回地域産業活性化ワーキング・グループ、2023年11月6日、内閣府規制改革推進会議
https://www8.cao.go.jp/kisei-kaikaku/kisei/meeting/wg/2310_05local/231106/local03_04.pdf
・「自家用自動車による有償運送について」（国土交通省物流・自動車局）、資料3-1 国土交通省提出資料、第3回地域産業活性化ワーキング・グループ、2023年11月30日、内閣府規制改革推進会議
https://www8.cao.go.jp/kisei-kaikaku/kisei/meeting/wg/2310_05local/231130/local03_01.pdf
・「『ライドシェア』来年4月に大幅解禁…地域・時間帯を限定、タクシー不足解消狙い」、読売新聞オンライン（2023年12月18日）
https://www.yomiuri.co.jp/economy/20231218-OYT1T50054/

1.　SDKI、「ライドシェアリング市場　－　成長・動向・予測(2020-2025)」
　　https://www.sdki.jp/reports/ridesharing-market/90100

2.　国土交通省、「数字で見る自動車2023：タクシー事業の運転者数の推移」
　　https://www.mlit.go.jp/jidosha/jidosha_fr1_000084.html

3. MM総研、「ライドシェアに関する社会受容性調査（2023年10月）」
https://www.m2ri.jp/release/detail.html?id=601

4. 総務省、「ICTによるインクルージョンの実現に関する調査研究（2018年3月）」
https://www.soumu.go.jp/johotsusintokei/linkdata/h30_03_houkoku.pdf

3

オリジネーター・プロファイルの取り組み

クロサカ タツヤ　●オリジネーター・プロファイル技術研究組合 事務局長

ネットメディアの信頼を損なう偽情報やアドフラウドの氾濫。記事や広告の発信者の真正性を検証し可視化できるシステムを作るため技術研究組合が発足した。ウェブブラウザー標準搭載を視野に実験を重ねる。

■偽情報（偽記事）とアドフラウド

2021年1月半ば、「米大手ゲーム会社、GREE株を公開買い付けへ」という見出しの記事が、インターネット上に掲載された。TOBの価格や子会社化の目的等が執筆者の署名入りで、記事最上部中央には「毎日新聞」のロゴが配置されている。全体のレイアウトやフォントの大きさ、見出しの太字等、いずれもよく見かける毎日新聞のウェブサイトそのものである。ただ、よく目を凝らしてみると、ウェブページの最上部と最下部に「livedoor Blog」というロゴが見え、ウェブブラウザーのURLの窓には「mainichi.jp」と書かれていない……そう、これは偽物のウェブページである[1]。

知的財産権の視点では、毎日新聞社の権利利益侵害が発生したことになる。ただし、このウェブページの問題はそれにとどまらない。この記事がSNS等で拡散され、それなりの数の人に読まれた結果、その日のグリーの株価が一時、急激に上昇した。つまり、これは「風説の流布」であり、金融商品取引法違反が疑われる事案である。

セキュリティの専門家は、こうした事態を異口同音に「氷山の一角」と言う。本件はSNS等でも話題になったことや株価が大きく反応したことで多少の注目を集めたが、実際には日常茶飯事であり、権利利益侵害と経済犯罪の被害の合計は相当な金額に上ると見込まれる。

問題は偽記事だけではない。デジタル広告の検証を行う米インテグラル・アド・サイエンスの日本法人が2022年9月に発表した「メディアクオリティレポート 第17版」[2]によると、アドフラウドの発生率は、日本は3.3%でG7加盟国の中でも最悪である（資料3-2-1）。最も低いイタリアと比べると5倍以上で、同レポートの調査対象20か国の中でもワースト2位（1位はシンガポールの4.9%）だった。

アドフラウドというと不正クリック程度のイメージかもしれないが、ボット等の自動プログラムを使って広告の表示回数やクリック数を増加させることにより、広告主から不正に広告費をだまし取る経済犯罪である。そのほか、広告主が望まないウェブページやアプリへの広告配信が発生する「ブランドセーフティ」や、実際に掲載された広告のうちユーザーが視認できる範囲に表示された広告の割合を示す「ビューアビリティ」も、軒並み日本はワーストの状態にある。

こうした事案の直接的な被害者は広告主だが、広告も情報の一つであり、消費者にとっても好ましい状況とは言えない。何より「正しい記事と正しい広告」という、すべてのステークホルダー

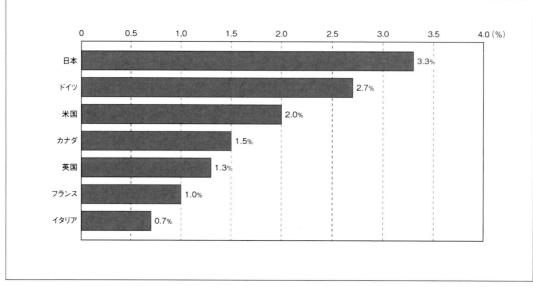

出所：インテグラル・アド・サイエンス、『メディアクオリティレポート 第17版』

が本来求めているメディア全体の信頼が毀損（きそん）されかねない状況にある。実際、総務省の「令和3年版 情報通信白書」[3]によれば、テレビ・ラジオ・新聞が高い傾向にあるのに対し、ネットメディアに対する信頼は総じて低い（資料3-2-2）。

■OPの目指す姿と機能

オリジネーター・プロファイル（以下OP）は、記事や広告の「真正性」の向上や可視化を目的にした技術である。ここでの真正性とは、内容の改ざんや変更、消去、混同を防止し、その内容について責任を持つ機関や人が明確になることで、記事や広告の同一性の保持が支援される状態のことを指す。

あらゆる記事や広告には、それを最初に制作した組織・機関が存在する。私たちはそれを「オリジネーター」と捉え、それらがどのような組織・機関なのかを、読者や広告主も含めたすべてのステークホルダーの求めに応じて直ちに参照できる

ことを目指す。いわば、製造者や原材料の表示ラベルである。

オリジネーターを明らかにすること自体は、一見簡単に思われるかもしれない。しかし、それを検証可能な状態にするのは、容易ではない。まず、基礎的な問題としてオリジネーターが「私がオリジネーターです」と名乗るだけでは、それが真正であることが検証できない。そのため、第三者が介在する必要があり、その第三者が当事者として適格であることが求められる、また、第三者がオリジネーターの実在を事前に確認する必要がある。

さらに、対象となる記事が発行されるごとに、それがオリジネーターによって制作・発行されたものであることを検証可能な状態にする必要もある。この記事は、発行者の自社サイトで掲出されるだけでなく、記事をアグリゲーションして一斉掲出するポータルサイトや、SNSなどの個人による紹介・媒介を通じて展開していく。こうした多

資料 3-2-2　各メディアに対する信頼

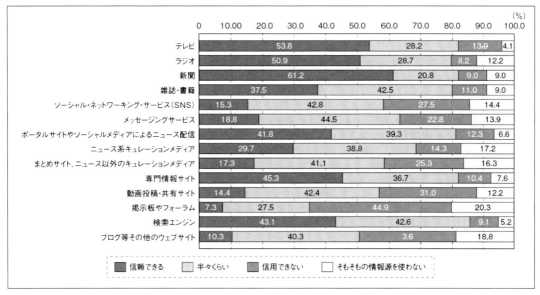

出所：総務省、『令和3年版 情報通信白書』

種多様かつ複雑に流通する記事を、どこまでもいつまでも検証可能な状態にすることが、最終的には求められる。

　OPはこうした要件の実現に向けて、ウェブページの運用事業者を識別するために第三者認証された識別子（アイデンティファイア）を途中で改変されないように電子署名技術を用いて発行し、①発行者の実在を確認するためのOP（資料3-2-3の左側）②対象となるすべての記事や広告に埋め込むDP（ドキュメントプロファイル、同右側）――を発行・管理する。この2つを組み合わせることで、記事を閲覧する際はもちろん、発行者の自社サイトの外部に流通した際、すなわち大本の記事や広告がどのような状態にあってもオリジネーターの出自を明らかにし、取引相手の実在性をユーザーの求めに応じて常時検証可能な状態にする。

　このシステムの実現により、OPは①ユーザー（自然人または法人）自身が自らに関連するデータのコントロール②データのやりとりにおける合意形成の仕組みに基づく合意の履行のトレース③検証できる領域の拡大によるシステム全体の信頼性（トラスト）向上――という3つの機能を提供する。

　なお、具体的な実装においては、OPがシステム全体と当事者が広範にわたること、またすでに大量の閲覧やデータ処理が発生している業務を対象とすることから、サーバーへの集約と分散技術を組み合わせつつ、より汎用性の高いアーキテクチャの構築が期待される。そのため、OP基本機能に必要なデータモデルに、次世代アイデンティティ技術として開発と標準化が進みつつあるVC（Verifiable Credential）等の分散アイデンティティ管理技術の採用を検討している。

■OPに期待される効果

　OPの普及によって、ユーザーがウェブブラウザー上でコンテンツ発信者を把握できるようにな

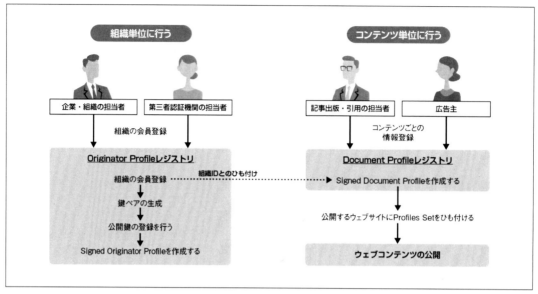

出所：オリジネーター・プロファイル技術研究組合

る。例えば「このウェブページに記載されている記事は本当に読売新聞が書いたのか？」と不安を感じた際、ブラウザーのボタンを押しただけで検証可能な状態が実現する。

具体的には、ブラウザー上に実装されたOPボタンを押すと、そのページが適正な発行者によって発行されている場合はポップアップが表示され、その実在性や出自、また組織としての特徴等が表示される。例えば、正しい記事やウェブサイトであれば「これは読売新聞が書いたもので、読売新聞は東京都千代田区大手町にある会社です」などと表示され、これにより、さまざまな第三者機関の認証を受けていることが分かる（資料3-2-4）。反対に、発行者が読売新聞ではない場合、つまり冒頭のような「偽記事」の場合、ポップアップの内容は「この記事は検証できません」などとなる。

また、デジタル広告市場に参加する事業者がOPを利用して取引相手の検証をした上で広告取引をすることで、アドフラウドの排除、ブランドセーフティリスクの軽減、市場の透明性向上など、現在のデジタル広告のビジネスモデルの改善が期待される（資料3-2-5）。

OPのような真正性を検証する手段の提供は、さまざまな課題解決に資すると期待される。まず、適正な記事を発行している主体とそうではない主体を区別することが容易になる。偽情報の発行者の多くは、そもそもその素性を隠したいはずだと考えれば、この区別だけでも多くの偽情報を回避する有力な手段となることは自明であろう。

また、偽情報のような悪意ある作為的な情報発信ではないにせよ、その情報の真正性を検証することで品質につながる事象は多い。前述したデジタル広告市場の場合、広告主はアドフラウドやブランドセーフティの被害者であると同時に、市場の健全化に向けた役割や責務が期待される参加者でもある。秘密保持を含めた営業の自由を担保しながら適正な広告取引を実現するには、情報流通

資料3-2-4　オリジネーター・プロファイルの基本構造

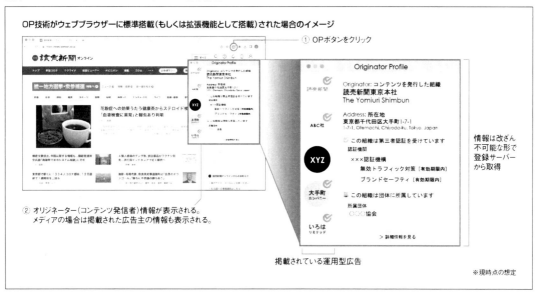

出所：オリジネーター・プロファイル技術研究組合

資料3-2-5　オリジネーター・プロファイルの広告への適用

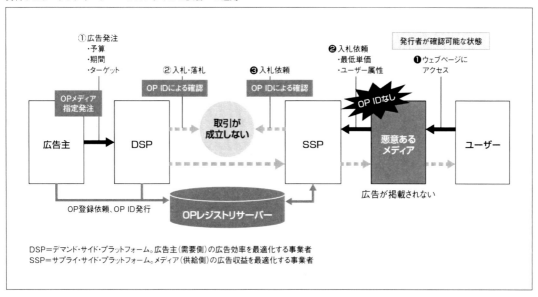

出所：オリジネーター・プロファイル技術研究組合

が求めに応じて検証可能な状態になることが必要であり、OPはその実現に寄与する。

　なお、OPによる区別の実現は、できるだけ中立的かつ適正なガバナンスの下で行われる必要が

ある。そのため、すでに存在する業界団体等に第三者認証機関としての役割を担える場合はそうした機関へ一定の条件での技術供与を想定しているが、OPの役割を「憲章」などの形で明確に定め

ながら、違反があった際に審査ができる外部機関の設置なども同時に検討している。こうしたガバナンスについても、技術と並行してステークホルダーからの理解を得ていく。

■今後の展開

本稿を執筆している2023年12月現在は、初期の実証実験（記事配信システムでの実装と稼働の検証、実際のデジタル広告商流上での実験）を終えつつある。今後はさらに実験を重ねるとともに、2025年度中の本格稼働（OPを採用した発行者や広告関係者による24時間365日の稼働）を目指した準備を進めていく。

また、ウェブブラウザーで誰しもが容易に検証可能な状態を実現するには、ブラウザーの拡張機能の形でのアプリ提供ではなく、ブラウザーの標準機能として搭載されることが期待される。そのため、W3C（ワールド・ワイド・ウェブ・コンソーシアム）への標準化も進めていく。

こうした取り組みは、英BBCを中心としたTrusted News Initiative[4]や、米アドビ等が立ち上げたCoalition for Content Provenance and Authenticity（C2PA）[5]など、海外でも検討が進みつつあるが、技術やガバナンスに克服すべき課題

があり決定打には至っていないこと、一方で事態そのものは急速に深刻化していることなどを踏まえ、いずれも連携を含めた対策が急務である。

偽情報・誤情報・アドフラウドは記事の発行者、広告主、そしてユーザーの関係が複雑に絡んでおり、場合によっては全員が連座的に何らかの責任を負いかねない「システムの問題」ともなる。特に、生成AIがMade for Advertising（広告収入のためだけに作られたデタラメ記事サイト）を生み出しており、技術による「悪意の効率化」が進む中で、民主主義の脅威として社会の安全を脅かすことが一層懸念されている。

OPは、ウェブ上でコンテンツの発信者とその真正性の判断に資する情報を検証可能なデータとして付与する技術であるし、それでしかない以上、OPがすべての課題を解決できるわけではない。しかしながら、システムの問題に可能な限りシステムで対処することは、未来への責任でもある。

OP技術研究組合は、OPの普及により、真正性が簡便かつ多重に検証できる状況をつくり出し、最終的にデジタル空間の信頼性を向上させることで、その責任を果たす一助となることを目指していく。

1. ロイター、訂正-同社が発表したものではないとグリー、米EAが子会社化とネットに流れる、Jan. 17, 2022
https://jp.reuters.com/article/idUSL4N2TX11T/

2. インテグラル・アド・サイエンス、『メディアクオリティレポート第17版』、2022年9月15日
https://integralads.com/jp/insider/media-quality-report-17th-edition/

3. 総務省、「メディアに対する信頼」、『令和3年版情報通信白書』、2021年7月
https://www.soumu.go.jp/johotsusintokei/whitepaper/ja/r03/html/nd125220.html

4. Trusted News Initiative
https://www.bbc.co.uk/beyondfakenews/trusted-news-initiative/

5. Coalition for Content Provenance and Authenticity (C2PA)
https://c2pa.org/

日本の学校現場における生成AIの現状と今後の展望

関島 章江　●株式会社電通総研 Xイノベーション本部

2022年末に突如出現した生成AIは日本の教育と教員の働き方を大きく変える可能性がある。GIGAスクール構想の経験が現場を後押しして導入が進む一方で、自治体ごとの格差に懸念もある。

この10年あまり、日本の教育現場におけるIT化、デジタル化は世界と比較して周回遅れであるといわれ続けてきた。それが、2020年度に政府が4600億円を投じて実現したGIGAスクール構想による児童・生徒への1人1台の端末の配布、コロナ禍で余儀なくされたオンライン授業の実施、新指導要領（10年に1度改訂）によるプログラミング教育の必須化、さらにSTEAM教育やPBLと呼ばれる新たな力を育成する課題解決・探究型授業の実践など、この数年で教育を取り巻く環境が急速に変化してきている。そのような中で、2022年末の生成AI（特にChatGPT）というテクノロジーの出現は、教育関係者にとって新たな不安と挑戦となった。しかしこれまでの経験が生かされ、一律に禁止の動きではなく、日本が抱える教育課題の解決や、教員の働き方改革につながるとして、ポジティブな捉え方、取り組みが広まりつつある。

■文部科学省が「暫定的なガイドライン」を発表

2023年7月4日、文部科学省は「初等中等教育段階における生成AIの利用に関する暫定的なガイドライン[1]」を発表した。このガイドラインは、教育現場でChatGPTをはじめとした生成AIの利用についてメリットと懸念の声が混在していることを受け、学校関係者がその活用について適否を判断するために暫定的に現時点での考え方を示したものである。文部科学省が「暫定的」と称して発表することは異例であり、さらに表紙には「Ver1.0 機動的な改訂を想定」と記載されている。これは、あくまで現時点での方向性であり、AIの進化や現場の状況に応じ、随時見直され改訂され得ることを意味している。

ガイドラインでは基本的な考え方として以下の3つのポイントを挙げている。

①「懸念はあるが、急速な普及という現状もあり、国としての一定の考えを示す」
②「学校関係者が活用の適否を判断する参考資料として暫定的に取りまとめるものであり、一律に禁止や義務付けを行う性質のものではない」
③「ルールづくりの進展、サービスの変更、学校での取り組み、ガイドラインへのフィードバックを踏まえ、機動的に改訂する」

そして、生成AIの教育利用の方向性として「4つの活用段階」を示した。生成AIについては以

下の①、②の段階を経てその仕組みなどを理解した上で、③、④の活用する段階へと進むことが重要であるとしている。

①生成AIを学ぶ段階（生成AIの仕組み、利便性・リスク、留意点の理解）
②使い方を学ぶ段階（より良い回答を引き出すためのAIとの対話スキル、ファクトチェックの方法などの理解）
③各教科等の学びにおいて積極的に用いる段階
④日常使いする段階

ガイドラインでは活用の前提として、年齢制限・保護者の同意など、個々の生成AIの利用規定の遵守が求められ、特に小学生の利用には慎重な対応が求められている。現状では「生成AIを授業や校務でどう活用するのが効果的なのか？」というエビデンスを伴う研究と結果はまだ示されていない。

これについて文部科学省は、2023年度の「リーディングDXスクール事業（合計200校以上参加）」の一環として、10月に「生成AIパイロット校（38自治体53校）[2]」を指定し、学校と校務の両方での効果的な実践の創出を図るために教員研修などを開始した。学校・教育現場で効果があると考えられる以下の場面において、パイロット校で実践し、知見の蓄積と共有を図るという。

①教材作成の効率化
②評価・フィードバックの支援
③個別学習のカスタマイズ
④言語学習のサポート
⑤校務・事務処理の効率化

研修の一例を紹介する。11月に船橋市の公立中学校で2時間の教育研修が実施された。教員らは実際にChatGPT-3.5を使い、作文の添削、テストの問題作成、評価項目などでどんな活用ができるかを試した。中学生が書いたと仮定した文章を貼り付け、「上記の文章が論理的かどうかの観点で評価して」とプロンプトを入力する。そうやって出力された回答に対して、教員からは国語や英語の作文添削に問題なく使えるとの評価を得た。評価項目をきちんと策定すれば、ChatGPTに客観的に評価をさせることは十分可能で、わずか数分でクラス全員分の添削が終わることを教員同士が体験した。教員全員が実体験を通してアイデアを共有することで、自身の校務や教科への活用の可能性に気が付くことができ、積極的に活用していきたいと期待する声が上がったという。

■自治体・教育委員会の動き

国の動きと並行して、自治体・教育委員会の対応も早い。例えば、東京都教育委員会は、8月には教職員も生成AIを使える環境を整備し、9月末には生徒も含めた生成AIの活用に関するパイロット的な取り組みを進めるため、都立高校・中等教育学校（後期課程）6校、特別支援学校3校を生成AI研究校[3]に指定した。

さらに10月には、都立学校の教員140人に対して生成AI研修を実施した。講師には生成AIの教育利用に詳しい東京大学工学部の吉田塁准教授、情報モラル教育を専門とする静岡大学教育学部の塩田真吾准教授が招かれた。研修ではAIの活用の可能性やリスクの講義が行われ、「生成AIはあくまでも副操縦士で、操縦士は自分自身であることを認識すること。出力をうのみにせず、自分自身で出力に関する判断を行うこと」とした上で、AIによる家庭教師や授業支援など具体的な活用案も紹介された。

東京都は生成AI研究校で、①AIリテラシーの指導法、②授業などにおける活用法、③教職員の

校務における活用法、の3つの観点で研究・実践を進め、2023年度内に事例を取りまとめて他校へ共有することを予定している。

　積極的に生成AIの活用を推進する自治体や教育委員会がある一方で、対応はおろか方向性も示せずにいる自治体や教育委員会も多い。その理由はさまざまで、例えば、読書感想文に生成AIを使われたらどうするのかとネガティブな反応を示す管理職の存在や、2020年のGIGAスクール構想で児童・生徒に1人1台の端末を配布したものの利用制限が多く実質授業での活用まで至っていないことなどが挙げられる。また、プログラミング教育や課題解決型・探究型授業の現場浸透に対応を追われ、新たな取り組みに対応する体制が取れないというケースもある。今後、自治体や教育委員会による対応格差が、子どもたちの教育格差や教員の働き方改革に大きな影響を及ぼすと警鐘をならす声も上がり始めている。

■NPOによる教員支援の動き

　学校や教員を支援する動きとして、「特定非営利活動法人 みんなのコード」の動きがある。みんなのコードは、2015年の団体設立以来、「誰もがテクノロジーを創造的に楽しむ国にする」をビジョンに掲げ、小中高でのプログラミング教育を中心に、家庭間・地域間・学校間などさまざまな格差を埋める取り組みを進めてきたが、生成AI（特にChatGPT）への対応も早かった。

　2023年12月には、学校で安全に使える「プログルラボ みんなで生成AIコース（ベータ版）」をリリースし、同時に「生成AI 100校プロジェクト」をスタートした[4]。「みんなで生成AIコース」を小中高の100校を対象に無償提供（2024年3月末まで）し、さらに、生成AIの基礎から授業実践例まで、先生が動画でいつでも学習できる環境を提供している。通常、自治体や学校は、有償サービス導入には予算確保が必要で、年度の途中で有償サービスをすぐに利用することは難しい。そこで、年度末まで無償として教員に積極的に使ってもらうことで、有効性の判断と次年度予算の確保がしやすくする。「みんなで生成AIコース」の開発には、MIXIが提供する子どもの写真・動画共有アプリ「家族アルバム みてね」のプロデューサーである笠原健治氏が個人として資金提供し、「みてね基金」第二期イノベーション助成として支援を行っている。また生成AI 100校プロジェクトは、NSDが協賛している。

　「みんなで生成AIコース」はその開発にあたって、多くの先生に使ってもらえるように学校現場で何度もテストを繰り返し、教員や児童・生徒の声を聞き、現場の声を機能に反映したという。主な特徴と機能は以下の通りである。

①学習データの扱い
個人情報の外部流出という懸念に対し、「みんなで生成AIコース」は、Microsoft Azure OpenAIのAPIを利用しており、対話内容がAIの学習データに利用されることはなく、先生が「みんなで生成AIコース」の中で行った児童・生徒の対話内容を確認することも可能としている。
②アクセスできる時間の制限
児童・生徒が「みんなで生成AIコース」へアクセスする時間を授業時間中のみなどに制限することができる。
③先生が児童・生徒のアカウントを一括登録
利用に必要な情報は先生のGoogleアカウントのみで、児童・生徒の個人情報を事前に登録する必要はなく簡単に一括登録ができる。
④チャット画面に常に注意事項を明示
児童・生徒が正しく利用できるように注意事項を常に画面に表示することができる。
⑤保護者への説明で利用可能な利用規約

Microsoft Azure OpenAI の API を利用している
ため、年齢制限はなく、必要に応じて先生が保護
者または児童・生徒に説明するだけで利用可能で
ある。

上記サービスのほかに、AIの活用や取り扱いに
悩んでいる教員たちに向けて「学校生成AI実践ガ
イド[5]」も出版している。ChatGPTなどの生成AI
の「基本」から「生成AIと学校教育との関わり」
「学校でどう活用するのか」といった実践までを
導入事例とともに分かりやすく説明している。

■授業での実践事例

小学校、中学校、高校ごとに、生成AIを授業で
どう活用するのか、悩みは異なる。

特に小学校には、中学校の「技術」や高校の「情
報」のような授業はないため、既存の教科の中で
各単元目的を達成しながら、AIを正しく理解さ
せ、どう活用していくかを学ばせる必要がある。
文部科学省のガイドラインでは、生成AIの活用
についてを、子どもたちの発達段階に応じて理解
をさせる必要があるとしているが、特に小学校の
低〜中学年では既習内容も少なく、心身ともに未
成熟な児童に対してこうした理解を促すことは非
常に困難を伴うという。

そのような中で、とても興味深い授業がある。
それが東京学芸大学付属小金井小学校における、
鈴木秀樹先生による国語の授業でのChatGPT活
用だ[6]。4年生の国語の「お礼の気持ちを伝えよ
う」という単元で、実際に6月の宿泊行事でお世
話になった宿舎の管理人に対し、児童一人ひと
りがお礼の気持ちを書くというのがこの授業の
概要である。具体的な授業の流れは以下の通りと
なる。

①課題確認（事前に学んだ「お礼の手紙の書き方」
を振り返りつつ、実際に書いてみることが課題で
あることを確認する）
②「お礼の手紙」を書く練習をする
③AIにお礼の手紙を書かせてみる（どうすれば
AIに適切な手紙を書かせることができるか、プロ
ンプトの内容を考えて、AIにお礼の手紙を書か
せる）
④AIの間違いを手掛かりに考える（AIはなぜ事
実にはなかった間違った手紙を書いたのか。原
因を探りながら、お礼の手紙を書く上で大切なこ
と、AIを使う上で大切なことを考える）

この授業までに、すでに5回ほどAIを授業で登
場させており、児童には生成AIの可能性を感じ
させつつ、間違った答えを返してくることもあ
るという事実を認識させていた。教員が「AIにお
礼の手紙を書かせてみよう」と呼びかけると、児
童からは「AIには無理じゃない？」という声が上
がる。そこで教員が「ではAIにお礼の手紙を書
かせるにはどういう聞き方をすればいいかな？」
と聞き返すことで、児童からいろいろな意見を引
き出し、児童と一緒にプロンプトを作っていくの
である。

しかし、それでもChatGPTは児童が満足する
ような手紙をなかなか出力してくれない。「その
理由は何か？」をポイントとして、教員は「型に
関すること」と「内容に関すること」のヒントを
与えながら、さらに児童の考えを引き出していく
ような声掛けを続ける。AIは実際にはなかった
ことをまるであったかのように書く。なぜそんな
ことをするのかといえば、そもそもAIは何も体
験していないからであり、まずは何があったのか
をAIに教えてあげなければならないのだ、と児
童たちは理解していく。

だがやりとりを重ねても、結局ChatGPTは児
童たちの実体験での感動や感情を汲み取ってはく

れなかった。その結果、児童は「自分たちしか体験していない、自分たちしか抱かなかった感情」こそが「お礼の気持ちを伝える」上で重要な要素であることに気が付くのである。生成AIの特徴を理解して情報を得ることで、思考を進め、生成AIとヒトとの違いを知ることができる。そしてその先に教科の目標達成がある。授業における生成AI活用の好事例の一つだといえよう。

■小学生からの生成AIの活用を希望する保護者は6割以上

8月にイー・ラーニング研究所が、「チャットGPTなど生成AIの教育現場での活用に関する意識調査[7]」を実施した。それによると約7割の親が「ChatGPTなどの生成AIを使用したことがない」と回答した。一方で、「ChatGPTなどの生成AIを教育現場で活用することに賛成か」の問いでは「賛成」が約6割、「分からない」が3割以上となった。

また、「家庭学習でも生成AIを使いたいと思うか」の問いには、8割近くが「はい」と回答した。一方で「生成AIの教育現場での活用について、特にどの点が問題だと感じるか」については、1位が「思考力が育たなくなる点」で、その次に「本人らしい個性的な考えが出せなくなってしまう点」が挙がった。教育現場で活用するために必要だと思う取り組みとしては、「生成AIに潜む課題を子どもに理解させる」が最も多く、リテラシー向上の必要性と学校教育への期待が読み取れる。

■高校生・大学生の10人に1人が夏休みの課題に生成AIを活用

日本財団が国内の17〜19歳の若者を対象に実施した8月の調査[8]で「10人に1人が夏休みの課題に取り組む際、ChatGPTなどの生成AIを活用していた」ことが判明した（資料3-2-6）。同調査では、9割近くが生成AIについて「知っている」と答え、「使ったことがある」が約36％であった。

一方で、実際に夏休みの課題に対し生成AIを活用（予定も含む）したと答えた生徒は10人に1人だった。この背景には、3〜4月の段階で、京都大学・東京大学・上智大学といった有名大学が、生成AIの持つ負の側面や、レポートや課題について「本人が作成したものではないので使用を認めない。使用が確認された場合は不正行為に関する処分規定にのっとり、厳格な対応を行う」などと発表したことがあると考えられる。

■学校教育における生成AIの活用の展望と課題

生成AIの出現は、教材作成の効率化、課題や答案に対する評価やフィードバック支援、校務（事務処理）の効率化など、教員たちの働き方を根本的に変える可能性が高い。さらに、子どもたちに個別最適化された学びの実現や、創造性や好奇心・探究心を育み課題発見力や解決力を育成するなど教育そのものの変革を一気に加速させることも期待される。その一方で課題や懸念も多く、利用の仕方によっては子どもたちの「思考力」や「個性的・独創的な考えの創出」などに対して悪い影響も与えかねない。AIの進化スピードを考えると、従来の研究校でのエビデンスをじっくり見てからの現場対応では間に合わないため、自治体や教育委員会が主体的に動き、学校格差や教員の活用力格差を生じさせない対処が必要となってくる。

資料 3-2-6　2023 年の夏休みの宿題・課題での生成 AI 活用状況

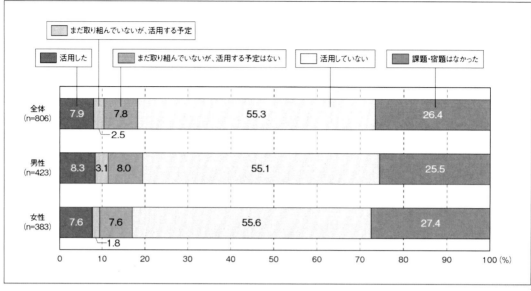

出所：日本財団 18 歳意識調査結果 第 57 回テーマ「生成 AI」

1.　文部科学省「初等中等教育段階における生成 AI の利用に関する暫定的なガイドライン」
https://www.mext.go.jp/content/20230718-mxt_syoto02-000031167_011.pdf

2.　文部科学省　リーディング DX スクール生成 AI パイロット校
https://leadingdxschool.mext.go.jp/ai_school/

3.　東京都　令和 5 年度生成 AI 研究校
https://www.kyoiku.metro.tokyo.lg.jp/school/designated_and_promotional_school/ict/generation_ai_2023.html

4.　みんなのコード「みんなで生成 AI コース」ベータ版リリース・小中高対象「生成 AI 100 校プロジェクト」プレスリリース
https://code.or.jp/news/20231201/

5.　みんなのコード編著、『学校の生成 AI 実践ガイド』、学事出版、2023 年

6.　東京学芸大学附属小金井小学校　ICT ×インクルーシブ教育セミナー vol.6 のご案内
https://www.u-gakugei.ac.jp/pickup-news/2023/10/-ict-vol6.html

7.　イー・ラーニング研究所のニュースリリース
https://e-ll.co.jp/info/4037/
PRTIMES でのニュースリリース https://prtimes.jp/main/html/rd/p/000000217.000013831.html

8.　日本財団 18 歳意識調査結果　第 57 回テーマ「生成 AI」
https://www.nippon-foundation.or.jp/who/news/pr/2023/20230901-93494.html

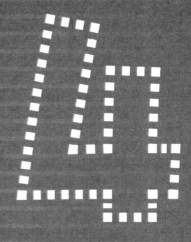

第4部 サイバーセキュリティとインターネットガバナンス

2023年の情報セキュリティ動向

世古 裕紀 ●一般社団法人JPCERTコーディネーションセンター（JPCERT/CC）早期警戒グループ 脅威アナリスト

2023年は、SSL-VPN製品やオンラインストレージの構築に用いられる製品で新たに見つかった脆弱性を悪用した攻撃に加えて、社会インフラを狙う深刻なランサムウエア攻撃が目立った。

■セキュリティインシデントの報告件数

2023年の1月から12月までにJPCERTコーディネーションセンター（JPCERT/CC）に報告されたコンピューター・セキュリティ・インシデント（以下、インシデント）の件数は6万5669件（2022年は5万8389件）であった（資料4-1-1）。インシデントの内訳は「ウェブサイト改ざん」や「マルウエアサイト」の報告が大幅に減少するなど、2022年から大きく変化した（資料4-1-2）。

■個人ユーザーを対象とした攻撃

●フィッシングサイトへ誘導するメッセージ

2022年に引き続き、2023年も多くの利用者を擁するサービスを装ったメールやSMSで送り付けられたメッセージが多数報告された。ユーザーがメッセージ内に記載されたリンクを開くと攻撃者が用意した偽サイトへ誘導され、この偽サイトで認証情報（IDやパスワード）をはじめとする個人情報を入力させて、それを窃取するというものである。Android搭載スマートフォンでアクセスした場合は、不正なアプリケーション（マルウエア等）のインストールサイトへ誘導されることもある。

2022年までと同様、銀行やクレジットカード会社など金融関連のウェブサイトを装ったものの割合が多かった。特殊なケースとして、2023年10月にはURLのアルファベットが罫線で囲まれた飾り文字などが含まれたメッセージ[1]、同年11月にはIPアドレスを8進数や16進数などで表記してフィルター回避を試みていると推測されるURLを用いたメッセージ[2]が確認されている。さらにJPCERT/CCでは、フィッシングサイト経由で窃取した認証情報を悪用して、ドメインを不正に別のレジストラーに移管する事案を2023年7月に確認したとして、情報を公開している[3]。

ユーザーには、正規のアプリやブックマークした正規のURLからサービスへログインして情報を確認するといった、基本的な行動の徹底が求められる[4]。加えて、被害時に備えてパスワードの使い回しを避けることも重要である[5]。

フィッシング対策は、ユーザーが警戒するだけではなく事業者側の対策も重要である。フィッシング対策協議会ではDMARCの導入を推奨しており、DMARC検証と迷惑メールフィルターを併用することで、なりすましメールの多くを検知できることを確認している[6]。メール・セキュリティ・ベンダーのTwoFiveが2023年1月から5月にかけて行った調査によると、日経225の企業におけるDMARC導入率は62.2％と、1年で12.4ポイン

資料4-1-1　インシデント報告件数の推移（2023年）

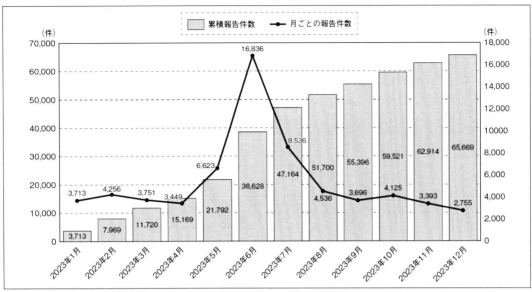

出所：JPCERT/CC、「インシデント報告対応レポート」を基に作成

資料4-1-2　インシデント報告件数のカテゴリー別内訳（2023年）

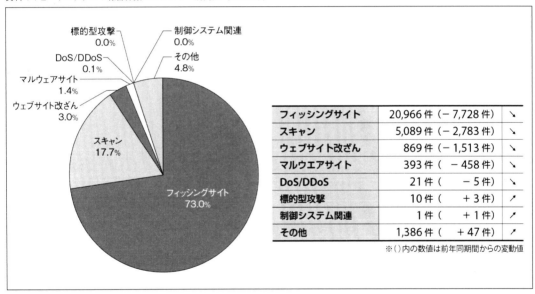

フィッシングサイト	20,966件（− 7,728件）	↘
スキャン	5,089件（− 2,783件）	↘
ウェブサイト改ざん	869件（− 1,513件）	↘
マルウエアサイト	393件（　− 458件）	↘
DoS/DDoS	21件（　　− 5件）	↘
標的型攻撃	10件（　　+ 3件）	↗
制御システム関連	1件（　　+ 1件）	↗
その他	1,386件（　+ 47件）	↗

※（ ）内の数値は前年同期間からの変動値

出所：JPCERT/CC、「インシデント報告対応レポート」を基に作成

ト増加しており、国内でも着実に浸透していることがうかがえる[7]。

■法人や組織を対象とした攻撃

●マルウエア「Emotet」の動向

　2020年に世界的に攻撃活動が報告されたマルウエアであるEmotetは、感染したパソコンから窃

取した情報に基づいて実在する組織や人物になりすましてメールを発信し、そのメールに添付されたWordファイルやExcelファイルのマクロ機能によってメールの受信者のパソコンを感染させるもので、他のマルウエアに感染させるダウンローダーとしての機能も有するなど、機能拡充を繰り返しながら感染を広げていた。2022年11月以降、しばらく活動が沈静化していたが、2023年3月に再び活動が確認された。その際の攻撃では、メールに添付されたZIP形式の圧縮ファイルを展開すると500MBを超えるWordファイルになるという、これまでにない特徴を有していた。これは、展開後のサイズを大きくすることによってアンチウイルス製品などに検知されないようにしていると考えられる。加えて、Microsoft OneNote形式のファイルを添付するメールも確認されている[8]。

Emotetに感染すると、感染したパソコンから取引先や顧客のメールアドレス、過去のメールの内容などが窃取され、それらを利用して外部の組織に大量の不審メールが送信される。さらに、ダウンロードされる他のマルウエアにパソコンを感染させられる恐れもある。感染や被害の拡大を防ぐためにも、改めて適切な対策や対処ができているかの確認や点検を推奨する。

●SSL-VPN機能の脆弱性を悪用した攻撃の事例

ネットワーク製品のSSL-VPN機能に内在する脆弱性の公表や悪用も、2022年に引き続き見られた。

2023年3月、アレイ・ネットワークスのArray AGシリーズにおけるリモートコード実行の脆弱性（CVE-2023-28461）が公表された。2022年4月にも同製品におけるコマンドインジェクションの脆弱性（CVE-2022-42897）が公表されているが、2022年5月以降、これらの脆弱性を悪用する標的型サイバー攻撃が断続的に確認されている。攻撃は国内のみならず海外拠点も標的となっているため、JPCERT/CCでは自組織の海外拠点における対策や侵害の有無を調査するように推奨している[9]。

新型コロナウイルスの感染拡大以降、テレワークの推進に当たりSSL-VPN製品を導入または利用拡大した組織が多く、そこが攻撃者の狙い目になっていると想像できる。他のネットワーク機器同様、速やかな脆弱性対応がサイバー攻撃を防ぐために必要である。

●NetScalerの脆弱性を悪用した攻撃の事例

2023年7月、シトリックス・システムズの「NetScaler ADC」および「NetScaler Gateway」（旧名：Citrix ADCおよびCitrix Gateway）におけるリモートコード実行の脆弱性（CVE-2023-3519）[10]、同年10月は同製品における情報漏えいの脆弱性（CVE-2023-4966）が公表された[11]。いずれの脆弱性に関しても悪用する攻撃を確認したとして、シトリックスが対策を呼びかけている。

●Cisco IOS XEの脆弱性を悪用した攻撃の事例

2022年10月、シスコシステムズのソフトウエア「Cisco IOS XE」のWeb UI機能における脆弱性（CVE-2023-20198、CVE-2023-20273）が公表された[12]。同社の調査によると、攻撃者はCVE-2023-20198を悪用してシステムに侵入し、最上位の特権レベルのコマンドを発行して新たなローカルユーザーを作成する。その後、CVE-2023-20273を悪用し、作成したローカルユーザーの権限をルートに昇格させ、インプラントをファイルシステムに書き込んだとのことである。JPCERT/CCでは本脆弱性を悪用した攻撃による被害を確認しており、侵害の有無の調査と対

策の実施を呼びかけている。

●Proselfの脆弱性を悪用した攻撃の事例

2023年8月、ノースグリッドのオンラインストレージ構築製品「Proself」における認証不備の脆弱性（CVE-2023-39415）、およびOSコマンドインジェクションの脆弱性（CVE-2023-39416）が公表された[13]。同年11月には、同製品のXML外部実体参照（XXE）の脆弱性（CVE-2023-45727）も公表された[14]。いずれの脆弱性に関しても悪用する攻撃を確認したとして、ノースグリッドは侵害の有無の調査や対策の実施を呼びかけている。

Proself以外にも、オンラインストレージ関連製品を狙った攻撃が継続して発生している。メールに代わるデータ授受の手段としてこのような製品を利用したサービスが昨今主流になっているが、製品ベンダーや外部専門機関からの脆弱性・脅威情報の収集、ログを基にした侵害の調査や迅速な脆弱性対策の適用といった対応が円滑に行えるように、平時から備えておくことが重要である。

■社会・インターネット基盤に影響する攻撃

●ランサムウエア攻撃の動向

多くのランサムウエア被害も、2022年に引き続き確認された。ランサムウエアはファイルを暗号化したり画面をロックしたりするなどして、パソコンやサーバーに保存されているファイルを利用できない状態にし、復旧と引き換えに金銭を要求するマルウエアを指す。従来は、メールやウェブサイトによって配布されるばらまき型が主流であったが、近年はSSL-VPNなどのネットワーク機器やリモートデスクトップを介して外部から組織内部のネットワークに侵入し攻撃を行う、侵入型の割合が高まっている。2020年から2021年ごろは、過去に漏えいしたネットワーク機器やリ

モートデスクトップの認証情報が、イニシャルアクセスブローカーと呼ばれる違法な販売者によって他の攻撃グループに流通したり、公開情報として拡散したりして、悪用される事案が多発していた。攻撃の準備段階の手間が減ったことで、新たな攻撃グループの増加につながったとみられる。2022年以降は、過去の認証情報漏えいに起因しているとは明確に判断できない事案が増えつつある。新たに見つかった機器の脆弱性の悪用や、パスワードを総当たりで試行することによって認証突破を試みるブルートフォース攻撃の可能性が疑われる。

身代金が支払われないとシステムの可用性を取り戻せないだけでなく、窃取した情報も暴露すると脅す「二重の脅迫」の手法も多く見られる。セキュリティ対策がおろそかになりがちなグループ企業や海外拠点などが狙われるケースが多く、グループ全体での対策が必須である。

最近のランサムウエアを使った攻撃は、侵入後、数十時間から数日以内に、迅速に行われることが多い。潜伏期間が短く、ラテラルムーブメントや外部との通信が少ないため、攻撃を検知するチャンスが少ない。ランサムウエアの実行自体はアンチウイルス製品で検知できることが多いが、あっという間に暗号化されるため、それに気付いた頃にはすでに手遅れとなってしまう。さらに、バックアップデータが削除されたり暗号化されたりするケースもある。

また、近年はRaaSとして攻撃者の分業化が進んでいる。ランサムウエアの開発者と攻撃者が異なるなど役割が細分化されており、実態が捉えにくいだけでなく、犯罪スキームとして効率的に攻撃が行われるようになっている。活動休止宣言後、攻撃グループ名やランサムウエア名を変更して活動を再開する攻撃集団もある。多様化し変化も速いので、個々のランサムウエアに特化した

対策よりも、脆弱性管理などの基本的なセキュリティ対策の徹底が必要である。バックアップの取得方法の検討および復旧手順の定期確認などの、万一の感染への備えも重要である。被害を受けた場合には、安易に攻撃者との交渉や身代金支払いに応じず、専門機関に相談していただきたい。

　JPCERT/CCでは、企業や組織の内部ネットワークに攻撃者が「侵入」した後、情報窃取やランサムウエアを用いたファイルの暗号化などを行う攻撃の被害に遭った場合の対応のポイントや留意点などをFAQ形式で記載した文書を用意しているので、活用していただきたい[15]。

●ランサムウエア攻撃による社会的影響

　2023年7月、NUTS（名古屋港統一ターミナルシステム）がランサムウエア攻撃を受けた。この攻撃によって名古屋港の全ターミナルが稼働停止を余儀なくされ、復旧までの丸2日以上、搬出入作業が滞った。名古屋港は総取扱貨物量が国内一の港[16]であるため、当該事案の社会的影響は大きなものであった。

●ランダムサブドメイン攻撃の被害発生

　2023年上半期、世界中でランダムサブドメイン攻撃（DNS水責め攻撃）の報告が散発的に確認され、日本国内においても多数の組織で同攻撃によると考えられる被害が確認された。ランダムサブドメイン攻撃はDDoS攻撃手法の一つであり、攻撃対象の権威DNSサーバーに対して、実在しないサブドメインを含むDNS問い合わせを大量に送り付ける攻撃である。キャッシュが存在しないためすべての問い合わせが権威DNSサーバーに送られることになり、アクセス不能の状態に陥れることを狙っているとされる。攻撃を行っているアクターやその目的は判然としないが、今後も警戒が必要である。

1. フィッシング対策協議会、「緊急情報：URLに飾り文字などが含まれたフィッシング（2023/10/17）」
　https://www.antiphishing.jp/news/alert/decourl_20231017.html
2. フィッシング対策協議会、「緊急情報：URLに特殊なIPアドレス表記を用いたフィッシング（2023/11/14）」
　https://www.antiphishing.jp/news/alert/ipurl_20231114.html
3. JPCERT/CC、「フィッシングサイト経由の認証情報窃取とドメイン名ハイジャック事件」、2023年10月25日
　https://blogs.jpcert.or.jp/ja/2023/10/domain-hijacking.html
4. フィッシング対策協議会、「利用者向けフィッシング詐欺対策ガイドライン2023年度版」、2023年6月1日
　https://www.antiphishing.jp/report/consumer_antiphishing_guideline_2023.pdf
5. JPCERT/CC、「STOP! パスワード使い回し!」
　https://www.jpcert.or.jp/pr/stop-password.html
6. フィッシング対策協議会、「なりすまし送信メール対策について」
　https://www.antiphishing.jp/enterprise/domain_authentication.html
7. TwoFive、「TwoFive、なりすましメール対策実態調査の最新結果を発表」、2023年5月18日
　https://www.twofive25.com/news/20230518_dmarc_report.html
8. JPCERT/CC、「マルウェアEmotetの感染再拡大に関する注意喚起」
　https://www.jpcert.or.jp/at/2022/at220006.html
9. JPCERT/CC、「Array Networks Array AGシリーズの脆弱性を悪用する複数の標的型サイバー攻撃活動に関する注意喚起」
　https://www.jpcert.or.jp/at/2023/at230020.html
10. JPCERT/CC、「Citrix ADCおよびCitrix Gatewayの脆弱性（CVE-2023-3519）に関する注意喚起」
　https://www.jpcert.or.jp/at/2023/at230013.html
11. JPCERT/CC、「Citrix ADCおよびCitrix Gatewayの脆弱性（CVE-2023-4966）に関する注意喚起」
　https://www.jpcert.or.jp/at/2023/at230026.html
12. JPCERT/CC、「Cisco IOS XEのWeb UIの脆弱性（CVE-2023-20198）に関する注意喚起」
　https://www.jpcert.or.jp/at/2023/at230025.html
13. JPCERT/CC、「Proselfの認証バイパスおよびリモートコード実行の脆弱性に関する注意喚起」
　https://www.jpcert.or.jp/at/2023/at230014.html
14. JPCERT/CC、「ProselfのXML外部実体参照（XXE）に関する脆弱性を悪用する攻撃の注意喚起」
　https://www.jpcert.or.jp/at/2023/at230022.html
15. JPCERT/CC、「侵入型ランサムウェア攻撃を受けたら読む

FAQ」
https://www.jpcert.or.jp/magazine/security/ransom-faq.h
tml

16. 名古屋港管理組合、「名古屋港の実力」
https://www.port-of-nagoya.jp/shokai/kohoshiryo/10019
07/1001909.html

4

フィッシング詐欺被害の現状と対策

加藤 孝浩　●フィッシング対策協議会 運営委員長

2023年は、フィッシング詐欺の報告件数がさらに増加した。不正送金とクレジットカード情報の盗用被害も増加しており、なりすましメール対策と認証強化がすべてのインターネットサービスで必要である。

■フィッシング詐欺被害の現状

　フィッシング詐欺は、金融機関などを装った本物そっくりの偽メール（フィッシングメール）や偽サイト（フィッシングサイト）を用いてユーザーをだまし、氏名や住所などの個人情報、さらに銀行口座番号やクレジットカード番号、会員サイトのID・パスワードなどを詐取する詐欺行為である。

　フィッシング対策協議会に寄せられたフィッシング詐欺に関連する報告は、2023年12月に9万792件、2023年の年間累計は119万6390件と、前年から約1.2倍に増加している（資料4-1-3）。このフィッシング詐欺は、2020年から毎年増加が続き、深刻な状況となっている。

●フィッシング詐欺による不正送金の急増

　インターネットバンキングに係る不正送金事犯が急増している。警察庁と金融庁の発表によると、2023年12月8日時点の同年11月末における被害件数は5147件、被害額は約80.1億円と、過去最多を更新した[1]。被害の多くはフィッシング詐欺によるものとみられ、金融機関（銀行）を装った偽メールが多数確認されている。メールやSMS（ショート・メッセージ・サービス）に記載されたリンクから偽サイトに誘導され、そこでID・

パスワードに加えワンタイムパスワードや乱数表等の情報が詐取されることが要因とされている。

●クレジットカード情報詐取が主目的

　フィッシング詐欺の報告で最も多いのが、偽サイトに誘導されてクレジットカード情報を盗もうとする内容である。継続して悪用されているアマゾン・ドット・コムやアップル、楽天に加え、総務省、国税庁、国土交通省などをかたったフィッシング詐欺でも、クレジットカード情報の詐取が行われている。日本クレジット協会の発表によると、クレジットカードの番号盗用による被害額は2022年に411.7億円まで拡大し、2023年9月までに376.3億円と、増加傾向となっている（資料4-1-4）[2]。

■フィッシング詐欺の傾向と新たな手口
●なりすましメールの増加が続く

　フィッシングメールの約65.5％が、メール差出人として実在するサービスのメールアドレス（ドメイン）を使用した"なりすまし"メールとなっている[3]。実在するサービスのドメインを使用することで受信者に本物のメールと認識させる目的がある。

資料4-1-3　フィッシング情報の届け出件数（年別）

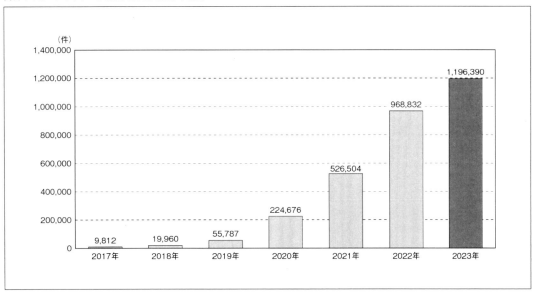

出所：フィッシング対策協議会、「月次報告書：フィッシング報告状況」

資料4-1-4　クレジットカード不正利用被害額

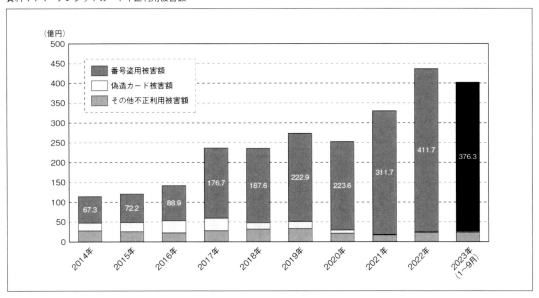

出所：日本クレジット協会、「クレジットカード不正利用被害の発生状況」

●マイナポイント事務局も標的に

　フィッシング詐欺の標的となるブランド数も増加している。月に100ブランドを超え、業種もさまざまである。具体的には、アマゾン・ドット・コムなどのEC系が約38.2％、ETC利用照会サービスなどのオンラインサービス系が約32.2％、続いてクレジット・信販系が約13.1％となっている[4]。

2023年はさらに、マイナポイント事務局をかたるフィッシング詐欺の報告が複数発生した（資料4-1-5）[5]。「お早めに回収してください」と受信者を焦らせる偽メールからフィッシングサイトへ誘導し、クレジットカード情報（番号、名義人、有効期限、セキュリティコード）、さらに3-Dセキュアの認証情報を盗む詐欺となっている。

●受信者を焦らせるメッセージ

「銀行口座の取引を停止」や「カードのご利用を一部制限」などの偽のメッセージで受信者を焦らせ、冷静な判断をできなくする偽メールが多い。サービス事業者が不審な利用を検知した際に送信するお知らせメールから、クレジットカードの番号、暗証番号、セキュリティコード等の入力を求めることはないので、落ち着いて、電話などでサービス事業者に確認することが重要である。

●スミッシングがさらに巧妙に

「ご不在のためお荷物を持ち帰りました」などの偽のSMSによるスミッシングが続いている。スミッシングはSMSによるフィッシング詐欺であるが、iPhoneとAndroid端末で異なった手口になっている場合がある。iPhoneからクリックした場合はクレジットカード情報を詐取するフィッシング詐欺が展開されるが、Android端末では、まず不正アプリのダウンロードが行われ、マルウエア感染に進む。次に、そのマルウエアがスマートフォンの連絡先・電話帳の宛先に偽のSMSを発信するという"踏み台"が増殖する——というものである。こういった、個人が差出人になっている偽SMSの増加が深刻な状況にある。

■フィッシング対策のポイント
●なりすましメール対策のDMARC導入が急務

フィッシング詐欺は、計画→調達→構築→誘導→詐取→収益化の6つの行動によって行われる[6]。事業者は、フィッシングサイトで情報が盗まれる前の「誘導」段階で発生する偽メールを利用者に届かなくする対策を講じることが重要となる。

その対策の一つが、DMARC（Domain-based Message Authentication, Reporting, and Conformance）である。2023年2月に経済産業省、警察庁および総務省は、クレジットカード会社等に対しDMARCの導入をはじめとするフィッシング対策の強化を要請した。DMARCは、送信ドメイン認証技術のSPF（Sender Policy Framework）やDKIM（DomainKeys Identified Mail）を補強する技術であり、なりすましメールで発生するSPFやDKIMの認証失敗状況から、そのメールが利用者に届く前にプロバイダー側で受信を拒否する、または迷惑メールボックスに入れるなどの制御が可能となる。

●グーグルなどがフィッシングメール対策を強化

グーグルとヤフーは2023年10月、メールを送信する際の条件としてSPF・DKIM・DMARCへの対応を必須とすると発表した[7]。このように、広く国内外企業のDMARC導入が進むことで、なりすましメールの送信が困難になることが期待される。

●新しい偽SMS対策、キャリア共通番号「0005」

新たなスミッシング対策として、国内4キャリア（NTTドコモ、KDDI、ソフトバンク、楽天モバイル）が発行するキャリア共通番号の「0005」がある。各キャリアの厳格な審査を通過した法人のみに与えられる発信元番号となっており、発信元番号が「0005」から始まるSMSは「正規の企業からのSMSです。安心して受信してください」と案内することが可能となる。

加えて「＋メッセージ」との組み合わせでさら

資料4-1-5　マイナポイント事務局をかたるフィッシング

なる対策強化が図れる。＋メッセージは次世代版であるRCS（Rich Communication Services）に準拠したSMSであり、認証を得たことを示す「認証済みマーク」が表示されるため、正規のSMSを判別しやすくなる。

●「収益化」を阻止する対策が全事業者に必要

フィッシング詐欺によって盗まれたID・パスワードは、攻撃者が本人になりすまして正規サイトにログインすることができ、さらに詐取したクレジットカード情報から不正購入などの「収益化」を達成できてしまう。この収益化を阻止する対策として、SMS認証やワンタイムパスワード認証、パスキー認証などの複数要素認証による認証強化が重要となる。

攻撃者はさまざまなブランドになりすまして、盗んだ認証情報とクレジットカード情報から、収益化の標的サービスも選定している。同じパスワードを複数サービスに設定している場合もある

ことから、フィッシング詐欺に遭っていないサービス事業者も収益化の標的になる可能性がある。

すべての事業者は、自社の顧客を守るためにも認証強化を実施し、詐取されたクレジットカード情報の不正利用対策[8]と組み合わせることで、盗んだ情報からは不正な収益が得られない安全なネット社会の実現を目指す必要がある。

■利用者の対策は「見抜こうとしない」「URLをタップしない」

フィッシング詐欺では、本物のアドレスを使ったなりすましメールと、本物のウェブサイトをコピーして作られたフィッシングサイトが使われることから、見抜くのは大変困難である。そのため、偽物が混入することを理解し、メールやSMSの本文内にあるURLにアクセスすることをやめるとともに、ECサイトなどのウェブサービスを利用する際は正規のアプリを利用するか、企業サイトのトップページにアクセスしてから目的の

ウェブページに移動するといったことが安全な行動となる。

フィッシングサイトに ID・パスワードやクレジットカード情報、インターネットバンキングの認証情報などを入力してしまったときは、フィッシング対策協議会の公式サイト内「フィッシングの相談等」を参考に、対応を急いでいただきたい。

フィッシング詐欺対策は、利用者と事業者、セキュリティ事業者の 3 者で行う必要がある。フィッシング対策協議会では公式サイトで緊急情報やフィッシング対策ガイドラインなど各種情報を発信しているので、ぜひご活用いただきたい。

●参考資料

・フィッシング対策協議会
https://www.antiphishing.jp/
・フィッシングの相談等（フィッシング対策協議会）
https://www.antiphishing.jp/contact_faq.html
・フィッシング対策ガイドライン（フィッシング対策協議会）
https://www.antiphishing.jp/report/guideline/
・クレジット関連統計（日本クレジット協会）
https://www.j-credit.or.jp/information/statistics/

1. 警察庁・金融庁、「フィッシングによるものとみられるインターネットバンキングに係る不正送金被害の急増について（注意喚起）」、2023 年 12 月 25 日
   https://www.npa.go.jp/bureau/cyber/pdf/20231225_press.pdf

2. 日本クレジット協会、「クレジットカード不正利用被害の発生状況」、2023 年 12 月
   https://www.j-credit.or.jp/information/statistics/download/toukei_03_g.pdf

3. フィッシング対策協議会、「月次報告書：2023/10 フィッシング報告状況」、2023 年 11 月 9 日
   https://www.antiphishing.jp/report/monthly/202310.html

4. （注釈 3 に同じ）

5. フィッシング対策協議会、「緊急情報：マイナポイント事務局をかたるフィッシング（2023/09/11）」
   https://www.antiphishing.jp/news/alert/myna_20230911.html

6. フィッシング対策協議会、「協議会 WG 報告書：「フィッシング詐欺のビジネスプロセス分類」を公開（2021/03/16）」
   https://www.antiphishing.jp/report/wg/collabo_20210316.html

7. グーグルは 2024 年 2 月から、ヤフーは 2024 年第 1 四半期から。

8. EC 加盟店において、2025 年 3 月末を期限に、クレジットカード所有者本人であることを複数手段で認証する国際的な認証規格「EMV 3-D セキュア」の導入が義務化される。

生成AI時代のフェイクニュースの広がり

平 和博　●桜美林大学 教授

生成AIの爆発的普及で、フェイクニュースの脅威は真偽の境界を揺るがす新たな時代に突入した。イスラエルとハマスの軍事衝突では「AIフェイク」拡散の一方、「本物」が「フェイク」とされる騒動も起きた。

■「生成AIフェイク」が株価を下げる

「#ペンタゴン（米国防総省）のビル近くで爆発」。「CBKニュース」と名乗るX（旧ツイッター）アカウントが、建物脇で大きな煙の上がる画像を投稿したのは2023年5月22日午前8時42分（現地時間）だった。

同様の投稿が同日午前10時すぎにかけて、ブルームバーグ通信とは無関係の「ブルームバーグフィード」を名乗るXアカウントや、ロシア国営メディア「RT」のアカウントなどからも拡散されていった。

だが画像の建物は、国防総省のビルとは異なり、しかも一部が溶けたように見えるなど、不自然な点が目立った。これは、生成AIで作られたフェイク画像だった。この騒動の影響で、米株式市場のS&P500種株価指数は、一時0.3%の下落を見せたという。

2022年11月末のChatGPTの登場をきっかけに、熱狂的な生成AIブームが世界を覆った。ただそのインパクトは、メリットと同時に大きなリスクにもなり得るとの懸念を呼び起こした。その一つが、フェイクニュース作成・拡散などへの悪用だ。

ChatGPTの登場から半年後、2023年5月のG7広島サミットでは、生成AIの活用と規制の取り組み「G7広島AIプロセス」を掲げた。その成果の一つ、経済協力開発機構（OECD）が9月にまとめたレポートによると、生成AIのリスクとして参加7か国が一致して挙げたのは「偽情報／情報操作」、すなわちフェイクニュース問題だった。

生成AIの脅威として懸念されるのは、フェイクニュース作成・拡散の大規模化、低コスト化、巧妙化、リアルタイム化だ。

これまでも紛争や災害などの非常時に、フェイクニュースが大量に拡散し、情報の混乱を引き起こしてきた。生成AIの登場で、フェイク作成のハードルが一気に下がり、リスクのレベルが格段に跳ね上がることが懸念されている。

3月20日には、オンラインの調査報道機関「ベリングキャット」の創設者、エリオット・ヒギンズ氏が、「ドナルド・トランプ前米大統領逮捕」という架空の生成AI画像をXに連続投稿。リアルな画像は680万回を超す再生数を集め、騒動となった。その週末には、シカゴの建設作業員が「バレンシアガの純白のダウンコートを着たローマ教皇」の生成AI画像をフェイスブックなどに投稿し、やはり騒動になった。

そして前述の「ペンタゴン爆発」のフェイク画像騒動は、一時的とはいえ現実社会の株価に影響を与えた。では、生成AIの普及によって、軍事

紛争では何が起きるのか。それを現実に示したのが、イスラエルとハマスの軍事衝突だ。

■イスラエルとハマスの軍事衝突

10月7日朝、ハマスによるイスラエルへの大規模攻撃によって始まった軍事衝突でも、大量のフェイクニュースが拡散した。

「ウクライナがハマスに武器を売却」「ハマスの攻撃はイスラエルか西側陣営による『偽旗作戦』だった」――そんなフェイク投稿がソーシャルメディアなどに噴出する。その中には、「ジョー・バイデン米大統領が徴兵を発表」とするディープフェイクス（AIで作ったフェイク動画）や、「瓦礫に挟まれ助けを求める幼児」「イスラエル人が難民キャンプに避難」などの生成AIによるフェイク画像も含まれていた。

ただ、それを上回る勢いで拡散したのは、「リサイクルフェイク」とも言うべき過去の画像や動画の使い回しだ。

同様の傾向は、2022年2月から始まったロシアによるウクライナ侵攻でも見られた。同年3月半ばには、「降伏宣言」を口にする偽の「ウクライナのヴォロディミル・ゼレンスキー大統領」や、「和平合意宣言」を口にする偽の「ロシアのウラジーミル・プーチン大統領」のディープフェイクスが拡散した。しかし、圧倒的多数のフェイク画像や動画はリサイクルフェイクだった。

■フェイク対策、Xの後退

イスラエルとハマスの衝突で改めて浮き彫りになったのは、イーロン・マスク氏が2022年10月末に買収した後のX（2023年7月24日に「ツイッター」からブランド名を変更）のフェイクニュース対策の後退ぶりだ。マスク氏は買収後に8割にのぼる大規模リストラを実施。フェイクニュース対策部門も解体した。さらに、従来は審査を経て

表示し、一定の信頼性担保の役割があったアカウントのチェックマークも、月額980円の有料ユーザーであれば誰でも表示されるようなった。

また2023年5月には、欧州連合（EU）の違法有害情報対策のためのプラットフォーム規制法「デジタルサービス法（DSA：Digital Services Act）」と連動する自主ガイドライン「行動規範」から離脱した。EUが9月に発表した報告では、フェイクニュース（偽情報）の発見率はXが最も高かった。

EUはこれに先立つ8月25日、前述のDSAを、域内の月間アクティブユーザーが4500万人を超すグーグル、フェイスブック、Xなどの超大規模プラットフォームに適用開始したばかりだった。

イスラエルとハマスの衝突をめぐるフェイクニュース氾濫を受けて、EUは10月10日にX、翌11日にはフェイスブックなどを運営するメタに相次いで対策強化を要請。さらにXに対しては12月18日、DSAに基づく正式調査を開始している。

■「嘘つきの分け前」の広がり

生成AIの広がりによるインパクトは、本物と見分けがつかない画像や動画の氾濫だけではない。本物が「生成AIフェイク」として否定されるリスクも突き付ける。

衝突開始から5日後の10月12日、イスラエル首相府は、ハマスに殺害されたとする4枚の乳児の遺体画像をXに投稿。同日、イスラエルを訪問したアントニー・ブリンケン米国務長官に、ベンヤミン・ネタニヤフ首相が見せたものだとし、表示数は780万回を超えた。

そのうちの1枚の焼死体の画像が、波紋を広げた。生成AI検知ソフトが、これを「AIによる生成」と判定した画像とともに、「フェイク画像だ」との主張がXなどで拡散。表示数は2200万回を超した。判定ソフトを開発した米ベンチャー企業は、画像の乳児の名札の部分にモザイク処理がさ

れていたことに、ソフトが反応したとし、「判定結果は決定的なものではなかった」と釈明した。

同様のケースは他にもあった。イスラエルのインフルエンサーが10月20日、「ハマスの指導者たちが贅沢な暮らしを満喫している」との書き込みとともに、プライベートジェット搭乗の様子などを示す4枚の画像をXに投稿した。

投稿画像には、AI生成画像に特有の不自然な部分が目立ち、「AI生成フェイク」との批判が広がる。だが4枚の画像は、すでに2014年にはメディアに掲載されていた本物だった。ただし、投稿したインフルエンサーは、画質の低い元画像を、AIを使った高精細化処理をした上で投稿していた。これが原因でAI処理特有の不自然さが表出。AI検知ソフトでも「AI生成」の判定が出る状態だった。

TBSの報道番組「サンデーモーニング」は、2023年11月5日に、この4枚の画像を「生成AIで作られたフェイク画像」と誤って放送。翌日、訂正・謝罪した。

テキサス大学法学部部長のロバート・チェスニー氏とバージニア大学教授のダニエル・シトロン氏は2018年、ディープフェイクスの副作用として、「実際に起きた本当のことに対して、嘘つきが説明責任を容易に回避できるようにしてしまう」と指摘。「嘘つきの分け前（liar's dividend）」と呼んだ。そのリスクは、生成AIの広がりの中で、さらに深刻なものとなっている。

■生成AIが作る「コンテンツ工場」

生成AIはウェブサイトの粗製乱造にも使われている。米ウェブ評価サイト「ニュースガード」は6月26日に公表した調査で、生成AIを使って自動生成した低品質のウェブサイト、"コンテンツファーム（工場）"が急増し、世界的企業などの広告費を飲み込んでいる実態を明らかにした。

ChatGPTなどの生成AIは、人間と見分けのつかない自然な文章を量産できる。その機能を使って、メディアを偽装したサイトを立ち上げ、フェイクニュースや低品質の自動生成コンテンツを次々に掲載し、広告収入を獲得しているという。

そこには、主な企業だけでも日本を含む141社にのぼる広告が掲載されていたという。さらに広告の9割以上が、グーグルによる「プログラマティック広告」で配信されていたとしている。調査によれば、ニュースサイトを擬した「ワールド・トゥデイ・ニュース」というサイトの場合、6月9日から15日までの1週間で約8600件、1日平均で約1200件もの記事を公開していた。

また米サイバーセキュリティ企業「レコーディッド・フューチャー」は12月5日、偽造ニュースサイトとボットアカウントのネットワークを組み合わせた親ロシアの影響工作キャンペーン「ドッペルゲンガー」で、生成AI使用が疑われる事例を確認した、と報告している。それによれば、米国を標的とした「エレクション・ウオッチ」というサイトの「バイデン政権、人道援助の遅れが深刻化する中東の危機と闘う」という記事が、生成AI検知ソフト「ZeroGPT」で66.06％の確率で「AI生成」との判定が出たと指摘している。

メタは8月に公表した「敵対的脅威レポート」の中で、「ドッペルゲンガー」について「2017年以降にわれわれが対処した中で、最大かつ最も積極的で持続的なロシアからの秘密の影響工作だ」としている。

■ラテン語やバスク語のフェイク

ニュースガードは9月11日、ハワイ・オアフ島で8月に発生した大規模な山火事をめぐる、中国発と見られるフェイクニュースの拡散ネットワークの存在を明らかにした。

調査では、フェイスブックやXなど14のプラッ

トフォームの85のアカウントを特定した。「MI6によると、この山火事は自然発生したものではなく、米国政府によって人為的に引き起こされたものです。(中略)『気象兵器』を極秘に開発していることが判明した」——中国語や英語など16言語で、そんな陰謀論を発信していたという。

メタは8月末、中国の大規模影響工作ネットワーク「スパモフラージュ」に関係する7700件のアカウント削除を発表している。陰謀論の発信アカウントは、このネットワークの一部だという。

この陰謀論拡散は、日本も標的になっていた。筆者が確認したところ、同様の陰謀論が、アメーバブログ、ピクシブ、楽天ブログなどを舞台に、新たに開設したアカウントで発信されていた。その中には、あわせて福島第一原発の処理水海洋放出を批判する投稿もあった。

使われていた言語は、日本語や英語のほか、イタリア語やラテン語もあった。また、1つのアカウントが、山火事とは別のテーマについて、インドの公用語の一つであるオリヤー語、エチオピアやケニアで使われるオロモ語、バスク語の3言語で投稿している例もあった。生成AIの翻訳機能を使って多言語発信をしていた可能性がある。

また国内では、7月から11月にかけて、岸田文雄首相が卑猥な言葉を口にするという、日本テレビのロゴを付けたディープフェイクスが、Xやニコニコ動画などに拡散した。

■「選挙の年」2024年への懸念

選挙をめぐるフェイクニュースは民主主義を揺るがす。ブラジルでは2023年1月8日、首都ブラジリアの連邦議会、大統領府、最高裁判所に、前年の大統領選の「不正選挙」を主張する前大統領、ジャイール・ボルソナーロ氏の支持者ら約5000人が乱入するという事件が起きた。これは2021年1月6日に、前年の米大統領選の「不正選挙」を主張した前大統領、トランプ氏の支持者らが連邦議会議事堂に乱入した事件を思わせた。

2024年は「選挙の年」だ。台湾総統選(1月)、インドネシア大統領選(2月)、ロシア大統領選(3月)、インド総選挙(4〜5月)、欧州議会選(6月)、米大統領選(11月)などが予定される。従来型のフェイクニュースの氾濫に加え、生成AI、ディープフェイクスによる拡散の大規模化、巧妙化などの懸念が高まる。

規制の枠組み作りも進む。G7広島サミット以来続いてきた広島AIプロセスは2023年12月1日、AIをめぐる「国際指針」「国際行動規範」を含む「包括的政策枠組み」が合意された。EUでは初の包括的な規制法「AI法案」が、2026年施行に向けて最終手続きに入っている。また、メタ、ユーチューブ、ティックトックなどのプラットフォームは、ユーザーによる生成AIコンテンツの表示義務化を相次いで打ち出す。

だが、この1年の生成AIの進化と普及を考え合わせると、変化のスピードとフェイクニュースの拡散はさらに加速することが見込まれる。社会に及ぼすインパクトも、はるかに大きなものになることは間違いない。

2024年は、生成AIと民主主義社会にとっての試金石になりそうだ。

5G/Beyond 5Gを巡る周波数政策の動向

飯塚 留美 ● 一般財団法人マルチメディア振興センター ICT リサーチ＆コンサルティング部 シニア・リサーチディレクター

2023年の世界無線通信会議では5G/Beyond 5G に向けて新たな周波数が確保された。日本を含め各国でBeyond 5Gを目指した取り組みが進んでおり、モバイル周波数の新たな利用も拡大している。

■5G/Beyond 5G に向けた新たな周波数の確保

2023 年 11 月 20 日から 12 月 15 日までの間、UAE のドバイにて 2023 年 ITU（国際電気通信連合）世界無線通信会議（ITU World Radiocommunication Conference 2023：WRC-23）が開催された。WRC-23 では、今後の 5G や Beyond 5G に資する周波数帯として、3.5GHz帯(3.3-3.8GHz)、UHF帯 (470-694MHz)、6GHz 帯（6425-7125GHz）などが IMT (International Mobile Telecommunication) バンドとして特定された（資料4-2-1）。また、2027 年に開催予定の WRC-27 に向けて、次世代ネットワークに資する IMT バンドとして、4400-4800MHz、7125-8400MHz および 14.8-15.35GHz を検討することが議題として決定された[1]。

●UHF帯

UHF帯の 470-694MHz は現在、放送業務に広く使用されている。欧州では、当該帯域を移動業務にも使用できるように、放送業務との共用で移動業務も一次業務[2]として配分することが要望として挙げられていた。これに対して欧州の放送事業者は、一次業務の配分は放送業務のみとするこ

とを主張していた。最終的には、WRC-23 において、移動業務は二次業務[3]として配分することが決議された。これによって、欧州では一次業務の放送業務に干渉を与えない限り、470-694MHz を移動業務にも利用できるようになった。

●6GHz帯

6GHz 帯を Wi-Fi に使用する動きは、米国で 5925-7125MHz が免許不要帯域として開放されたことを契機に、欧州では5945-6425MHz（6GHz 帯ローバンド）を、韓国では5925-7125を開放するなど、世界的な広がりを見せている。しかし同じ 6GHz 帯でも、アッパーバンドと称される 6425-7125GHz を Wi-Fi にも配分するかについては、IMT への配分を求める要望もあるため、欧州では IMT と Wi-Fi との共存を視野にいれた検討が進められていた。最終的に、WRC-23 の決議では、欧州、アフリカ、中東、その他数か国において、6425-7125MHz を IMT バンドとして配分することが決定された。ただし同時に、当該帯域における Wi-Fi などの免許不要の無線アクセスシステムの使用を認める国際条約条項も採択された。これにより、6GHz 帯アッパーバンドは、IMT やその他既存免許システムへの干渉を与えない限りにおいて、Wi-Fi でも利用可能となった。

資料4-2-1　WRC-23で特定された主なIMTバンド

帯域	概要
3.5GHz帯の5G利用	●アメリカ大陸で、3.3-3.4GHzおよび3.6-3.8GHzを5Gに利用可能な周波数帯として調整。 ●EMEA（Europe, the Middle East, and Africa）全域で、3.5GHz帯（3.3-3.8GHz）を5G用途として調整。
放送用周波数 （470-694MHz帯） の移動業務での利用	●CEPT（European Conference of Postal and Telecommunications Administrations）諸国は、二次業務として470-694MHzを移動業務に配分（イタリア、スペイン、アゼルバイジャン、ウズベキスタンを除く）。 ●サウジアラビア、バーレーン、エジプト、アラブ首長国連邦、イラク、ヨルダン、クウェート、オマーン、パレスチナ、カタール、シリアは一次業務として614-694MHzをIMTに特定。 ●ガンビア、モーリタニア、ナミビア、ナイジェリア、セネガル、ソマリア、タンザニア、チャドは614-694MHzを二次業務として移動業務に配分。
6GHz帯 （6425-7125GHz） のIMTへの新たな 配分	●第一地域は6425-7125MHz、第三地域は7025-7125MHzを、IMTバンドとして特定。 ●カンボジア、ラオスおよびモルディブ向けに、6425-7025MHzをIMTバンドとして特定。 ●ブラジルおよびメキシコ向けに、6425-7125MHzをIMTバンドとして特定。

出所：https://www.itu.int/dms_pub/itu-r/opb/act/R-ACT-WRC.15-2023-PDF-E.pdf 等を基に作成

なお、中国工業情報化部はWRC-23に先立って、2023年6月28日に「中華人民共和国無線周波数割り当て規則」（工業情報化部令第62号）を発行した。6425-7125MHzを5Gおよび6G向けにIMTバンドとして配分することが定められ、同年7月1日から施行されていた[4]。

●HIBS

地上18kmから25kmの間でIMT基地局として運用されるHIBS（High-altitude platform stations（HAPS）as IMT base stations）をサポートするため、694-960MHz、1710-1885MHz、2500-2690MHzが非保護ベース[5]で特定され、当該無線設備の運用に関わる規則が定められた。ただし、694-728MHz、830-835MHz、805.3-806.9MHzでのHIBSの運用は、電波天文を干渉から保護するため、受信のみに限定される。また、第一地域と第二地域における1710-1785MHz、第三地域における1710-1815MHzでのHIBSの運用[6]も、受信のみに限定される。なお、2110-2170MHz帯でのHIBS運用は送信のみに限定される。

HIBSでは、IMTモバイルネットワークと同じ周波数とデバイスを使用することができるため、最小限のインフラでモバイルブロードバンドを提供する新たなプラットフォームが実現可能となる。これにより、遠隔地や農村部におけるデジタルデバイドの解消に貢献するとともに、災害時の接続性を維持することができる。

■Beyond 5Gに向けた取り組み

●日本

日本政府はBeyond 5Gに向けた取り組みに着手しており[7]、2022年10月には、総合経済対策において最先端の技術開発強化を進めることを発表した。将来の社会や産業の基盤となるBeyond 5Gの研究開発の抜本的強化など、最先端技術への戦略的投資の推進を目指し、革新的な情報通信技術の研究開発推進のための恒久的な基金の造成（Beyond 5G（6G））を閣議決定した。

また、2023年11月には、Beyond 5Gの社会実装・海外展開を目指した研究開発および国際標準化活動を支援する「革新的情報通信技術（Beyond 5G（6G））基金事業」を閣議決定した。これはBeyond 5Gの実現と我が国発の技術確立に向けて、社会実装・海外展開を目指した研究開発およ

び国際標準化活動を支援する基金を拡充し、企業等による投資を促すことを目的としている。

総務省は2022年3月に「デジタル田園都市国家インフラ整備計画」を策定した後、2023年4月に改訂版を発表し、デジタル基盤の整備などに関する取り組みを進めている。

「インフラ整備の推進」では、①固定ブロードバンド（光ファイバー等）、②ワイヤレス・IoTインフラ（5G等）、③データセンター／海底ケーブル等、④NTN（非地上系ネットワーク）が対象となっている。②では自動運転やドローンを活用したプロジェクトと連動して、地域のデジタル基盤の整備を推進することが、④では2025年の大阪・関西万博でのHAPSの実証・デモンストレーションなどの実施による海外展開の推進や、我が国独自の通信衛星コンステレーションの構築の促進が掲げられている。

また「次世代インフラBeyond 5Gの開発等」では、新たな基金事業などにより、社会実装・海外展開を強く意識したプロジェクトを重点的に支援し、今後5年程度で関連技術を確立することが掲げられている。Beyond 5G（6G）の重点技術分野として、①オール光ネットワーク技術、②非地上系ネットワーク技術、③セキュアな仮想化・統合ネットワーク技術が特定されている。

●海外

海外では2018年頃から、6Gの実現に向けて有望と考えられる通信技術について、学術的な議論が各地で活発に行われており、ユースケースや要求条件に関する議論が進んでいる。また、そのほかにも、国際競争力強化のために6Gの研究イノベーションへの積極的な投資が検討・実施されている（資料4-2-2）。

■モバイル周波数の新たな利用を巡る動き

●スマホによる衛星の直接受信

米国では、連邦通信委員会（FCC）が、2023年3月16日に採択した規則制定提案（NPRM）において、衛星事業者が一部の地上周波数帯を再利用できるようにすることを提案した[8]。「宇宙からのカバレッジ補完（Supplemental Coverage from Space：SCS）」と称される新たな規制枠組みを提案するもので、スマートフォンへの直接衛星通信サービスが可能となる。これによって、ユビキタスなカバレッジを促進し、緊急通信の利用可能性を拡大することが期待されている。SCSの対象となる周波数として、①600MHz帯：614-652MHzおよび663-698MHz、②700MHz帯：698-758MHz、775-788MHzおよび805-806MHz、③800MHz帯：824-849MHzおよび869-894MHz、④ブロードバンドPCS：1850-1915MHzおよび1930-1995MHz、⑤WCS（Wireless Communications Service）：2305-2320MHzおよび2345-2360MHzが挙げられている。

FCCがSCS制度を提案した背景には、衛星事業者が通信事業者と提携して、スマートフォンへの衛星の直接受信を巡る取り組みが進展していることがある。例えばスペースXのStarlinkは、2022年末にT-モバイルと協力して、T-モバイルの1850-1990MHのPCS周波数を衛星サービスに使用することを発表していた。ほかにもASTスペースモバイルは、AT&Tが保有する846.5-849MHzの周波数を利用した試験を実施しており、また、アマゾン・ドット・コムもProject Kuiperにおいて、5Gと低軌道衛星のコネクティビティ・ソリューション開発でベライゾンと提携している。

資料4-2-2　6Gに関する海外の主な取り組み事例

	概要
3GPP	3GPP は 6G 仕様の開発作業を公式に開始すると発表した（2023 年 12 月 4 日）。現在、5G-Advanced に関連する Release 18 の作業を進めており、Release 19 の開発を開始した。
ETSI	欧州電気通信標準化機関（ETSI）は、新たな仕様検討グループ「センシングと通信の統合グループ（ISG ISAC）」を立ち上げた（2023 年 11 月 21 日）。EU および加盟国の基金による共同プロジェクトや世界的なイニシアチブによる調整を通じて、6G 分野の統合センシングと通信技術開発のための技術基盤を確立し、標準化を目指す。
中国	IMT-2030（6G）推進グループは、2025 年以降に 6G 国際標準規格を立ち上げる基礎を築くため、キーテクノロジー研究のフェーズを終え、システムソリューションの開発へと移行した。ITU の主要業務と連携してパッシブセンシングに関連する技術指標の研究を実施し、展開シナリオ、ビジネスモデル、指標体系などを定義して、国際的な合意形成を推進する（2023 年 11 月 6 日）。
米国	ATIS ネクスト G アライアンス（NGA）は「Shaping Tomorrow：The Evolution of Personalized Digital Experiences Through 6G Technologies」と題するホワイトペーパーを発表した（2023 年 10 月 31 日）。6G 時代において生活の質を高めるパーソナライズされたユーザー体験の可能性を取り上げている。
欧州	欧州スマートネットワーク・サービス共同事業（SNS JU）は、27 件の 6G プロジェクトに対して 1 億 3000 万ユーロの資金を提供した（2023 年 10 月 19 日）。マイクロエレクトロニクスと持続性を中核に据えて、設計とシステムの最適化を図る。欧州全域に一流の 6G 技術のキャパシティを築き、標準化に貢献することを目指す。
韓国	政府は「6G 産業技術開発事業」に 2024 年から 5 年間で約 4407 億ウォンを投じることを発表した（2023 年 8 月 23 日）。6G 技術開発は、①アッパー・ミッドバンド技術（7-24GHz）、②カバレッジ拡大技術、③ソフトウェア中心ネットワーク、④エネルギー節減、⑤供給網安全保障強化の 5 分野で進められる。

出所：各種資料を基に作成

●モバイルネットワークのドローン利用

英国の大手通信事業者 BT グループは 2023 年 10 月 12 日、英国全土で目視外によるドローン運用を可能とするため、英国初のドローン SIM を発表した[9]。ドローン SIM は、振動・温度・湿度の極端な環境にも耐え、接続されたドローンの制御と超高精細ビデオストリーミングを可能にする。

ドローンを運用するユーザーは、通信庁（Ofcom）から、無人航空機システム（Unmanned Aircraft Systems：UAS）オペレーター無線免許を取得しなければならない。当該免許で UAS が使用できるモバイルネットワークの周波数帯として、7つの周波数帯（700MHz 帯、800MHz 帯、900MHz 帯、1800MHz 帯、2.1GHz 帯、2.3GHz 帯、3.6GHz 帯）が規定されている。

2023 年の初め、BT グループ傘下の Etc.（デジタルスタートアップおよびインキュベーション部門）が、統合交通管理（Unified Traffic Management：UTM）のスペシャリストである Altitude Angel に 500 万ポンドを投資した。これは、国家プロジェクトとして実施されている、全長165マイル（約266km）のドローン・スーパーハイウェイの開発を進めるための共同作業の一環であるが、BT グループによるドローン SIM の発売も、この一連の試験と開発の成果に基づくものである。

---

1. https://www.gsma.com/spectrum/wrc-series/
2. 他に優先して周波数を使用できる業務のことで、他業務からの混信保護を受けることができる。
3. 二次業務は、一次業務に有害な混信を生じさせてはならない。
4. https://www.gov.cn/lianbo/bumen/202306/content_6888759.htm
5. 混信からの保護措置を受けることができないこと。
6. ITU が世界を 3 地域に分けて無線通信規則により周波数帯ごとに利用業務の種別等を決定（国際分配）。第一地域：欧州・アフリカ・中東、第二地域：北米・中南米、第三地域：アジア・オセアニア。
7. https://www.soumu.go.jp/main_content/000910715.pdf
8. https://www.fcc.gov/document/fcc-proposes-framework-facilitate-supplemental-coverage-space-0
9. https://newsroom.bt.com/bt-connects-the-skies-with-uks-first-drone-sim/

惑星間インターネットの実現に向けて

金子 洋介 ●IPNSIG President

インターネットの次なるフロンティア「宇宙」。まさに今、地球上のインターネットと同じような人類共通基盤を宇宙空間に築けるかが問われている。

■惑星間インターネット時代の幕開け

「惑星間インターネット」という言葉を耳にしたことがあるだろうか。SFや夢物語という印象を持つ人も多いだろう。しかし、この言葉がリアルなものとして語られる世界に変わろうとしている。

●アルテミス計画の始動

1960〜1970年代のアポロ計画以来、今、再び月を目指す動きが世界的に活発化している。その大きな原動力となっているのが、米国発の「アルテミス計画」である。アルテミス計画は米国のトランプ前政権が打ち出した政策であり、月、そしてその先の火星を目指した国際宇宙探査計画である。この計画は月を探査するだけではなく、そこにインフラを展開し人を滞在させることで、月を科学や産業活動の場に発展させていく構想となっており、すでに日本、欧州、カナダなど、多くの国・地域が参加を表明している。

ではなぜ、アポロ計画以来、月が着目されているのか。

アポロ計画や日本の月周回衛星「かぐや」で取得された過去の月面探査のデータによれば、月面の南極付近には水、ヘリウム3、アルミニウム、シリコンといった鉱物資源が存在しているといわれている。もし、これら月の資源をうまく活用することができれば、月面での生活はもとより、より遠くの天体への探査ができるというわけだ。例えば月の南極で水を発見することができれば、それを抽出・ろ過して飲料水にできるかもしれないし、水を電気分解できれば水素や酸素を取り出すことだってできる。水素や酸素は現代のロケットの燃料源となっているので、うまくいけば月でロケットの燃料を作り出すことができるかもしれない。

つまり、月の資源をうまく活用することによって、より遠くに行く手段を人類は手にすることができるのだ。アルテミス計画では、まずは月の本格的な探査を行い、こういった資源がどのような状態でどれぐらい存在しているかを明らかにしていこうとしている。

ここで、アルテミス計画の特徴を述べておくと、アポロ計画とは2つの点で態様が異なっている。

一つは、月面での滞在時間だ。アポロ計画では、国家の威信をかけて旧ソ連と米国のどちらの国が先に月面に到達できるかという壮絶なバトル（いわゆる冷戦時代の宇宙開発競争（Space Race））の真っただ中であったこともあり、とにかく月に行く、そして宇宙飛行士は月に数時間滞

在してサンプルを取得したらすぐに地球に帰還するといった運用が行われていた。その結果、米国がそのレースに勝った。しかし、アルテミス計画はそうではない。月面における滞在期間を飛躍的に延ばし、人類の宇宙での活動を広げていこうという構想になっている。

もう一つは、月への行き方である。アポロ計画では、先に述べたように、米国一国で月面に到達した。しかし、アルテミス計画では国際パートナーや産業界との連携を重視しており、力を合わせて一緒に月に行こうとしている。そして月に行った暁には、月でしっかりと技術を磨き、より遠くの天体へと人類の活動圏を拡大していこうという構想がある。

しかし、ここで考えてほしい。月面で人類活動を行うといっても、数多くの課題があるのではないか。例えば、人が安全に居住する空間をどのように確保するのか、それを建設するための建機をどうするのか、宇宙での活動を支えるエネルギー源はどのように確保するのか、人間が生きていくための食料はどうするのか、廃棄物の処理はどうするのか——といった具合である。米航空宇宙局（NASA）や宇宙航空研究開発機構（JAXA）などの宇宙機関では、地球で培った技術を最大限活用してこれらの課題に挑み、この計画を実現しようとしている。

●人類の宇宙活動を支える惑星間インターネット

月での「通信」はどうなるのか。インターネットがそうであったように、宇宙でも通信は全ての人類活動を支えるものになることは間違いなく、通信が極めて重要なインフラとなることは容易に想像できる。例えば宇宙飛行士が地球と交信するため、あるいは月で取得される科学的データを伝送したり月で活動するロボットの監視やコントロールを行ったりと、ありとあらゆるシーンにおいて通信は欠かせない存在となる。

では、その宇宙での通信と、我々はどのように向き合うのだろうか。インターネットが我々にもたらした世界観を思い起こしてほしい。地球上の社会経済生活に欠かせないインフラとなったことは言うまでもないし、空気、電気、水と同じように、インターネットへのアクセスは人権（Human Rights）の一つとして語られる時代になり、まさに人類基盤そのものと認識されている。さらに、インターネットは新たな科学的発見・イノベーションを創出する動力源として、我々の未来を切り開く大きな力となっている。同じような世界を宇宙につくったら、どのような価値をもたらすことができるだろうか。惑星間インターネットは、こういった考え方を根底にして出てきた概念である。つまり、人類が地球上で築き上げた世界を宇宙にも展開できるか。これが今、我々人類に突き付けられた大きな命題なのである。

資料4-2-3は、惑星間インターネットのイメージ図である。地球・月・火星における通信衛星等がそれぞれつながり合い、宇宙空間にネットワークバックボーンを形成した姿を示している。

■宇宙機関や民間企業の取り組み

NASA、欧州宇宙機関（ESA）、JAXAなどの宇宙機関や民間企業は、惑星間インターネットに関してどのような取り組みを行っているのか。NASAでは月に「LunaNet」と呼ばれる通信インフラおよび月のGPSに相当する測位インフラを展開する動きがあるし、ESAも同様に通信・測位のインフラを展開する「Moonlight計画」を打ち出した。日本でも「スターダストプログラム」といった政府のプログラムを通じ、関係省庁、JAXA、国内企業を挙げて通信・測位のアーキテクチャ展開や光通信の研究に取り組んでいる。

いずれも、宇宙探査や月面商業活動を支えるた

資料4-2-3　惑星間インターネットのイメージ

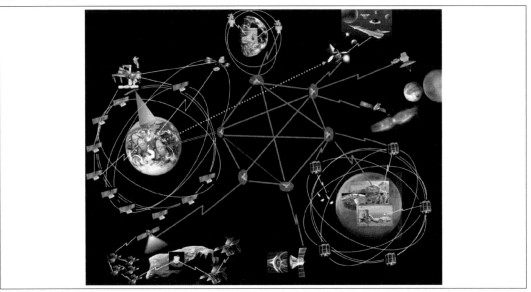

出所：IPNSIG

めの基盤として整備を進めていくこととしているが、ここ最近では月にインターネット（internet）[1]をつくるための議論も出てきている。

　こういった政府・宇宙機関主導の動きに加えて、民間でも宇宙通信に向けた動きが加速している。例えばLunaNetにはすでに世界中の企業が関心を示しているし、欧州においても2つの民間企業主体のコンソーシアムが構築され、Moonlight計画の具体化が進められている。ノキアやKDDIなどの携帯通信事業者は月面で携帯網を展開しようとしているし、日本でも光通信技術の展開を目指した宇宙スタートアップ企業が登場している。

　このように、政府、宇宙機関、民間企業のそれぞれが、いずれは惑星間インターネットを構成するサブネットワークを構築する動きが出てきているのだ。このようなサブネットワークが有機的に結合し、全体として統合されたネットワークを構築できれば、宇宙でも人類活動の持続性を飛躍的に高めることができるであろう。

■インターネットとのアナロジー

　これから宇宙で起ころうとしていることは、実はインターネットの歴史においても経験してきた。さかのぼること1983年、ARPANET・SATNET・PRNETの3つの異種ネットワークがTCP/IPを用いて相互接続に初めて成功した。この歴史的なイベントのアナロジーとなるような動きが宇宙でも加速していくであろう。つまり、政府、宇宙機関、民間企業などの異なる独立したネットワークが、宇宙空間で相互に接続し、協調し、統合的なネットワークを形成する時代に入るということだ。

　この実現のためには何が必要であろうか。もちろん、ネットワーク間の相互接続のための国際的な技術的標準（通信プロトコル）を作るといった技術的側面もあるが、インフラの利用方法を決めるポリシーメーキングのプロセスをどうするか、あるいは月でのデジタル資源（周波数やIPアドレスのような識別番号）の管理を誰がどのように

行うのかといったマネジメント・ガバナンス面も必要であろう。このような点では「インターネット」が歩んできた歴史、得られた教訓、構築してきたガバナンスモデルを「惑星間インターネット」にもしっかりと生かしていくことが重要となる。

■IPNSIGが目指すビジョン

ここで IPNSIG（Interplanetary Networking Special Interest Group）[2]について紹介させてほしい。IPNSIG は 1998 年に、インターネットの父であるビント・サーフ（Vinton G. Cerf）氏によって立ち上げられた米国の NPO 団体である。立ち上げ当初からインターネットソサエティー（ISOC）に在籍し、長年スペシャル・インタレスト・グループ（SIG）として活動してきたが、2022 年に ISOC 初の宇宙チャプター（Interplanetary Chapter）として認定を受け、現在に至る。会員は世界中から 1000 人を超え、筆者は 2020 年から IPNSIG の President として活動を牽引してきた。

IPNSIG のビジョンは「人類の共通基盤として惑星間インターネットを実現すること」であり、惑星間インターネットの将来のアーキテクチャ像や、先に述べたようなガバナンスの在り方を検討し、宇宙機関や民間企業に提言するといった活動を行っている。

■人類共通基盤としての惑星間インターネット、その実現に向けた課題は何か

IPNSIG では、月・火星へと進展する惑星間インターネットを共通基盤として作り上げることを目指しており、アーキテクチャの観点そしてガバナンスの観点から、その在り方を検討している。2023 年 9 月に「Solar System Internet Architecture and Governance – from the Moon to Mars and beyond」[3]というタイトルで今後の課題や提言をレポートにまとめたので、ここに概要を紹介したい。

●テクノロジーとガバナンスの両面が重要

宇宙は広大であり、惑星間での通信を考えれば、超長距離の伝送は避けることはできない。月と地球間の場合、光の速度であればものの数秒で往復できてしまうが、火星の場合は最大 40 分ほどかかってしまう。さらに、宇宙機は常に軌道を周回していたり天体運動もあったりするので、地球との通信が容易に中断してしまうことがある。つまり、この地球上のインターネットとは大きく異なる環境で通信を成立させるために、通信遅延や通信中断といったユニークな環境に対する新たな技術が必要となる。

TCP/IP の共同開発者であるサーフ氏は、エイドリアン・フック（Adrian Hooke）氏ら NASA ジェット推進研究所の研究者とともにこの点に着目し、1990 年代後半に惑星間インターネットへの適用を目指した「DTN」と呼ばれる通信プロトコルを提唱した。DTN とは Delay and Disruption Tolerant Networking の略称であり、その名の通り遅延（delay）と中断（disruption）に対する耐性を持つプロトコルである。DTN 技術は現在、Internet Engineering Task Force（IETF）の DTNWG にて標準化活動が行われている。さらに、CCSDS（Consultative Committee for Space Data Systems、宇宙データシステム諮問委員会）と呼ばれる、宇宙機関を中心とした標準化団体では、IETF の活動を参照しながら宇宙機に搭載するための通信プロトコルを規格化・標準化してきた。

月から始まる惑星間インターネットの構築においては、初期段階から DTN を適用していくことがさらに遠くに行くための足がかりとなり、非常に重要であろう。しかし、惑星間インターネットの実現のためには、こういった DTN のような技

術以外にもさまざまな技術開発そしてガバナンス上の課題がある。以下にいくつかの代表例を示したい。

●惑星間ルーティング技術

　宇宙船、月面拠点、ロボットなどさまざまなノードへデータを伝送するためには、中継ノードを介したルーティング技術が必須となる。太陽系にノードが数個であればさほど問題にならないが、100、1000、1万と増えていくならばどうだろう。スタティックルートのように手動で経路を管理するには限界があるし、地上の動的ルーティングのように経路の自動学習技術も必要となろう。しかし、光の速度でも火星まで片道20分かかるような距離では、送信元が送った経路情報は受信元に届いた時点では陳腐化していることが考えられる。さらに、ルーティング情報を共有するにしても相手先の衛星がどこを飛行しているかを把握しておく必要があるし、常に運動を続ける衛星に正確にアンテナをポインティングする必要もある。

　惑星間インターネットが提唱された初期の頃から、こういった諸制約がある中での自動的な経路学習やルーティング技術の確立は重要課題として認識されており、今後の技術開発が期待される領域となっている。

●月でのインターネット（internet）の展開

　月にインターネットが構築されるという世界観を想像したことがあるだろうか。例えば、地球上で使われているTCP/IPの技術やアプリケーションをそのまま宇宙に持ち込むことができないかと検討を重ねている人がいる。なぜかといえば、TCP/IPはこの地球上で成熟してきた技術であるため信頼性が高いし、比較的アフォーダブルな形で宇宙に持ち込むことができると考えられている

ためである。宇宙での放射線環境や真空環境に耐え得る形にパッケージ化してしまえば地球の技術をそのまま宇宙でも使えるのでは、ということである。つまり、月でのインターネットが誕生しても何ら不思議ではない時代に入ってきたのだ。

　先に述べたDTNのような技術と、TCP/IPという異なるプロトコル技術が、地球・月・火星をつなげた通信アーキテクチャの中でどのように融合できるか。エンドツーエンドでのプロトコルスタックはどうあるべきか。こういった点を、宇宙機関、民間企業、アカデミア、技術標準団体などが協力して議論していく必要があるだろう。

●ガバナンス面でのチャレンジ

　しかし、こういった技術的な側面を考えるだけでよいのだろうか。例えば月にインターネットを展開するならば、宇宙でのIPアドレス配分はどうすればいいだろう。月でも「networks of networks」の時代が訪れるなら、自律システム番号（Autonomous System Number：ASN）やドメイン名（Domain Name）の管理も必要となろう。現在のインターネットの構造では、ICANN（IANA）と5つのRIRによってこれらの資源の分散管理が行われているが、月でのIPアドレス、ASN、ドメイン名などの資源はどの機関が管理を行うのか。既存のRIRなのか、あるいはSpace RIRのようなものを新たに構築するべきか。また、宇宙というユニークな環境条件においてどのようなポリシーの下に配分を行っていくかといったことも決めていく必要がある。

　さらに、最も重要なインターネットからの教訓は、その運用が「マルチステークホルダー」によって成り立っていることである。そして「マルチステークホルダー・ガバナンス」がインターネットの持続性を高めてきた大きな原動力であると筆者は考える。このアプローチを惑星間インターネッ

トにも反映していくことができれば、地上のインターネットと同じような共通基盤を目指すことができるだろう。

　一方で、宇宙活動は1967年に国連で発効された「月その他の天体を含む宇宙空間の探査及び利用における国家活動を律する原則に関する条約」（通称・宇宙条約）に基づく活動が行われている。同条約では、宇宙での活動は民間活動であっても国家が国際的責任を有するとしている。つまり、宇宙空間での活動は国家活動であり、いわゆる「マルチラテラル（国家間活動）」な世界で動いているため、インターネットのマルチステークホルダー・ガバナンスとはアプローチが異なっている。ただし、今後、月での民間活動が活発化していく時代を迎えるに当たり、いずれ月はマルチステークホルダーの活動の場となるであろう。

　惑星間インターネットを含め、月での運用・利用に関するガバナンスの在り方は注視が必要であり、今後も、国際宇宙探査の進展や惑星間インターネットの発展にぜひ注目してほしい。

1.　ここで、internetと小文字を用いたのは、地球上のThe Internetと区別するためである。

2.　IPNSIG
　　https://www.ipnsig.org/

3.　IPNSIG, Solar System Internet Architecture and Governance - from the Moon to Mars and beyond -, Sep. 2023
　　https://drive.google.com/file/d/1anMcVEqXjNtk5gdo_qce28SowusXKkfi/view

インターネットトラフィックの動向

長 健二朗 ●株式会社インターネットイニシアティブ（IIJ）
福田 健介 ●国立情報学研究所

コロナ禍を経た2023年のインターネットトラフィックは前年同様、全体的に堅調な増加で、目立った変化は見られない。2020年の急増と比較すると安定した傾向が続いている。

■インターネットの国内トラフィック量調査

いまや社会全体がインターネットに依存しており、インターネットの利用状況を把握し今後を予想することは通信事業者のみならず、多くの事業や政策にとっても重要である。インターネットのトラフィック量、特にその増加率は、長期的な事業計画や政策を立てる上で、また、技術やインフラへの投資を考える上でも、欠かせない指標となっている。

国内のインターネットトラフィックについては、国内ISP9社、学会の研究者、ならびに総務省の協力によって2004年から継続的に集計が行われ、結果が公表されている。トラフィックデータの集計は、総務省データ通信課を事務局とし、学界の研究者と国内ISP9社が協力して行っている。データを提供している協力ISPは、IIJ、NTTコミュニケーションズ、NTTドコモ（旧NTTぷらら）、オプテージ、KDDI、JCOM、ソフトバンク（旧ソフトバンクBBおよび旧ソフトバンクテレコム）、ニフティ、ビッグローブの9社・10ネットワークとなっている。

調査の目的は、国内バックボーンにおけるトラフィックの基礎データを開示することによって、事実に基づいた健全なインターネットの発展に寄与することである。企業機密であるトラフィック情報は、事業者からの開示が難しい。そのためデータの入手が難しく、推測あるいは一部の偏ったデータを基に議論や判断がなされかねない。そこで、産官学の連携によってトラフィック情報の秘匿性を維持しつつ、協力ISP全社の合計値としてトラフィック量を開示し、また、このデータをもとに国内総トラフィック量の推計を行っている。

これらの結果は、総務省の報道発表資料として公開し、多くの文献で参照されている。本稿では、その値を基にトラフィックの現状について概説する。

■収集データ

測定対象は、ISP境界を越えるトラフィックである。一般にISP境界は、顧客と接続するカスタマー境界と、他のISPと接続する外部境界に分けられる。ISP境界におけるトラフィックについては、協力ISPとの協議の結果、各社の実運用と整合する共通分類を定義している（資料4-2-4）。収集したデータは、各ISPが独自に集計したトラフィックを個別ISPのシェアが分からないように

資料4-2-4 定義したISP境界における5つのトラフィック分類

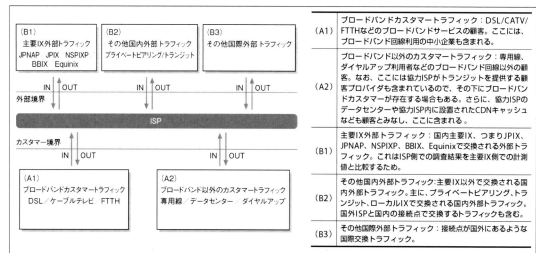

(A1)	ブロードバンドカスタマートラフィック：DSL/CATV/FTTHなどのブロードバンドサービスの顧客。ここには、ブロードバンド回線利用の中小企業も含まれる。
(A2)	ブロードバンド以外のカスタマートラフィック：専用線、ダイヤルアップ利用者などのブロードバンド回線以外の顧客。なお、ここには協力ISPがトランジットを提供する顧客プロバイダも含まれているので、その下にブロードバンドカスタマーが存在する場合もある。さらに、協力ISPのデータセンターや協力ISP内に設置されたCDNキャッシュなども顧客とみなし、ここに含まれる。
(B1)	主要IX外部トラフィック：国内主要IX、つまりJPIX、JPNAP、NSPIXP、BBIX、Equinixで交換される外部トラフィック。これはISP側での調査結果を主要IX側での計測値と比較するため。
(B2)	その他国内外部トラフィック：主要IX以外で交換される国内外部トラフィック。主に、プライベートピアリング、トランジット、ローカルIXで交換される国内外部トラフィック。国外ISPと国内の接続点で交換するトラフィックも含む。
(B3)	その他国際外部トラフィック：接続点が国外にあるような国際交換トラフィック。

※ (A2)のブロードバンド以外のカスタマートラフィックは4社からしかデータが得られていない。これは、ISPのネットワーク構成によっては社内リンクと外部リンクの切り分けが難しく、集計が困難なためである。そのほかの項目は該当トラフィック項目がない場合を含み全ISPからデータが提供されている。そのため、(A2)のトラフィック量を他の項目と直接比較する事はできない。

出所：総務省「我が国のインターネットにおけるトラヒックの集計・試算」

合算し、結果を開示している。

データはトラフィック分類ごとに、SNMPのインターフェースカウンター値を2時間粒度で1か月分収集している。2時間粒度のデータによって、各ISPでトラフィックの大きな変化があった場合にも特定が可能となる。前回の測定値やIXでの測定結果と比較して食い違いがある場合には、原因の究明を行うようにしている。原因には、ネットワーク構成の変更、障害、SNMPデータの抜け、インターフェースグループ分けの不備などが挙げられる。トラフィックに予想外の変化が見つかった場合には、当該ISPに確認を依頼し、必要があればデータを再提出してもらう確認体制を取っている。

集計を開始した2004年9月から3か月間は毎月データを収集したが、データの一貫性が確認されたので、その後は年に2度、5月と11月に計測・収集を行うようにした。協力ISP各社には、調査の意義を理解していただき、データ収集に協力し

てもらっている。

2011年5月に、主要IXに2社を追加したほか、国内総トラフィックの推計方法を変更している。主要IXの追加に関しては、それまでのJPIX、JPNAP、NSPIXPに、BBIXとエクイニクス（Equinix）の2社を追加した。国内総トラフィックの推計については、それまでは協力ISPの主要IXにおけるトラフィックシェアを基にブロードバンドの国内総トラフィックの推計を割り出していたが、プライベートピアリング等のIXを経由しないトラフィック交換比率の急増を受けて、協力ISPのブロードバンド契約数シェアを基に割り出す方法に変更した。

調査の開始時から、協力ISPとしてIIJ、NTTコミュニケーションズ、オプテージ、KDDI、ソフトバンクが参加している。その後、ブロードバンドのカバー率向上のために協力ISPを増やすことになり、2017年からNTTぷらら、ジュピターテレコム、ニフティ、ビッグローブの4社が新たに

協力ISPに加わっている。これら4社の加入により、ブロードバンドのカバー率が契約数ベースで41%から68%へと大幅に向上したが、データには不連続が生じることとなった。

また、新規協力ISPはこれまでの協力ISPに比べてコンシューマー向けサービスの比率が高く、トランジットへの依存度も高い傾向があるため、計測項目によってその影響の大きさが異なっている。新規4社を加えた合計値については、当初は参考値扱いとしていたが、従来の5社のデータと増加率ベースで整合することが確認されたので、2019年5月分のデータ公表の際に2017年まで遡って9社分を公式値とする切り替えを行った。このため契約あたりのA1トラフィック量が減少し、その結果、カスタマートラフィック国内総量推計値も2017年5月に減少している。

■集計結果

以下に示すデータは、協力ISP9社・10ネットワーク分のデータの合算値である。なお、INとOUTは、ISP側から見たトラフィックの流入と流出の方向を表す。

●カスタマートラフィック

資料4-2-5は、2023年5月の週間カスタマートラフィックを示したものである。これは各曜日の同時間帯を平均した値である。休日はトラフィックパターンが異なるため除いて集計していることから、月間平均トラフィック合計値（後述の資料4-2-9）とは若干異なる。

ブロードバンドカスタマー（資料4-2-5（上））では、2023年5月には、平均でIN側2.05Tbps、OUT側18.3Tbpsの流量がある。一日のピーク時間は、19〜23時である。

ブロードバンド以外のカスタマー（資料4-2-5（下））ではINとOUTはほぼ同量となっている。

時間別の変動やピーク値とボトム値の割合は家庭利用の特徴が出ていて、ホームユーザー向けサービスの存在がうかがえる。さらに、下流にあるISPのホームユーザーの影響もあると思われる。

●外部トラフィック

資料4-2-6は、2023年5月の週間外部トラフィックを示したものである。主要IXトラフィック（資料4-2-6（上））、その他国内トラフィック（同（中））、その他国際トラフィック（同（下））のいずれのパターンも、ホームユーザーのトラフィックの影響を大きく受けていることが分かる。全ての外部トラフィックはOUTに比べてINが大きく、他の事業者から入ってくるトラフィックがホームユーザーへ出ていく傾向を示している。

資料4-2-7は、2004年からの項目別月間平均トラフィック合計値を示したものである。前述のように、2011年5月から主要IXが5社に変更されているため外部トラフィック（B1〜B3）にその影響が反映されているが、全体の傾向に大きな影響はないことが確認できる。また、2016年11月には、それまで区分が曖昧だった顧客ISPとの接続やCDNキャッシュをA2に区分するように見直しを行った結果、A2の割合が増えている。さらに、2017年5月には協力ISPが5社から9社に増えている。

●トラフィック量推移

資料4-2-8にカスタマートラフィック量と外部トラフィック量の推移を示す。

2023年のトラフィックの傾向として以下の点が挙げられる。

・トラフィックはコロナ禍の影響が小さくなり、全体的に安定した増加に戻ってきたように見える。全ての項目で増加しているが、増加率はやや低めとなっている。全体の傾向に目立った変化は

資料4-2-5　2023年5月の週間カスタマートラフィック：ブロードバンドカスタマー（上）とブロードバンド以外のカスタマー（下）

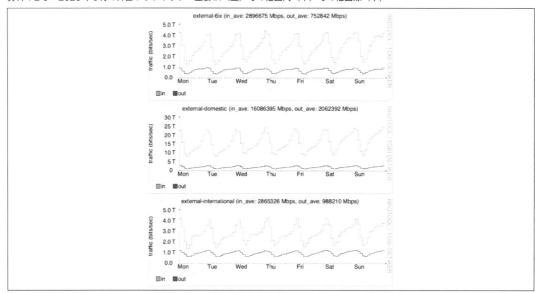

出所：総務省「我が国のインターネットにおけるトラヒックの集計・試算」

資料4-2-6　2023年5月の外部トラフィック：主要IX（上）その他国内（中）その他国際（下）

出所：総務省「我が国のインターネットにおけるトラヒックの集計・試算」

見当たらない。

• ブロードバンドも、前回比で INは3.5%、OUTは2.5%の増加、前年比でINは6.3%、OUTは12.5%の増加となっていて、コロナ禍以前と比べても低

めの増加率となった。

■国内総トラフィックの推計

本活動では、協力ISPから得られた数字を基に、

資料4-2-7　項目別月間平均トラフィック合計値推移

(単位：bps)		(A1) ブロードバンド顧客		(A2) その他顧客		(B1) 主要IX外部		(B2) その他国内外部		(B3) その他国際外部	
		IN	OUT	IN	OUT	IN	OUT	IN	OUT	IN	OUT
2004	9月分	98.1G	111.8G	14.0G	13.6G	35.9G	30.9G	48.2G	37.8G	25.3G	14.1G
	10月分	108.3G	124.9G	15.0G	14.9G	36.3G	31.8G	53.1G	41.6G	27.7G	15.4G
	11月分	116.0G	133.0G	16.2G	15.6G	38.0G	33.0G	55.1G	43.3G	28.5G	16.7G
2005	5月分	134.5G	178.3G	23.7G	23.9G	47.9G	41.6G	73.3G	58.4G	40.1G	24.1G
	11月分	146.7G	194.2G	36.1G	29.7G	54.0G	48.1G	80.9G	68.1G	57.1G	39.8G
2006	5月分	173.0G	226.2G	42.9G	38.3G	66.2G	60.1G	94.9G	77.6G	68.5G	47.8G
	11月分	194.5G	264.2G	50.7G	46.7G	68.4G	62.3G	107.6G	90.5G	94.5G	57.8G
2007	5月分	217.3G	306.0G	73.8G	57.8G	77.4G	70.8G	124.5G	108.4G	116.4G	71.2G
	11月分	237.2G	339.8G	85.4G	63.2G	93.5G	83.4G	129.0G	113.3G	133.7G	81.8G
2008	5月分	269.0G	374.7G	107.0G	85.0G	95.7G	88.3G	141.2G	119.4G	152.6G	94.4G
	11月分	302.0G	432.9G	122.4G	88.7G	107.5G	102.5G	155.6G	132.3G	176.1G	110.8G
2009	5月分	349.5G	501.0G	154.4G	121.4G	111.7G	104.9G	185.0G	155.4G	213.1G	126.4G
	11月分	373.6G	539.7G	169.4G	127.6G	114.3G	109.8G	209.5G	154.3G	248.2G	148.3G
2010	5月分	321.9G	536.4G	178.8G	131.2G	94.1G	91.0G	194.8G	121.4G	286.9G	155.5G
	11月分	311.1G	593.0G	190.1G	147.5G	90.1G	91.6G	198.7G	117.2G	330.1G	144.9G
2011	5月分	302.5G	662.0G	193.9G	174.4G	98.4G	90.0G	242.9G	131.5G	420.9G	160.5G
	11月分	293.6G	744.5G	221.9G	207.5G	102.9G	89.4G	265.1G	139.1G	498.5G	169.6G
2012	5月分	287.8G	756.6G	251.5G	243.0G	118.4G	98.6G	317.4G	145.1G	528.7G	178.8G
	11月分	294.0G	840.3G	268.3G	257.2G	103.2G	83.2G	316.6G	135.7G	571.3G	201.6G
2013	5月分	347.8G	1027.8G	300.3G	286.4G	114.5G	85.5G	423.3G	161.3G	633.9G	231.6G
	11月分	370.0G	1146.3G	336.5G	326.2G	138.9G	94.9G	520.8G	186.2G	714.5G	259.7G
2014	5月分	398.9G	1274.5G	359.2G	317.2G	163.6G	101.5G	614.9G	214.3G	808.3G	282.3G
	11月分	407.6G	1557.0G	496.1G	426.1G	192.3G	104.6G	765.1G	246.5G	924.6G	340.6G
2015	5月分	457.0G	1928.9G	525.6G	440.2G	198.9G	117.5G	955.6G	287.5G	941.5G	308.1G
	11月分	452.9G	2336.1G	581.1G	503.0G	251.9G	137.1G	1306.4G	366.6G	1059.7G	307.9G
2016	5月分	551.5G	2863.3G	652.7G	570.5G	277.0G	112.6G	1765.1G	453.8G	1080.1G	292.4G
	11月分	602.5G	3396.6G	1246.0G	653.6G	311.0G	113.6G	1989.2G	518.2G	1221.9G	353.8G
2017	5月分	954.8G	5452.9G	1390.0G	597.1G	590.5G	179.1G	3207.1G	685.2G	1283.1G	322.6G
	11月分	779.1G	5980.2G	1428.9G	688.1G	690.6G	157.1G	3591.1G	661.6G	1437.5G	362.5G
2018	5月分	870.1G	6837.9G	1441.9G	726.4G	736.8G	214.7G	3864.7G	559.4G	1746.4G	452.6G
	11月分	929.1G	7281.8G	1921.4G	867.5G	964.9G	283.4G	4848.6G	710.5G	1669.2G	400.9G
2019	5月分	1016.7G	7859.6G	2159.4G	948.9G	950.2G	289.4G	5519.1G	848.9G	1671.0G	408.5G
	11月分	1073.0G	8641.0G	2323.4G	956.5G	994.1G	290.8G	6232.5G	901.2G	1995.5G	540.9G
2020	5月分	1534.3G	12575.6G	2968.1G	2420.1G	1610.7G	328.6G	10065.5G	1353.3G	2945.8G	724.5G
	11月分	1542.7G	12885.5G	2787.3G	2552.4G	1502.0G	290.5G	9380.0G	1535.1G	2603.5G	593.5G
2021	5月分	1776.4G	15264.6G	3226.4G	3084.7G	1881.8G	584.3G	12454.5G	1651.1G	2946.1G	715.6G
	11月分	1772.3G	14885.5G	3590.7G	3147.5G	2078.7G	631.9G	12906.8G	1654.0G	2518.9G	820.7G
2022	5月分	1922.1G	16180.7G	3850.4G	3530.7G	2299.0G	677.6G	14178.9G	1687.8G	2492.9G	914.1G
	11月分	1973.2G	17749.1G	4039.4G	3827.9G	2616.8G	707.7G	15662.5G	1952.6G	2687.0G	939.1G
2023	5月分	2043.2G	18200.6G	4295.4G	4104.3G	2889.1G	753.3G	16016.7G	2059.4G	2860.3G	986.9G

出所：総務省「我が国のインターネットにおけるトラヒックの集計・試算」

国内総トラフィックの推計を行っている。国内総トラフィックとして、カスタマー向けトラフィックをブロードバンドに分けて、それぞれ個別に推計している。ブロードバンドカスタマーは、一般家庭と小規模ビジネスにおけるインターネット接続サービスの利用であり、その総量はおおむね一般の利用者によるインターネット利用の総量と見なすことができる。一方、その他カスタマーの総量には専用線接続などによるビジネス利用や移動体通信も含まれていて、ブロードバンドを補完するインターネット利用量と見なすことができる。

2010年までは、IXにおけるトラフィックに対する協力ISPのシェアを基に総トラフィックを推計していた。具体的には、協力ISPの主要IX外部のOUTとIX側で測定したINの総量との比率から、IXトラフィックにおける協力ISPのシェアを求める。他のトラフィック項目においても協力ISPのシェアが同じと仮定し、各項目の値をこのシェアの値で割ることで国内総トラフィックを推計する。

しかし、2008年まで42%程度で安定していたIXトラフィックシェアは、2009年から減少に転じた。これは、国内全体でIX経由のパブリックピアリングから、IXを経由しないプライベート

資料4-2-8　トラフィック量推移：カスタマートラフィック（左）と外部トラフィック（右）

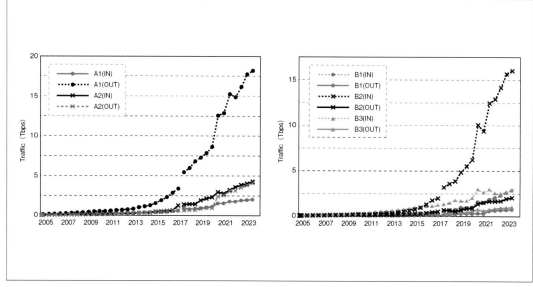

出所：総務省「我が国のインターネットにおけるトラヒックの集計・試算」

ピアリングやトランジットへの移行が進んできたほか、従来は大手ISPのトランジットに依存していたコンテンツ事業者が自身でネットワーク運用をしてISPとピアリングするようになってきた影響と思われる。その結果、IXトラフィックシェアがブロードバンドトラフィックシェアを反映しなくなり、総量を過剰に推計してしまう問題が出てきた。

そこで、ブロードバンドトラフィックの総量に関しては、2011年から協力ISPのブロードバンド契約数のシェアを使って推計する方法に変更した。過去のデータについても、契約数シェアを基にした値に修正を行った。

その他のカスタマートラフィック（A2）に関してはブロードバンド契約数とは関係しないため、従来通りのIXトラフィックシェアを基にした値を用いている。その他のカスタマートラフィックはISP4社からしか提供されていないため、この4社のIXにおけるトラフィックシェアから総トラフィックを計算している。

推計したカスタマートラフィック（ブロードバンドおよびその他）の国内総量の数値データを資料4-2-9に、そのグラフを資料4-2-10に示す。2023年5月のブロードバンドカスタマー（A1）の総量推計値は、前年比ではINで11%、OUTで17%の増加、前回の11月のデータと比較するとINで4.6%、OUTで3.4%の増加となっている。A1の総量推計値は、あくまで協力ISPのブロードバンド契約数シェアがトラフィック量にも当てはまると仮定した概算値である。2017年5月のギャップは協力ISPを5社から9社に切り替えた影響であり、2020年5月のギャップは新型コロナウイルス感染症による最初の緊急事態宣言の影響である。なお、資料4-2-10左の「Mobile」は、4Gなどの移動通信のトラフィックを示している。

その他カスタマートラフィック（A2）の総量の推計値に関しては4社からしかデータ提供がなく、その変動も大きいため、推計結果にも大きな

資料4-2-9　カスタマートラフィック国内総量の推計値

		協力ISP 契約数シェア	(A1) 総量推計値 (bps)		(A2) 提供協力ISP IX トラフィックシェア	(A2) 総量推計値 (bps)	
			IN	OUT		IN	OUT
2004	9月	52.20%	188G	214G	14.90%	94G	91G
	10月	52.20%	208G	239G	15.20%	99G	98G
	11月	52.20%	222G	255G	14.00%	116G	111G
2005	5月	52.30%	257G	341G	14.90%	159G	160G
	11月	50.10%	293G	387G	15.90%	227G	187G
2006	5月	49.70%	348G	455G	16.70%	257G	229G
	11月	49.40%	394G	535G	16.10%	315G	290G
2007	5月	49.10%	443G	624G	17.50%	422G	330G
	11月	48.40%	490G	702G	16.60%	515G	381G
2008	5月	47.30%	568G	792G	17.90%	598G	475G
	11月	46.50%	649G	930G	18.70%	655G	474G
2009	5月	45.90%	762G	1090G	17.40%	887G	698G
	11月	45.10%	828G	1200G	17.60%	963G	725G
2010	5月	43.80%	735G	1220G	16.90%	1060G	776G
	11月	43.90%	709G	1350G	17.00%	1120G	868G
2011	5月	43.80%	691G	1510G	13.80%	1410G	1260G
	11月	44.10%	666G	1690G	12.80%	1730G	1620G
2012	5月	44.10%	652G	1710G	12.40%	2030G	1960G
	11月	44.30%	664G	1900G	11.20%	2400G	2300G
2013	5月	44.80%	776G	2290G	9.56%	3140G	3000G
	11月	44.60%	830G	2570G	8.67%	3880G	3760G
2014	5月	44.10%	904G	2890G	8.76%	4100G	3620G
	11月	43.70%	932G	3560G	7.13%	6960G	5980G
2015	5月	43.40%	1050G	4450G	7.36%	7140G	5980G
	11月	42.70%	1060G	5470G	6.79%	8560G	7410G
2016	5月	41.90%	1320G	6840G	4.87%	13400G	11700G
	11月	41.30%	1460G	8230G	4.53%	27500G	14400G
2017	5月	67.90%	1370G	7840G	6.80%	19200G	10200G
	11月	67.20%	1130G	8690G	3.90%	36600G	17600G
2018	5月	66.50%	1310G	10300G	6.21%	23600G	13700G
	11月	66.30%	1400G	11000G	6.01%	32000G	14400G
2019	5月	65.00%	1560G	12100G	6.18%	34900G	15400G
	11月	68.30%	1570G	12600G	5.35%	43400G	17900G
2020	5月	66.10%	2320G	19000G	3.36%	88300G	72000G
	11月	65.00%	2330G	19500G	2.26%	123000G	113000G
2021	5月	63.90%	2780G	23900G	5.84%	55200G	52800G
	11月	62.90%	2820G	23700G	5.10%	70400G	61700G
2022	5月	62.30%	3090G	26000G	4.80%	80200G	73600G
	11月	60.10%	3280G	29500G	4.39%	92000G	87200G
2023	5月	59.60%	3430G	30500G	4.28%	100000G	95900G

出所：総務省「我が国のインターネットにおけるトラヒックの集計・試算」

ばらつきが見られる。今回はデータ提供4社のIXシェアは前回から少し減って4.3%となり、A2総量推計値が、前年比ではINで25%、OUTで30%の増加、前回比ではINで8.7%、OUTで10%の増加となった。2020年の5月と11月のコロナ禍初期に大きく上振れしたのが、その後元の成長曲線に戻ってきたように見える。このように、その他カスタマートラフィックの総量の推計値は、IXにおけるトラフィックシェアがA2にも当てはまると仮定しており、かつ、A2の提供ISP数も少ないため、ブロードバンドと比較して精度が低くなっている。あくまで参考値として捉えていただきたい。

■まとめ

コロナ禍でインターネットの利用がより多くの人々の生活の中に浸透し、生活インフラとして欠かせないものになった。ビデオ会議やリモートワークが定着し、子供たちにも動画視聴が浸透した。また、2022年の11月のサッカーワールドカップや2023年3月の野球のワールド・ベースボール・クラシック（WBC）で日本代表チームが活躍し、ネット中継によるスポーツ視聴も裾野が広がった。SNSにおいても、数年前に比較して動

資料4-2-10　ブロードバンドカスタマー（左）およびブロードバンド以外のカスタマー（右）の総量推計値の推移

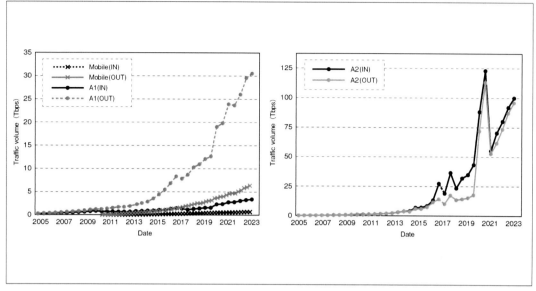

出所：総務省「我が国のインターネットにおけるトラヒックの集計・試算」

画割合が格段に増えている。

　一方で、トラフィック量を見ると、コロナ禍が始まった2020年は大きく増えたものの、その後は元の増加曲線に戻り、比較的安定した増加を続けている。2023年5月の増加率は、コロナ禍以前と比べても低めの数字となっていて、全体の傾向に目立った変化は見当たらない。その要因とし

て、在宅率が下がってきて利用時間が減っていること、これといった新しいサービスや使い方が出てきていないこと、ビデオ圧縮効率向上などの技術進化もあってビデオコンテンツの流通量ほどにはトラフィック量が増加していないことなどが挙げられる。

国内データセンターサービスの動向

三柳 英樹　●株式会社インプレス クラウド&データセンター完全ガイド 編集長／クラウド Watch 記者

建設続くハイパースケールデータセンター、電気代・建設費高騰の影響で投資額の増大は続く見込み。2024年はAIサービスの拡大により、高い電力供給や冷却技術に需要。

■建設ラッシュが続くハイパースケール向けデータセンターは、建設地の分散も進む

大手クラウドサービス事業者を主な顧客とするハイパースケール向けデータセンターは、国内の旺盛なクラウド需要に応える形で、多数のデータセンター建設計画が予定されている。

米国のデータセンター開発・運用事業者であるCyrusOne は、関西電力との合弁会社「関西電力サイラスワン」の設立を2023年5月に発表。今後10年程度で1兆円以上を投資し、総受電容量900MW規模の事業を展開するとしている。新会社は首都圏と関西圏での事業を予定し、既に関西圏に建設地を確保しており、着工に向け準備を進めているという。

オーストラリアのNextDCは、ニュージーランドやマレーシアでのデータセンター建設計画に続き、東京でのデータセンター建設計画を2023年5月に公表した。日本で初のデータセンターは「TK1」と命名されているが、詳細についてはまだ明らかにされていない。

同じくオーストラリアのAirTrunkは、大阪西部に新データセンター「AirTrunk OSK1」を建設することを2023年10月に発表した。同社は、千葉県印西市に「TOK1」、東京西部に「TOK2」を

開設しており、OSKは大阪初のデータセンターとなる。また、TOK1は第3期工事、TOK2は第2期工事による拡張を発表しており、ハイパースケーラー向けデータセンターの建設が進んでいる。

米Equinix は2023年6月、東京で2か所目となるハイパースケーラー向けxScaleデータセンター「TY13x」を開設した。TY13xは、2021年3月に千葉県印西市に建設されたTY12xに隣接し、第1フェーズで8MW、フル稼働時には36MWのIT電力を供給する予定だ。

Colt DCS は、2023年4月に関西地区で初となるハイパースケール向けデータセンター「Colt京阪奈データセンター」を開設した。また、関東地区では、4つ目のデータセンターとなる「印西4」の建設開始を発表した。

MCデジタル・リアルティは、2023年2月に大阪KIXキャンパスで4棟目となる「KIX13」データセンターを開設した。

シンガポールを拠点とするSCゼウス・データセンターは、2023年11月に日本進出を発表。第1弾として大阪市内にデータセンターを建設し、2030年までに首都圏・関西圏で複数のデータセンターサイトを展開、合計200MWの開発を視野に入れるとしている。

NTT データグループ、NTT グローバルデータ

センター、東京電力パワーグリッドの3社は2023年12月、データセンターの共同開発および運用を目的とした新会社の設立に向け合意したと発表した。NTTグローバルデータセンターと東京電力パワーグリッドは、事業推進を目的とした特別目的会社を2023年度内に資本比率50：50で設立。千葉県印西白井圏に用地を取得し、両社で開発するデータセンター第一弾として、IT機器向け電力容量50MWのデータセンターを開発する予定としている。

グーグルは2023年4月、千葉県印西市にデータセンターを開設した。同社は既に、日本国内でGoogle Cloud Platform（GCP）のリージョンを東京と大阪に設置しているが、自社で建設するデータセンターとしては初となる。グーグルでは、2022年に発表した日本社会のデジタル化を支援する取り組み「デジタル未来構想」の一環として、データセンターを開設したと説明。この取り組みは、2024年にかけて総額1000億円を日本社会に投資し、インフラへの貢献、デジタルトレーニングの提供、そしてパートナーや非営利団体への支援を拡大することにより、デジタルの恩恵をさらに多くの人に広げていくことを目的とするとしている。

このほか、公式に発表されていないデータセンターも含めて、多くのハイパースケール向けデータセンターの建設が予定されている。関東では「データセンター銀座」と呼ばれるようになった印西地区に加え、東京都多摩地区や埼玉県、神奈川県など、都心部からある程度離れた地域への建設が噂されている。関西でも同様に、大阪郊外でのデータセンター建設が予定されている。データセンターの建設には、土地だけでなく大容量の電力供給が必要となるため、工場跡地など電力供給に有利な土地がデータセンター建設関連事業者に売却されるケースが見られる。

IDC Japanが2023年8月に発表した「国内データセンター建設投資予測」では、2023年の投資規模は前年比16.4％増の3222億円、2024年以降は毎年5000億円を超える投資規模が継続すると予測。ハイパースケール向けデータセンターの増設需要が、東京・大阪郊外で続いていることに加え、建設業界の人手不足や資材高騰による建設コストの上昇も、その要因になっているとしている。（資料4-2-11）。

■自治体のクラウド利用などを想定した「コネクティビティ」化が進む国内データセンター

国内のデータセンター事業者では、各種クラウドサービスへの接続性など「コネクティビティ」をセールスポイントに挙げるケースが増えている。

オプテージは2023年11月、大阪市内の「オプテージ曽根崎データセンター」の建設を着工したことを発表。同データセンターは、関西テレビ放送とサンケイビルが共同開発し、オプテージが運営を担当。2026年1月の運用開始を予定しており、クラウドサービスや他のデータセンターなどへのアクセス性に優れた「コネクティビティデータセンター」であることをアピールしている。

これまでも、各種クラウドサービスなどに閉域網で接続できる点をセールスポイントとするデータセンターはあったが、今後は地方自治体のクラウドサービス利用が進むことが想定される。こうした需要に対応するため、クラウドサービスへの閉域網接続などを提供するコネクティビティデータセンターに向けた動きが全国に広まっている。

BBIXは、同社が提供するクラウド型ネットワークサービス「Open Connectivity eXchange（OCX）」の接続拠点を、各地のデータセンターや通信事業者に設置する取り組みを進めている。2023年11月にはNECの「神戸データセンター」、

資料 4-2-11　国内の事業者データセンター新設／増設投資予測：2022 年～2027 年（2022 年は実績値、2023 年以降は予測）

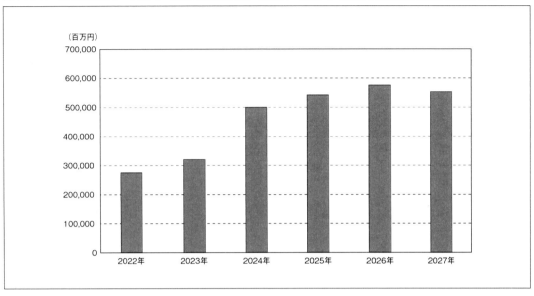

（百万円）

出所：IDC Japan「国内データセンター数／延床面積／電力キャパシティ予測、2023 年～2027 年」、https://www.idc.com/getdoc.jsp?containerId=prJPJ51165523

オプテージの「心斎橋POP」、2023年9月には石川コンピュータ・センターの「白山データセンター」、2023年7月には北電情報システムサービスの「FIT-iDC」、2023年6月にはケーブルテレビ事業者の秋田ケーブルテレビとニューメディアのデータセンターなど、全国の事業者との協業を進めている。

アット東京も、ネットワークサービスプラットフォーム「ATBeX」の展開を進めている。2023年6月には北海道総合通信網（HOTnet）とほくでん情報テクノロジーのデータセンター内に、ATBeXのアクセスポイント開設を発表。2023年4月には沖縄のFRT、2023年1月には広島のエネコムのデータセンター内に、それぞれATBeXのアクセスポイント開設を発表している。

こうしたサービスは、地方自治体などのクラウドサービス利用を念頭に、マルチクラウド接続の拠点としてデータセンターを活用してもらうことを想定したものとなっており、今後さらにこうした動きが活発になることが予測される。

■再エネ・省エネへの取り組みの一方、生成AI／GPUサーバーなど高消費電力機器への対応も

インターネットイニシアティブ（IIJ）は2023年10月、同社の白井データセンターキャンパス（白井DCC）を利用する顧客向けに、FIT非化石証書を活用した実質再生可能エネルギー（再エネ）由来電力の提供を開始した。IIJは、2023年4月から日本卸電力取引所の非化石価値取引会員に加入し、非化石電力のうちFIT制度（固定価格買い取り制度）を通して買い取られた電気の環境価値を証書にした、FIT非化石証書の購入および仲介ができるようになった。これを受け、白井DCCを利用する顧客のうち、希望する顧客に対してFIT非化石証書を活用した実質再生可能エネルギー由来の電力供給を開始した。

さくらインターネットは2023年6月、石狩デー

タセンターを、水力発電を中心とした再生可能エネルギー電源に変更したと発表。ブロードバンドタワーは2023年3月、データセンター顧客向けにグリーン電力を選択可能とするサービスを提供開始した。このほかにも、データセンターの使用電力を、実質再生可能エネルギー100％に転換するという発表が多く行われている。

再エネ電力利用の取り組みは進展を見せているが、国際情勢の不安定化などからエネルギー価格が高騰し、データセンター事業者もその影響を受けている。多くの事業者が既に、電気代の上昇分のサービス価格への反映を進めているが、空調などで利用する電力の削減に向け、省エネへの取り組みも重要度が増している。さらに、各種機材や建設資材の価格上昇、人件費の上昇などもあり、データセンターの新設計画についても、費用面から再考を迫られている事業者も出始めている。

一方、生成AIの急速な普及などを受け、生成AIや機械学習などで利用される、GPUを搭載した高消費電力のサーバーへの需要が高まっており、こうした用途に対応するデータセンターの動きも活発になっている。

ソフトバンクとIDCフロンティアは2023年11月、大規模な計算基盤を備えたデータセンター「Core Brain」を、北海道苫小牧に建設することを発表した（資料4-2-12）。同データセンターは、地方にデータセンターの新規拠点を整備するあたり、経済産業省が一部の費用を支援する、令和5年度「データセンター地方拠点整備事業費補助金」に採択されたもので、50MW規模のデータセンターを2026年度に開業することを目指す。また、高いデータ処理能力を有する大規模な計算基盤環境を今後新たに構築して、生成AIの開発およびその他のAI関連事業に活用するほか、社外からのさまざまな利用ニーズに応えるため、大学や研究機関、企業などに幅広く提供していくとし

ている。

NTTコミュニケーションズは2023年10月、直接液冷（Direct Liquid Cooling）方式の商用コロケーションサービスを開始すると発表した。生成AI用途／GPUなどの高発熱サーバーに対応するもので、液冷方式を採用した国内初のデータセンター（コロケーション）サービスとなる。既存の横浜第1データセンターに液冷方式対応のラックの提供開始は2024年度第4四半期頃。新規データセンターでは、液冷方式を標準装備した京阪奈データセンター（仮称）を2025年度内に提供予定で、さらに今後の新設データセンターでは液冷方式対応を標準装備にするとしている。

GPUクラウドサービス「GPUSOROBAN」を提供しているハイレゾは2023年7月、石川県の同社データセンターにおいて、GPUサーバーの設置スペースを最安値保証で貸し出す「高電力ハウジングサービス」の提供を開始した。ハイレゾは、GPUクラウドサービス提供のため、1万枚以上のGPUの保守・管理を行っており、昨今のGPUサーバーの消費電力の増加に伴い、オンプレミスサーバーの設置場所に関する問題を解決するために、高電力ハウジングサービスをリリースした。

また、さくらインターネットは2023年6月、「NVIDIA H100 Tensor コア GPU」を搭載した、AI向け大規模クラウドインフラを、同社の石狩データセンターに整備することを発表している。

IDCフロンティアは2023年9月、サイバーエージェントが生成AI開発などの大規模AI開発基盤の構築の一環として、IDCフロンティアのデータセンターで提供する「高負荷ハウジングサービス」を採用したと発表した。サイバーエージェントは、2021年から大規模言語モデル（LLM）への取り組みを始めており、従来基盤より強力な分散学習環境が必要となったことから、現在利用可能な商用製品で最上位のGPUとなる「NVIDIA

資料4-2-12　ソフトバンクとIDCフロンティアが構築予定のデータセンターの位置付け

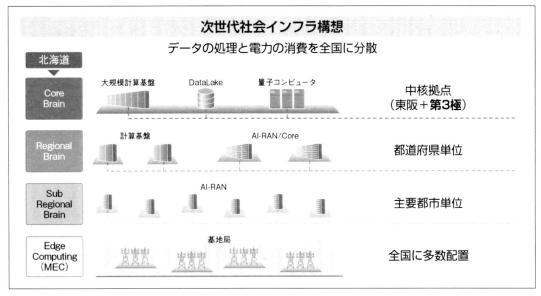

出所：ソフトバンク、https://www.softbank.jp/corp/news/press/sbkk/2023/20231107_01/

H100 Tensor コア GPU」80基と、国内で初めてとなる「NVIDIA DGX H100」の導入を決定。従来のデータセンターでは、冷却性能と電力供給能力が不足することから、新たなデータセンターインフラを検討したところ、サーバー群が必要とする高電力の供給と稼働時の高発熱を安定して冷却できることから、IDCフロンティアの高負荷ハウジングサービスを採用するに至ったとしている。

高消費電力サーバーへの対応として、電力供給能力や冷却能力を高めたハウジングサービスの提供や、水冷や液冷など新たな冷却技術の実験はこれまでも多く行われてきたが、生成AIのような実サービスでの需要を受け、2024年以降はこれらの技術を利用した実サービスが展開されることになるだろう。

ドメイン名の動向

横井 裕一　●株式会社日本レジストリサービス（JPRS）広報宣伝室 室長

全世界のドメイン名登録数は約3億5930万件となり、JPドメイン名の登録数は175万件を超えている。ドメイン名の廃止をきっかけとしたトラブルやリスクにも注目が集まった。

ドメイン名は、ウェブサイトのURLやメールアドレスなどに用いられる「インターネット上の住所」としての機能だけでなく、企業や団体、個人がインターネット上で自身を確立させるための文字列としての機能も果たす。つまりドメイン名は、それを見た利用者に企業や団体、個人を想起させる材料の一つであり、今日では重要なマーケティング要素、さらにブランド、知的財産として認識されるに至っている。

そうした状況を受け、ビジネスやコミュニケーションをはじめとする社会的活動の多くがインターネット上で実現されていく中、ドメイン名が果たすべき役割はますます大きくなっている。

■世界のドメイン名の状況

ドメイン名は「.」（ドット）で区切られた文字列の集合で表現され、末尾の部分（TLD：Top Level Domain）の違いにより大きく2つに分類される。一つは「.jp」のように国や地域に割り当てられたccTLD（Country Code TLD）であり、もう一つは.comや「.net」などのgTLD（Generic TLD）である。

●ドメイン名の総数

gTLDの登録数はすべて公開されているが、ccTLDはそれぞれのレジストリ（登録管理組織）の方針によって登録数が公開されていないところもあるため、その全容は完全にはわからない。ただし、Verisignが四半期ごとに発行する「Domain Name Industry Brief」[1]によると、2023年第3四半期で、全世界で登録されているドメイン名の総数は3億5930万件程度とみられる。前年同時期と比較すると、1年間で940万件、約2.7％増加したことになる。

なお、全ドメイン名のうち約1億3810万件がccTLDであり、残りの約2億2120万件がgTLDである。

●gTLDの状況

gTLDで最も登録数が多いのは.comであり、全TLDのドメイン名登録数の約4割に当たる約1億6500万件となっている。ここから登録数は大きく離れ、.netが約1327万件、.orgが約1128万件と続く（資料4-3-1）。

●ccTLDの状況

ccTLDにおける登録数の上位3つは、中国（.cn）、ドイツ（.de）、英国（.uk）となっている。2023年9月末時点の登録数では、中国が約2030万件、ドイツが約1760万件、英国が約1090万件

資料4-3-1　主なgTLDの種類と登録数（2023年8月）

ドメイン名	用途	登録数
.com	制限なし（当初は商業組織）	165,005,318
.net	制限なし（当初はネットワーク）	13,277,073
.org	非営利組織	11,282,384
.info	制限なし	4,024,623
.biz	ビジネス	1,338,428
.pro	専門職（弁護士・医師・会計士等）	431,381
.mobi	モバイル機器・サービス	276,970
.asia	アジア太平洋地域コミュニティ	295,040
.name	個人名	108,789
.cat	カタルーニャ地域コミュニティ	111,184
.xxx	アダルトエンターテイメント業界	48,183
.tel	IPベース電話番号	44,735
.travel	旅行業界	23,230
.jobs	人的資源管理コミュニティ	11,091
.aero	航空運輸業界	13,365
.coop	協同組合	8,699
.museum	博物館・美術館	1,020
.post	郵便事業者	427

出所：JPNIC「gTLDの登録数」、https://www.nic.ad.jp/ja/stat/dom/gtld.html

である。

●ドメイン名登録情報の公開方法に関する動向

　ドメイン名レジストリ・レジストラの基本的な役割の一つに、ドメイン名の登録情報の公開がある。そのためのサービスはRDDS（Registration Data Directory Services）と呼ばれている。

　RDDSの方法として、WHOISが長年にわたって使われており、ICANNは、gTLDのレジストリ契約（RA：Registry Agreement）およびレジストラ認定契約（RAA：Registrar Accreditation Agreement）により、すべてのgTLDレジストリ・レジストラに対してWHOISの提供を義務付けている。

　しかしながら、WHOISは1980年代に開発された古いプロトコルであるため、以前から次のような問題が指摘されていた。

1：問い合わせ・応答の形式が標準化されていない
2：検索対象とその問い合わせ先の対応管理が面倒である
3：アクセス制御・認証・許可の仕組みが定められていない
4：国際化に関する機能が定められていない
5：通信がプロトコルレベルで保護されていない

　そのため、これらの問題点を解決し、WHOISを置き換える新しいRDDSとして、2015年にRDAP（Registration Data Access Protocol）が標準化された。RDAPは、Web（HTTPS）ベースでの提供・利用が前提となっており、RDAPに対応することで、WHOISと同等以上のRDDSを提供・利用することができる。

　ICANNは2023年1月19日から、RDDSにおけるWHOISからRDAPへの移行促進を目的とした

RAおよびRAAの改訂のための投票を開始した。投票はいずれも賛成多数で承認され、ICANN理事会の最終承認を経て、2023年8月7日に発効した[2]。これにより、2025年1月28日以降、gTLDレジストリ・レジストラにおけるWHOISの提供が、契約上の義務でなくなることが決まった。

今回の改訂により、RAおよびRAAの発効から180日間（2023年8月7日から2024年2月3日まで）をRDAP強化期間（RDAP Ramp-Up Period）として、各gTLDレジストリ・レジストラがRDAPのシステムを更新・強化することとなっており、RDAP強化期間が終了する2024年2月3日以降、RDAPにも現在のWHOISと同じサービスレベル要件（資料4-3-2）が課されることになる。

ICANNはRDAP強化期間の終了から360日後の2025年1月28日をWHOIS終了日（WHOIS Sunset Date）とし、現在gTLDレジストリ・レジストラに課しているWHOISの提供義務、およびサービスレベル要件を廃止する。そのため、それ以降はWHOISの提供を取り止めるgTLDレジストリ・レジストラが出て来る可能性がある。

前述の通り、RDAPはWHOISと同等以上のサービスを提供・利用できることから、一般のインターネットユーザーがWebブラウザーでドメイン名の登録情報を調べるに当たっては、RDAPへの移行による影響はほぼないと考えられる。しかし、プログラム開発など、業務でドメイン名の登録情報に関わる担当者やシステム開発者においては担当するシステムやサービスにおけるRDAPへの対応について、事前確認しておくことを推奨しておきたい。

●.comのレジストラ向け料金値上げの動き

.comのレジストリであるVerisignは、2023年9月1日、.comのレジストラ向け料金について、8.97米ドルから9.59米ドルへの値上げを実施した。Verisignは同料金について、2022年9月にも8.39米ドルから8.97米ドルへの値上げを行っており、3年連続での値上げとなった。

2020年3月までの.comのレジストラ向け料金にはVerisignとICANNのレジストリ契約（.com Registry Agreement[3]）によって上限が設定されており、その金額は2012年1月以降、7.85米ドルに固定されていた。この制約が2020年3月の契約の修正で廃止され、毎年1回、前年比7％を上限とした料金改定が可能になった[4]。

2012年以降に導入された新gTLD（後述）については、ICANNがレジストリコミュニティとの調整を経て定めたBase Registry Agreement[5]に依拠したレジストリ契約を締結している。Base Registry Agreementにはレジストラ向け料金に関する制約事項は含まれておらず、各レジストリは自身の裁量で料金を設定できるようになっている。

一方で、.comに代表される2012年以前から存在するgTLD（レガシーgTLD）は、gTLDごとに内容の異なるレジストリ契約をICANNとの間で締結しており、レジストラ向け料金の変更を制約する規定が含まれているものもあった。

2012年以降、そういったレガシーgTLDは、レジストリ契約期間の満了に伴う契約更新の際、Base Registry Agreementに依拠した内容のレジストリ契約に移行しており、料金の上限に関する制約の廃止が進んでいる。その結果、.bizや.infoなどのレガシーgTLDにおいても、料金の値上げの動きが見られるようになっている。

■JPドメイン名の状況

JPドメイン名（.jp）の登録数は、2023年12月時点で175万件を超えており、増加が続いている（資料4-3-3）。

現在登録を受け付けているJPドメイン名には、

資料4-3-2　RDAPのサービスレベル要件

要件	サービスレベル要件（月ベース）
可用性	ダウンタイムが864分（約2%）以下
問い合わせから応答までの時間	少なくとも95%が4000ミリ秒以下
更新時間	少なくとも95%が60分以内

出所：ICANN「2023 Global Amendments to the Base gTLD Registry Agreement (RA), Specification 13, and 2013 Registrar Accreditation Agreement (RAA)」、https://www.icann.org/resources/pages/global-amendment-2023-en

個人／組織を問わず、数に制限なく登録できる汎用JPドメイン名と都道府県型JPドメイン名、そして原則として1組織につき1つだけ登録できる属性型JPドメイン名の3種類がある。

この中で最も登録数が多いのは汎用JPドメイン名で、2023年12月時点で約119万件となっている。また約55万件の登録がある属性型JPドメイン名においては、企業向けのco.jpが約47万件と、登録数の大半を占めている。

フィッシング対策協議会が公開している「フィッシング対策ガイドライン2023年度版[6]」では「Webサイト運営者が日本企業で、新たにドメイン名の登録を検討する場合、"co.jp"ドメイン名が利用者に信頼を与えうる最も望ましいドメイン名であり、先述の『Webサイト運営者の一般呼称をそのまま使った』"co.jp"ドメイン名でサービスを提供することを、まずは検討すべきである」との記述もある。

■ドメイン名紛争に関する動向

ビジネスにおいてインターネットが不可欠なものとなり、ドメイン名の価値に対する認識が高まるにつれて、トラブルも発生している。ドメイン名に関する不正行為として、商標などに関連するドメイン名を第三者が登録して商標権利者（企業など）に高額での買い取りを要求したり、批判サイトなどを立ち上げるなどの嫌がらせを行う、フィッシングサイトを立ち上げて被害を及ぼしたりすることが挙げられる。このようなドメイン名の使用に関するトラブルを「ドメイン名紛争」と呼ぶ。

●UDRPに基づく紛争処理

こうした不正な行為に対処するため、ICANNは1999年、gTLD向けにUDRP（Uniform Domain Name Dispute Resolution Policy：統一ドメイン名紛争処理方針）を制定した。JPドメイン名においても、国際的な動きと歩調を合わせるという考えから、UDRPの判断基準や紛争処理手続きと同様のアプローチを採用したJP-DRP（JPドメイン名紛争処理方針）が2000年に制定されている。DRPの整備により、不正な行為に対しては紛争処理機関に対して申し立てることで、そのドメイン名の廃止や移転を要求できるようになった結果、ドメイン名紛争は当事者同士の争いから、紛争処理機関による裁定というルール化された形の中で解決されるようになっている。

DRPの特徴は、対象を限定して書類による手続きのみで進めることによって、通常の裁判より費用を安く抑え、なおかつ短い時間で解決できることにある。さらにDRPはその制度自体が、「不正な行為をしてもDRPにより解決されてしまう」という意識を持たせることにつながり、不正行為の抑止力にもなっている。

UDRPに基づく裁定を担当している紛争処理機関の一つであるWIPO（World Intellectual Property Organization）の統計によると、裁定申

資料 4-3-3　JP ドメイン名の種類と登録数（2023 年 12 月 1 日時点）

ドメイン名	登録対象	登録数
汎用 JP ドメイン名（合計：1,193,729）		
△△△ .JP	組織・個人問わず誰でも（英数字）	1,110,262
□□□ .JP	組織・個人問わず誰でも（日本語）	83,467
都道府県型 JP ドメイン名（合計：10,435）		
△△△ .< 都道府県ラベル >.JP	組織・個人問わず誰でも（英数字）	9,107
□□□ .< 都道府県ラベル >.JP	組織・個人問わず誰でも（日本語）	1,328
属性型・地域型 JP ドメイン名（合計：550,156）		
△△△ .AD.JP	JPNIC 会員	252
△△△ .AC.JP	大学など高等教育機関	3,835
△△△ .CO.JP	企業	476,401
△△△ .GO.JP	政府機関	808
△△△ .OR.JP	企業以外の法人組織	40,373
△△△ .NE.JP	ネットワークサービス	12,740
△△△ .GR.JP	任意団体	5,331
△△△ .ED.JP	小中高校など初等中等教育機関	6,451
△△△ .LG.JP	地方公共団体	1,903
地域型	地方公共団体、個人など	2,062
	合計	1,754,320

出所：JPRS「JP ドメイン名の登録数」、https://jprs.jp/about/stats/

請はここ数年増加傾向にあり、2022年は5764件となっている（資料4-3-4）。

なお、2022年のJPドメイン名におけるJP-DRPの申請は14件であった（資料4-3-5）。

●ドメイン名の適切な管理・運用の重要性

ドメイン名に関するトラブルには、ドメイン名の管理権限を持たない第三者が不正な手段で他者のドメイン名を自身の支配下に置くドメイン名の乗っ取り（ドメイン名ハイジャック）や、廃止したドメイン名を第三者に再登録されて悪用されるケースなどがある。このようなトラブルは、ドメイン名の適切な管理・運用ができていないことに起因している場合がある。

2023年は、行政機関や地方自治体などが利用を終了したドメイン名がオークションに出品されたり、第三者に再登録・再利用されたりする事例が相次ぎ、ドメイン名の廃止をきっかけとしたトラブルやリスクが大きく注目された。

先述の「フィッシング対策ガイドライン2023年度版」においても、ドメイン名は利用者が安全性を判断するために最も重要な要素であるとして、ドメイン名の登録・利用・廃止にあたっては自社のブランドとして認識して大切に管理することが重要であると改めて示している。

JPRSでもドメイン名の適切な管理について、情報提供・啓発といった取り組みを継続しているが[7]、その実現には登録者側における取り組みが必要不可欠である。登録者側において取り組むべき重要な項目として、以下の2つが挙げられる。

・登録中のドメイン名についてサービスを提供する事業者からドメイン名の移転や更新／廃止、レジストラ（JPドメイン名においては指定事業者）の変更など、登録者の意向確認のための連絡が来ることがある。登録者はそうした連絡を正しく受け取り、適切な対応ができるように準備しておく

資料4-3-4　WIPOにおけるUDRP処理件数

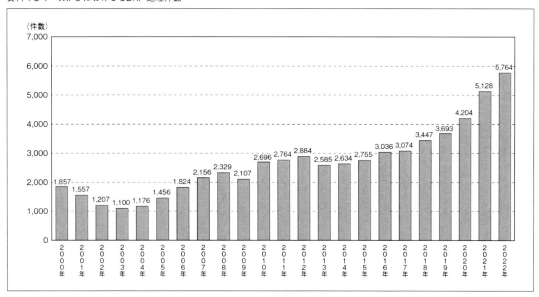

出所：WIPO「Total Number of Cases per Year」、https://www.wipo.int/amc/en/domains/statistics/cases.jsp

資料4-3-5　JP-DRP処理件数

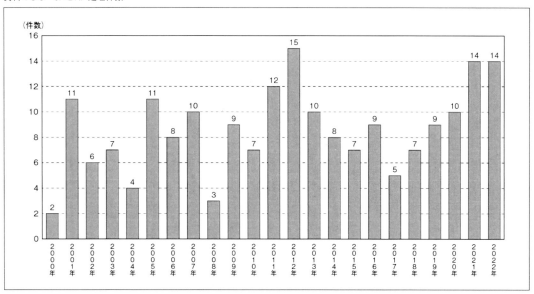

出所：JPNIC「申立一覧」、https://www.nic.ad.jp/ja/drp/list/

必要がある。

・登録者がドメイン名を手離す（廃止）にあたっては、それが意図的な廃止であっても、そのドメイン名が一定期間後に第三者に再登録・利用され

る可能性があることを認識しておく必要がある。

　また、各組織において、ドメイン名の管理担当者や管理のためのルール・手順を確立しておくことも大切なポイントである。

■新gTLDの状況

ICANNにより2012年から続く新gTLD導入の動きは、ほとんどの申請について委任が完了し、次回の募集に向けた検討が引き続き行われている（本稿では、2012年募集時に申請されたTLDを新gTLDとしている）。

●2012年の新gTLDの募集

ICANNは2000年、2003年、2012年の3回、gTLD新設のための募集を行ってきた。2000年および2003年の募集では、新設するgTLDの数に一定の上限を設けていたが、2012年の募集では、新設されるTLD数の制限をなくし、一般名称と地理的名称に加え、企業名やブランド名での申請も可能とした。またドメイン名の登録を一般に開放せず、申請した組織内で独占的に利用することも可能としている。その結果、新gTLDの申請件数は1930件に上り、申請募集締め切り後のICANNの発表によると、そのうち751件が競合する文字列の申請で、234の文字列が競合した。

ICANNは新gTLDの申請者との委任契約手続きを順次進めてきており、2023年11月30日時点で1241件の新gTLDの委任が完了している。同時点での申請の取り下げは646件となり、また委任完了後に申請者の意向によりICANNとのレジストリ契約を終了し、廃止されたものもある[8]。

●新gTLDの種類と登録数

新gTLD全体の登録数は、2023年12月1日時点で約3479万件となっており、前年と比較すると1年間で419万件、約13.7％増加した。

登録数の多い新gTLDは、1位が「.xyz」の約377万件、2位が「.online」の約322万件、3位が「.top」の約300万件と続いている。しかし値下げキャンペーンなどによる登録数の急激な増減も多く、順位の変動も珍しくない状況となっている（資料4-3-6）。

●gTLDの次回募集に向けた動き

2012年の追加募集の終了を受け、gTLDの次回募集に関する検討がICANNの場で進められている。

ICANNの支持組織の一つであるGNSO（Generic Names Supporting Organization）におけるポリシーの策定とICANN理事会における意思決定を経て、gTLDの次回募集に向けたOperational Design Phase（ODP）と呼ばれる運用設計評価がICANN事務局で進められた。ODPの最終成果物はOperational Design Assessment（ODA）としてまとめられ、2022年12月12日にICANN理事会に送られた。

ODAの提出を受け、2023年3月16日のICANN理事会で、2023年8月1日までにgTLDの次回募集に関する具体的な実装計画を提出するよう、ICANN事務局に求める旨が決議された。これにより、ICANNとしてgTLDの次回募集を実施することが正式に決定したことになる。

その後、ICANN事務局から提出された実装計画が2023年7月27日のICANN理事会で受理され、実装計画の実施に向けたICANN事務局の作業が開始された。2023年12月現在、ICANN事務局における作業が進行中である。

ICANN事務局は、次回募集のための申請者ガイドブックが2025年5月に完成する見込みであり、申請受付の開始は2026年第2四半期になるとの見方を示している。

資料4-3-6　登録数の多い新gTLD（2023年12月1日時点）

順位	ドメイン名	件数
1	.xyz	3,773,135
2	.online	3,227,743
3	.top	3,006,618
4	.shop	2,317,126
5	.site	1,721,366
6	.store	1,483,156
7	.cfd	1,089,146
8	.vip	899,852
9	.app	688,455
10	.live	651,328

出所：nTLDStats「new gTLD Statistics」、https://ntldstats.com/

1. https://dnib.com/media/downloads/reports/pdfs/2023/domain-name-report-Q32023.pdf

2. https://www.icann.org/resources/pages/global-amendment-2023-en

3. https://www.icann.org/en/registry-agreements/details/com?section=agreement

4. https://www.icann.org/en/announcements/details/icann-and-verisign-announce-proposed-amendment-to-com-registry-agreement-3-1-2020-en

5. https://www.icann.org/en/registry-agreements/base-agreement

6. https://www.antiphishing.jp/report/antiphishing_guideline_2023.pdf

7. ドメイン名の廃止に関する注意
https://jprs.jp/registration/suspended/

8. Program Statistics | ICANN New gTLDs（新gTLDの統計情報に関するICANNのページ）、https://newgtlds.icann.org/en/program-status/statistics
Registry Agreement Termination Information Page - ICANN（レジストリ契約終了に関するページ）、https://www.icann.org/resources/pages/gtld-registry-agreement-termination-2015-10-09-en

4

IPアドレス利用の動向

川端 宏生 ●一般社団法人日本ネットワークインフォメーションセンター（JPNIC）IP事業部

IPv4アドレスの分配は一段落を見せるものの、新興国を中心に需要は継続の傾向。IPv6への対応は進み、普及から活用段階へとステージを変える。

■IPv4アドレスの利用状況

●IPv4アドレスの分配状況

2011年2月3日にIANA（Internet Assigned Numbers Authority）が管理するIPv4アドレスの中央在庫がなくなった。その後、世界に5つある地域インターネットレジストリ（Regional Internet Registries：RIR）のうち、アジア太平洋地域を管理するAPNIC（Asia Pacific Network Information Centre）は2011年4月15日に、欧州地域を管理するRIPE NCC（Réseaux IP Européens Network Coordination Centre）は2012年9月14日に、南米地域を管理するLACNIC（Latin American and Caribbean IP address Regional Registry）は2014年6月10日に、北米地域を管理するARIN（American Registry for Internet Numbers）は2015年9月24日に、IPv4アドレス在庫が枯渇している。アフリカ地域を管理するAFRINIC（African Network Information Centre）においても、2020年1月時点でIPv4アドレス在庫が枯渇となった。

資料4-3-7に示す通り、各RIRはIPv4アドレスの在庫が枯渇しているものの、在庫枯渇後の分配ポリシー（ルール）に基づき、IPv4アドレスの分配を継続している。APNICおよびAFRINIC以外の各RIRでは、分配用のIPv4アドレスの在庫も枯渇している状況にある。契約解約等によりRIRへ返却されたIPv4アドレスが一定期間エージングされた後に、再利用する形で分配を行っているが、分配を受けるまでの間、希望する各組織はRIRの用意する待機者リストに掲載されることとなる。

APNICでは、これまで新規契約者等に分配を行っていたIPv4アドレスの在庫のうち、103/8の範囲に含まれるIPv4アドレスからの分配を終了する旨がアナウンスされた。今後は契約解約等によりAPNICへ返却されたIPv4アドレスを再利用して分配を行うこととなる。

資料4-3-8は、APNICにおけるIPv4アドレスの割り振り（再分配用としてアドレス空間をISP等のローカルインターネットレジストリに分配すること）と、割り当て（ネットワーク利用のためにエンドユーザーに分配すること）の件数を集計したグラフである。

APNICでは2022年11月から2023年10月までの1年間で1882件、1月あたり平均で157件の分配が行われた。前年の同時期（2021年11月から2022年10月までの1年間）の分配件数と比べて、約900件の大幅減となった。

資料4-3-9は、APNIC管轄地域内の国別のIPv4アドレスの分配件数を集計したグラフである。イ

資料4-3-7　各RIRでのIPv4アドレス枯渇対応状況（2023年1月4日時点）

	APNIC	RIPE NCC	LACNIC	ARIN	AFRINIC
在庫枯渇定義	/8	/8	/10	/10	/11
/8換算の在庫量 （2024年1月4日）	0.1450	0.0013	0.0000	0.0005	0.0714
在庫枯渇時期	2011-04-15	2012-09-14	2014-06-10	2015-09-24	2020-01
在庫枯渇後の割り振りサイズ	1組織あたり最大/23	1組織あたり最大/24	/22もしくは/21	/24 （IPv6対応用に用途を限定）	一度の申請で最大/22 （1組織あたりの申請回数制限は、なし）
IPv4アドレス移転	○	○	○	○	○
レジストリ間IPv4アドレス移転	○	○	○	○	未実装

出所：http://www.potaroo.net/tools/ipv4/、https://www.nro.net/rir-comparative-policy-overview-2022-q3/ より2023年1月4日時点のデータに基づき作成

資料4-3-8　APNICにおけるIPv4アドレス分配件数（2022年11月〜2023年10月）

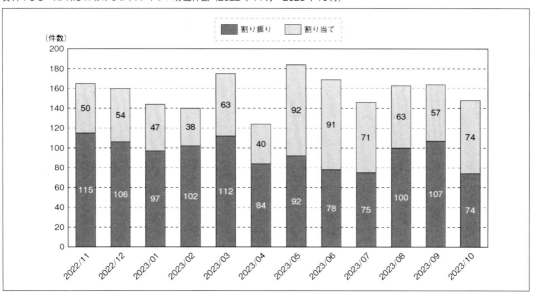

出所：ftp.apnic.net/stats/apnic/delegated-apnic-latest に基づき作成（APNICから各国別インターネットレジストリ（National Internet Registries:NIR）への割り振り・割り当てを含む）

ンド、インドネシア、バングラデシュといった、経済発展が著しいとされる地域が上位に挙げられており、インターネット利用が拡大傾向にあることをうかがわせる結果となっている。この1年の分配件数は減少傾向を見せたが、分配先の国・経済圏にも注目する必要がある。

● IPv4アドレス移転の状況

インターネットレジストリからの限られた数のIPv4アドレス分配のみではIPv4アドレスが不足する場合、需要を満たす手段としてIPv4アドレス移転が行われている。APNICおよびJPNICにおけるIPv4移転アドレス数・移転件数の累計は資料4-3-10の通りである。

2022年11月から2023年10月の間に、APNIC

資料4-3-9　APNICにおけるIPv4アドレス国別分配件数（2022年11月～2023年10月）

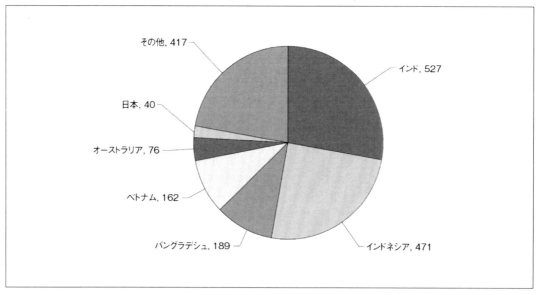

出所：http://ftp.apnic.net/stats/apnic/delegated-apnic-latest に基づき作成（APNICから各NIRへの割り振り・割り当てを含む）

資料4-3-10　APNICおよびJPNICにおけるIPv4移転アドレス数・移転件数の累計（2010年10月～2023年10月）

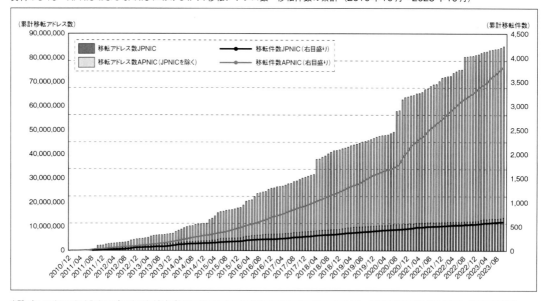

出所：ftp.apnic.net/public/transfers/apnic/ および https://www.nic.ad.jp/ja/ip/transfer/ipv4-log.html より、2023年10月31日時点のデータに基づき作成

で行われたIPv4アドレス移転は599件であった。その1年前の2021年11月から2022年10月の間には591件のIPv4アドレス移転が行われ、傾向に大きな差は見られなかった。

一方、この1年間にJPNICで行われたIPv4アドレス移転は54件であった。1年前の39件と比較すると増加傾向にある。APNICおよびJPNICにおいて、IPv4アドレスの調達手段として移転が引

き続き活用されていることがうかがえる。

　資料4-3-11は、公開されているオークションにおける落札価格をもとにIPv4アドレス1IPあたりの単価を算出したものである。この資料は、オークションを提供する特定の事業者により提供されている情報をもとに作成したものである。該当のオークションサイト以外を利用した取引や関連する組織間の相対取引など、IPv4アドレスの移転全てのケースを踏まえた価格ではない点はご注意いただきたい。

　60ドル超えとなった2021年2月以降に見られた落札価格の高騰は2023年に入っても続いた。その後、落札価格は下落し、2023年10月頃には、1IPアドレスあたり30ドル前後の落札が中心となっている。

　2022年11月から2023年10月までの間に、JPNICで実施したIPv4アドレス移転のうち、日本国内の事業者が海外から移転を受けた申請は4件[1]となっている。2021年以降、同様のケースは半減しており、2022年に始まった外国為替相場の円安傾向が海外からのIPv4アドレス移転の件数にも影響を及ぼしていることがうかがえる。

　IPv4アドレスを必要とする声は多く、需要の高さがうかがえる。その一方で、APNICやJPNICといったインターネットレジストリからの分配は限られたものとなっており、IPv4アドレスの調達手段として移転を視野に入れる必要がある状況が継続している。そのIPv4アドレス移転には、少なくないコストが必要となることもあり、移転によるIPv4アドレスの確保を断念するケースもあるようだ。移転を選択しない場合には、1つのIPv4アドレスを複数のユーザーで共用するという技術的解決を図るケースも選択肢として挙げられる。

　今後もIPv4アドレスを利用し続ける場合には、状況を注視しておくほか、利用するうえでの様々なリスクを考慮に入れておく必要があるだろう。

■ IPv6アドレスの利用状況
● IPv6アドレスの分配状況

　資料4-3-12は、APNICにおけるIPv6アドレスの割り振りと割り当て件数を集計したグラフである。2022年11月から2023年10月の1年間で1414件、月平均で約120件の分配があった。前年の同時期（2021年11月から2022年10月までの1年間）の分配件数の合計が1325件、月平均は約110件となっており、前年から傾向に変わりはない。

　資料4-3-13は、APNIC管轄地域内の国別のIPv6アドレスの分配件数を集計したグラフである。資料4-3-8の国別のIPv4アドレスの分配件数と同様に、インド、インドネシア、バングラデシュが上位となった。新規にIPアドレスの分配を受ける際には、IPv4アドレスとIPv6アドレスの両方の分配を受けている可能性が高いことをうかがわせる結果となっている。

　JPNICではAPNICと同様に、JPNICからIPアドレスの割り当て管理業務を委託したIPアドレス管理指定事業者に対して、2000年1月からIPv6アドレスの分配を行っている。これに加え、IPアドレス管理指定事業者に限定せず一定の条件を満たした組織に対して、特殊用途用プロバイダ非依存アドレス（Provider Independent Address）の割り当てを行っている。

　2023年11月時点でIPアドレス管理指定事業者509組織のうち、約70%にあたる357組織がIPv6アドレスの割り振りを受けている状況となっている（資料4-3-14）。

● IPv6アドレスの利用・普及状況

　IPv6のBGP経路テーブルエントリー数は、2022年12月時点で約17万であったが、2023年12月時点で約20万1000と増加した[2]。

　グーグルは同社のサービスにアクセスしている

資料4-3-11　IPv4アドレスオークションの1IP平均単価（2015年1月〜2023年10月）

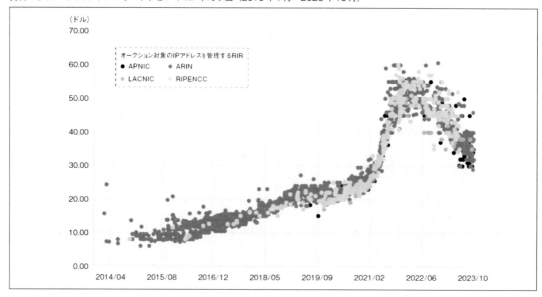

出所：IPv4.GLOBAL（https://auctions.ipv4.global/）に掲載のある2014年1月〜2023年10月のオークション結果を集計

資料4-3-12　APNICにおけるIPv6アドレス分配件数（2022年11月〜2023年10月）

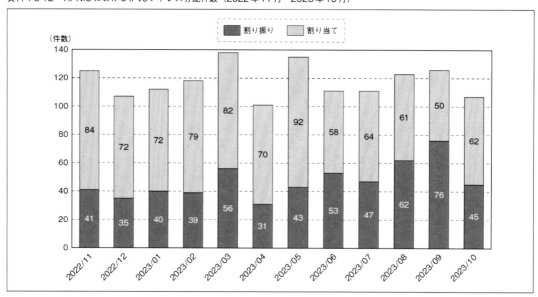

出所：ftp.apnic.net/stats/apnic/delegated-apnic-latest に基づき作成（APNICから各NIRへの割り振り・割り当てを含む）

ユーザーのうち、IPv6を利用している割合を公表している（資料4-3-15）。IPv6を利用しているユーザーの割合は2023年12月末時点で45.26%となっており、増加傾向が続いている。

● IPv6アドレス利用の今後の展望

　KDDIや中部テレコミュニケーション社のFTTHインターネット接続回線におけるIPv6への対応完了に続き、NTT東日本およびNTT西日本

資料4-3-13 APNIC における IPv6 アドレス国別分配件数 (2022年11月～2023年10月)

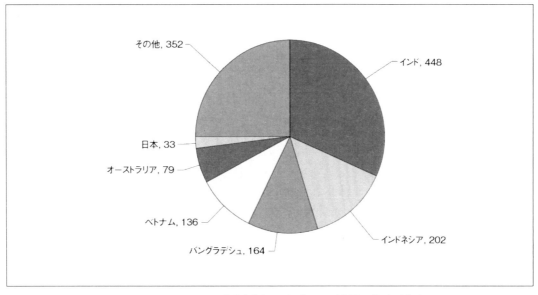

その他, 352
インド, 448
日本, 33
オーストラリア, 79
ベトナム, 136
バングラデシュ, 164
インドネシア, 202

出所: http://ftp.apnic.net/stats/apnic/delegated-apnic-latest に基づき作成（APNIC から各 NIR への割り振り・割り当てを含む）

資料4-3-14　JPNIC から直接 IP アドレスの割り振りを受けている事業者数、およびそのうち IPv6 アドレスの割り振りを受けている事業者数の推移（2001年3月～2023年11月）

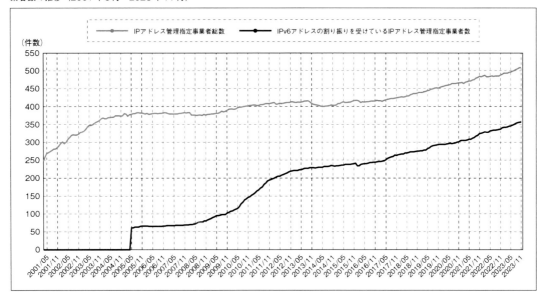

IPアドレス管理指定事業者総数　　IPv6アドレスの割り振りを受けているIPアドレス管理指定事業者数

（件数）

出所: JPNIC における IP アドレスに関する統計、https://www.nic.ad.jp/ja/stat/ip/

が提供するインターネット接続回線においても、IPv6の普及目標をすでに達成している。

　これらを受け、モバイル通信における IPv6 対応が今後の課題として挙げられている。NTT ドコモ、KDDI およびソフトバンクの3事業者により取りまとめられた、モバイル通信における IPv6

資料4-3-15　グーグルのサービスへのIPv6によるアクセス割合（2023年12月31日現在）

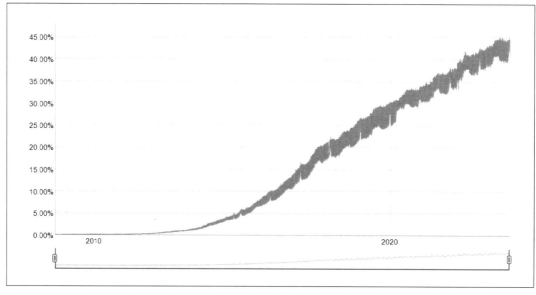

出所：グーグルのサービスへのIPv6によるアクセス割合、https://www.google.com/intl/ja/ipv6/statistics.html

対応は、2023年7月時点で64.3%まで進んできており[3]、今後の進捗が期待される。

コンテンツ事業者、モバイル事業者など、IPv6対応が課題とされてきた領域においては、今後の対応に向けて参考となる事例も共有されるようになってきており[4]、IPv6対応を加速させられる環境が整いつつある。その一方で、アプリケーションや管理ツール、ネットワーク機器などのIPv6完全対応、IPv6に関する知識を持ち合わせた技術者の育成や企業ネットワークにおけるIPv6対応など、解決していくべき問題も残されている状況にある。

また、AI・メタバースといった今後のデジタル社会を大きく変える技術、サービスやアプリケーションを支えるインフラとして、IPv6インターネットへの対応が進んでいくことを期待したい。

---

1. JPNICが公開しているIPv4アドレス移転履歴、https://www.nic.ad.jp/ja/ip/transfer/ipv4-log.html

2. APNICにおける観測データ、http://bgp.potaroo.net/v6/as2.0/

3. ICTの発展と今後の潮流 - IPv6, AI, セキュリティ -（IPv6 Summit in TOKYO 2022 講演資料）、http://www.jp.ipv6forum.com/timetable/program/20231212_1_IPv6Summit2023_Esaki.pdf

4. IPv6シングルスタックの導入とその後の動向（IPv6 Summit in TOKYO 2022 講演資料）、https://www.jp.ipv6forum.com/2022/timetable/program/20221216_1_IPv6Summit2022_docomo.pdf

DNSの動向

森下　泰宏　●株式会社日本レジストリサービス（JPRS）技術広報担当・技術研修センター

WindowsとChromiumの組み合わせでDNSのTCPクエリが増加する事例が発生し、対応が進められた。2014〜2015年に流行したランダムサブドメイン攻撃が再流行し、国内での被害事例も報告された。

■ WindowsとChromiumの組み合わせによるTCPクエリの増加

2022年11月ごろから、Windows版のChromiumベースのウェブブラウザー（Google Chrome、Microsoft Edge）においてウェブサイトが閲覧しづらい状況が発生する旨が、利用者から散発的に報告されるようになった[1]。

本件は、WindowsのUDPの挙動とChromiumに新たに組み込まれた非同期DNSリゾルバー（AsyncDNS）の挙動の組み合わせによってTCPによるDNSクエリ（以下、TCPクエリ）が増加し[2]、その対応が十分でない一部のホームルーターにおいて接続障害が発生することで引き起こされたことが判明している[3]。

●TCPクエリが増加する仕組み

以下、DNS Summer Day 2023で発表されたインターネットイニシアティブ（IIJ）の山口崇徳氏の資料[4]と草場健氏の資料[5]に基づき、TCPクエリが増加する仕組みについて解説する。

1：Windows版ChromiumにおけるAsyncDNSの有効化

2022年11月2日に、Windows版のChromiumにおいて、AsyncDNSをデフォルトで有効にする旨のコミットが実施された[6]。このコミットは2023年1月10日にリリースされた、Chrome 109に組み込まれている。この状況は、2022年11月ごろから今回の事例が報告され始め、2023年1月ごろから報告数が増加したという状況と符合している。

2：AsyncDNSの挙動

AsyncDNSは一般的なDNSクライアントと同様、当初はUDPでDNSクエリを送信する。ただし、システムが割り当てるUDPソースポート番号のエントロピーが低いと判断した場合、キャッシュポイズニングに対する安全性確保の観点から、TCPクエリに切り替えるようになっている[7]。

3：WindowsのUDPの挙動

Windows 10/11のUDPの挙動を調査した結果、システムが割り当てるUDPソースポート番号はランダムになっておらず、少し前に割り当てられたポート番号と同じ番号が複数回にわたり割り当てられる場合があることが判明している。

なお、この挙動の理由として、Windows 11がUDPポートの枯渇に対応するためにソケットキャッシング（socket caching）という機能を導入したためである旨が海外の技術者から報告され

ているが[8]、マイクロソフトは本件に関する公式見解を公開しておらず、詳細は不明である。

4：TCPクエリの増加に伴う接続障害の発生

2の挙動と3の挙動が重なることで、Windows版のChromiumベースのウェブブラウザーからのTCPクエリが増加し、その対応が十分でない一部のホームルーターやファイアウォールなどを使っている環境において、接続障害が発生する。

●本件に関する対応状況

TCPクエリへの対応が十分でなかった一部のホームルーターにおいて、ファームウエアの更新による対応が実施されている[9]。

またChromiumにおいても、UDPソースポートの重複判定の条件を直近256回のうち2回から256回のうち3回に変更し、TCPクエリへの切り替えの発生頻度を減らす緩和策が実施され、2023年5月にリリースされたChrome 113に適用されている。

■ランダムサブドメイン攻撃の再流行

2023年3月ごろから、DNSを狙った攻撃手法であるランダムサブドメイン攻撃と考えられる事例が世界的に増加し、わが国の行政機関や地方自治体などを含む複数のウェブサイトで具体的な被害も発生している旨が、複数の研究者[10]や事業者[11]から報告されている。

●ランダムサブドメイン攻撃の仕組み

ランダムサブドメイン攻撃は、攻撃対象のドメイン名を管理する権威DNSサーバーに大量のDNSクエリを集中させることでサービスの利用・提供を妨害する、DDoS攻撃の一つである[12]。

ランダムサブドメイン攻撃の仕組みを資料1に示す。攻撃者（①）は別途作成・入手したインター

ネット上のオープンリゾルバー[13]のリストを持っており、乗っ取られた多数の機器で構成されたBotnet（②）を遠隔操作できる。この状況において攻撃者はBotnetに対し、攻撃対象のドメイン名にランダムなサブドメインを追加した名前で、リストに掲載されているオープンリゾルバー（③、④）に名前解決要求を送るように指令を出す[14]。

この名前はキャッシュされていないため、クエリを受け付けたフルリゾルバー（③、⑤）は攻撃対象ドメイン名の権威DNSサーバー（⑥）にDNSクエリを送る。その結果、DNSクエリが権威DNSサーバーに集中し、サーバーやネットワークの処理能力を超えることで、攻撃が成立する。

●パブリックDNSサービスを用いた攻撃

本件について、Google Public DNSやクラウドサービス大手のCloudflareが運用する1.1.1.1などの大手パブリックDNSサービスを攻撃に利用する事例が報告されている[15]。パブリックDNSサービスは意図的なオープンリゾルバーとして運用されているため攻撃元を選択的にブロックすることが難しく、かつ攻撃者はその高いパフォーマンスを攻撃の効率向上に利用することが可能になる。

●攻撃の目的・意図

ランダムサブドメイン攻撃は2014年から2015年にかけ、世界的に流行した。当時の攻撃対象は主に中国語圏のカジノサイト・ECサイト・ニュースサイトなどで、対象となる組織やサービスに、一定の傾向が見られた[16]。しかし、今回の攻撃ではそうした傾向が判明しておらず、攻撃の目的は現在まで明らかになっていない。

●攻撃への対策

ランダムサブドメイン攻撃の代表的な対策とし

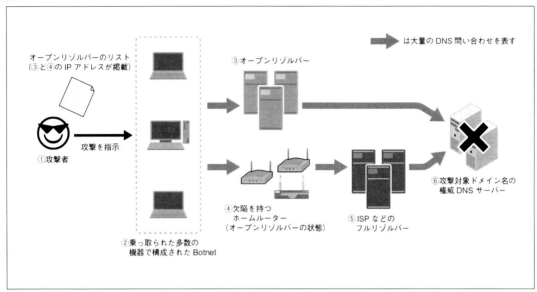

出所：筆者作成

て、サーバーやネットワークの攻撃耐性を高めることと、攻撃の巻き添えによるサービス全断のリスクの低減を図ることの2点が挙げられる。

　前者の例としては権威DNSサーバーそのものの強化に加え、ロードバランサーやIP Anycast[17]の導入によるサーバーやネットワークのスケールアップ・スケールアウトが挙げられる。また、高負荷に耐える外部DNSサービスの利用や複数の外部DNSサービスの併用も、有効な対策となる。

　後者の例としては、権威DNSサーバーを複数のグループに分けることで収容するドメイン名を分散する、サーバーのグループ化が挙げられる。資料2の例では権威DNSサーバーを3グループに分けて収容するドメイン名を分散し、攻撃の巻き添えによるDNSサービスの全断を回避している。

■ルートゾーンへのZONEMDの追加

　2023年9月21日（協定世界時）、ルートゾーンにZONEMDリソースレコード（以下、RR）が追加された[18]。本稿ではZONEMD RRの概要と、ルートサーバーの運用における取り扱いについて記述する。

●ZONEMDとは

　ZONEMDはRFC 8976で定義される、ゾーンデータ全体のメッセージダイジェスト[19]を記述するためのRRである。ZONEMD RRのフォーマットと記述例を資料3に示す。

　ZONEMDをDNSSECと併用することで、ゾーンデータの受信者はその内容を検証し、データの完全性と発信元の真正性を確認できるようになる。これにより受信者は、受信したゾーンデータと公開されたゾーンデータが同一であることを検証できる。なお、ZONEMDをDNSSECなしで使った場合はチェックサムとしてのみ機能し、送信エラーや切り捨てなどの偶発的な破損からゾーンデータを保護する。

資料4-3-17　権威DNSサーバーのグループ化

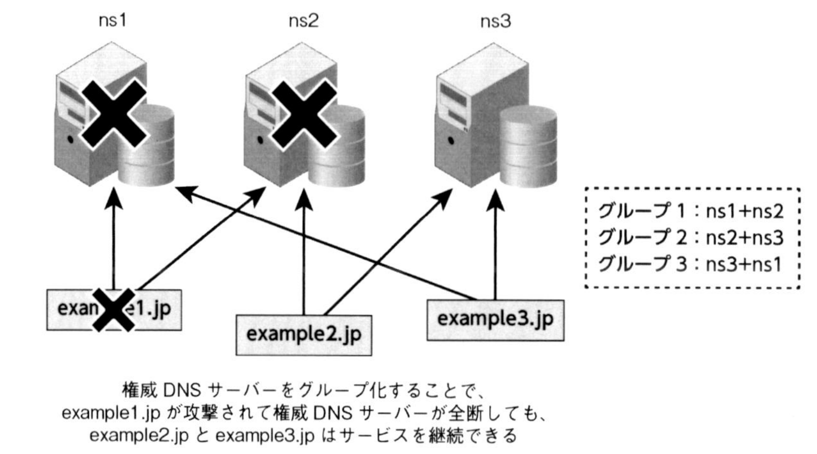

ns1
ns2
ns3
グループ1：ns1+ns2
グループ2：ns2+ns3
グループ3：ns3+ns1
example2.jp
example3.jp
権威DNSサーバーをグループ化することで、
example1.jp が攻撃されて権威DNSサーバーが全断しても、
example2.jp と example3.jp はサービスを継続できる

出所：筆者作成

資料4-3-18　ZONEMDリソースレコードのフォーマットと記述例

ZONEMDのフォーマット

```
ドメイン名 TTL   IN ZONEMD シリアル スキーム ハッシュアルゴリズム (
                 ダイジェスト )
```

ZONEMDの記述例

```
$ORIGIN .
@    86400 IN ZONEMD 2023121500 1 1 (
               9C2028B2E9FB3675CA39E707E401687D55A37FC107C9
               B889EE563230FBB1FFEAF72AE6913199BF6072987860
               6481C12B )
```

出所：筆者作成

●ルートサーバーにおけるZONEMDの取り扱い

ZONEMDの追加に先立ち、2022年8月2日にルートサーバー運用者（Root Server Operators、以下RSO）が、その取り扱いに関する声明を発表した[20]。その内容を以下に示す。

1：ルートサーバーシステムの安定性と信頼性確保のため、初期導入・テストの期間中、各自のシ

ステムがZONEMD RRを含むルートゾーンを受信・提供できるかを検証する。

2：ZONEMD RRの追加後少なくとも1年間、その有効性にかかわらず受け取ったゾーンデータをそのまま配布する。また、期間中にZONEMD RRの正当性を評価し、ZONEMDによる検証を有効にする前に、その結果を報告する。

3：その後、個々のRSOは、各自のシステムにおけるZONEMDの検証失敗への対応方法の理解と、不正なルートゾーンを受け取った際のIANAとルートゾーンメンテナー（注：現在はVerisign）への連絡手順の文書化を前提として、ZONEMDの検証を有効にできる。

4：RSOはルートゾーンメンテナーとIANA機能の運用者（注：現在はPTI）に対し、ZONEMD RRをルートゾーンに追加する日の2か月前に連絡する旨を要請する。

●正式運用の開始
段階的な導入を図るため、2023年9月21日のZONEMD RRの追加ではハッシュアルゴリズムとしてプライベート領域（241）が設定された。その後、2023年12月6日にハッシュアルゴリズムが本来の値であるSHA-384（1）に変更され、ゾーンデータの検証が可能になった[21]。

●1.1.1.1における名前解決障害の発生
ZONEMD RRの追加から2週間後の2023年10月4日7時から11時（協定世界時）にかけ、パブリックDNSサービス1.1.1.1においてZONEMD RRの追加に起因する名前解決障害が発生していた旨を、運営元のCloudflareが発表した[22]。
同社では本件について、パフォーマンス向上

のために1.1.1.1に導入していたルートゾーンをローカルに保持するシステムがZONEMD RRを解析できなかったためにゾーンデータが更新されない状態になり、2週間後の2023年10月4日にDNSSEC署名の有効期間の満了による検証エラーが発生したことが障害の原因であった旨を公表し、陳謝を表明している。

■B-RootのIPアドレス変更

2023年11月27日に、ルートサーバーの一つであるb.root-servers.net（以下、B-Root）のIPv4/IPv6アドレスが変更された[23]。ルートサーバーのIPアドレス変更は2017年10月24日のB-RootのIPv4アドレスの変更以来、6年ぶりとなる。

●IPアドレス変更の目的
B-Rootを運用する南カリフォルニア大学情報科学研究所（USC/ISI）は今回のIPアドレス変更の目的として、IPアドレスを割り当てるRIRを多様化し、ルートサーバーシステムの耐久性を高めることを挙げている。
今回のB-RootのIPアドレスは、USC/ISIと中南米地域を担当するRIRであるLACNICが契約を締結し、LACNICが割り当てている。本件はLACNICとして初の、ルートサーバーへのIPアドレス割り当てとなる[24]（資料4-3-19）。
なお、今回割り当てられたIPアドレスの経路情報はLACNICが提供するRPKI[25]による送信元検証が可能になっており、信頼性の向上が図られている。

●DNS運用への影響
ルートサーバーのIPアドレスが変更された場合、運用中のフルリゾルバーにおいてルートヒントの更新作業が必要になる[26]。運用元のUSC/ISIは更新作業のための移行期間を少なくとも1年

資料4-3-19　RIRと割り当て先ルートサーバーの状況

RIR	担当地域	割り当て先ルートサーバー
ARIN	北米	A, C, D, E, F, G, H, J, L
RIPE NCC	欧州・中東・中央アジア	I, K
APNIC	アジア・太平洋	M
LACNIC	中南米・カリブ海	B
AFRINIC	アフリカ	（なし）

（2023年11月27日現在）

出所：筆者作成

間、2024年11月27日まで設定する旨を発表している。

■DNSソフトウエアの脆弱性の状況
●BINDの状況

　資料4-3-20に、2023年中にJPRSが注意喚起したBINDの脆弱性情報を示す。

　2023年中に公開された7件の脆弱性のうち3件が、RFC 8767で定義されるserve-stale機能の実装不具合に起因するものとなっている。serve-staleは権威DNSサーバーから所定の時間内に応答が得られなかった場合に期限切れのキャッシュデータを活用して、名前解決を継続する機能である。なお、2023年12月現在、本機能はデフォルトで無効に設定されている。

●BIND以外のDNSソフトウエアの状況

　資料4-3-21に、2023年中にJPRSが注意喚起したBIND以外のDNSソフトウエアの脆弱性情報を示す。

　2023年4月のマイクロソフトのセキュリティ更新プログラム（月例パッチ）で、Windows DNSサーバーの脆弱性が10件公開されている。うち9件はリモートコード実行（RCE）が可能になる重大な脆弱性であるため、速やかなパッチの適用が必要である。

---

1. サイトに接続できないと頻繁に表示されるようになりました。- Google Chrome コミュニティ、https://support.google.com/chrome/thread/188653227/

2. DNSの現在の仕様では、すべてのリゾルバーと権威DNSサーバーはTCPとUDPの双方でのサービス提供が必須であり、クライアントはTCPとUDPのどちらでクエリを送ってもよいと定められている。

3. WindowsのChromeやEdgeでネットにつながりにくくなる現象、一部の家庭用ルーターが原因かも？【DNS Summer Day 2023】- INTERNET Watch、https://internet.watch.impress.co.jp/docs/event/1520427.html

4. ChromeのTCPクエリ問題、https://dnsops.jp/event/20230623/20230623-yamaguchi.pdf

5. ChromeはなぜTCPクエリを出したのか、https://dnsops.jp/event/20230623/20230623-kusaba.pdf

6. 他のOS（Android、Linux、macOS）ではAsyncDNSが既に有効にされていたが、Windows版とはUDPソケットの取り扱いが異なっており、当該事例は発生しなかった。

7. TCPクエリが送信される状態になった場合、当該ウェブブラウザーを再起動するまでその状態が継続する。

8. Increase in DNS over TCP from Chrome Browser on Windows 11、https://lists.dns-oarc.net/pipermail/dns-operations/2023-March/021979.html

9. WindowsのChromeだとネットにつながらない、特定のISPで起こった怪現象| 日経クロステック（xTECH）、https://xtech.nikkei.com/atcl/nxt/column/18/02538/072700001/

10. 2023年春に起きたDNS水責め絨毯爆撃の観察記録- 情報処理学会電子図書館、http://id.nii.ac.jp/1001/00226666/

11. ランダムサブドメイン攻撃において事業者として行なった対策と解析について、https://internetweek.jp/2023/archives/program/c10

12. JPRS用語辞典｜ランダムサブドメイン攻撃（DNS水責め攻撃）、https://jprs.jp/glossary/index.php?ID=0137

13. JPRS用語辞典｜オープンリゾルバー（Open Resolver）、https://jprs.jp/glossary/index.php?ID=0184

14. 例えば、攻撃対象のドメイン名がexample.jpであった場合、攻

資料 4-3-20　2023 年に JPRS が注意喚起した BIND の情報

公開・更新日	タイトル	概要
2023/1/26	（緊急）BIND 9.x の脆弱性（DNS サービスの停止）について（CVE-2022-3924）	serve-stale の実装不具合
2023/1/26	（緊急）BIND 9.x の脆弱性（DNS サービスの停止）について（CVE-2022-3736）	serve-stale の実装不具合
2023/1/26	（緊急）BIND 9.x の脆弱性（メモリ不足の発生）について（CVE-2022-3094）	dynamic update の実装不具合
2023/6/22	（緊急）BIND 9.x の脆弱性（メモリ不足の発生）について（CVE-2023-2828）	キャッシュクリーニングの実装不具合
2023/6/22	（緊急）BIND 9.x の脆弱性（DNS サービスの停止）について（CVE-2023-2911）	serve-stale の実装不具合
2023/9/21	（緊急）BIND 9.x の脆弱性（DNS サービスの停止）について（CVE-2023-3341）	制御チャンネルの入力処理の実装不具合
2023/9/21	（緊急）BIND 9.18.x の脆弱性（DNS サービスの停止）について（CVE-2023-4236）	DNS over TLS の実装不具合

出所：筆者作成

資料 4-3-21　2023 年に JPRS が注意喚起した BIND 以外の DNS ソフトウエアの情報

公開・更新日	タイトル
2023/1/25	PowerDNS Recursor の脆弱性情報が公開されました（CVE-2023-22617）
2023/1/25	PowerDNS Recursor の脆弱性情報が公開されました（CVE-2023-22617）
2023/2/3	Knot Resolver の脆弱性情報が公開されました
2023/3/17	Windows DNS サーバーの脆弱性情報が公開されました（CVE-2023-23400）
2023/4/3	PowerDNS Recursor の脆弱性情報が公開されました（CVE-2023-26437）
2023/4/14	Windows DNS の脆弱性情報が公開されました（CVE-2023-28223、他 9 件）
2023/6/16	Windows DNS の脆弱性情報が公開されました（CVE-2023-32020）
2023/7/14	Windows DNS サーバーの脆弱性情報が公開されました（CVE-2023-35310、他 3 件）
2023/8/25	Knot Resolver の脆弱性情報が公開されました
2023/12/15	Windows DNS の脆弱性情報が公開されました（CVE-2023-35622）

出所：筆者作成

撃には{ランダムな文字列}.example.jp という名前が使われる。

15. 2023 年第 2 四半期 DDoS 脅威レポート、https://blog.cloudflare.com/ddos-threat-report-2023-q2-ja-jp

16. 当時進行していた香港の反政府デモを支持する報道機関がデモの記事を掲載した直後、その報道機関のドメイン名が大規模なランダムサブドメイン攻撃を受けた事例が、複数回報告されている。

17. JPRS 用語辞典｜IP Anycast（アイピーエニーキャスト）、https://jprs.jp/glossary/index.php?ID=0108

18. [dns-operations] Root zone operational announcement: introducing ZONEMD for the root zone、https://lists.dns-oarc.net/pipermail/dns-operations/2023-September/022286.html

19. JPRS 用語辞典｜ハッシュ値（ダイジェスト値）、https://jprs.jp/glossary/index.php?ID=0230

20. Statement on adding ZONEMD to the root zone、https://root-servers.org/media/news/2022-08-Statement_on_ZONEMD.pdf

21. [dns-operations] Root zone operational announcement: introducing ZONEMD for the root zone、https://lists.dns-oarc.net/pipermail/dns-operations/2023-December/022388.html

22. 2023 年 10 月 4 日 の 1.1.1.1 ルックアップ障害、https://blog.cloudflare.com/ja-jp/1-1-1-1-lookup-failures-on-october-4th-2023-ja-jp/

23. New addresses for b.root-servers.net、https://b.root-servers.org/news/2023/05/16/new-addresses.html

24. LACNIC Assigns Number Resources to the USC/ISI DNS Root Server、https://www.lacnic.net/6869/2/lacnic/lacnic-assigns-number-resources-to-the-usc_isi-dns-root-server

25. リソース PKI（RPKI; Resource Public Key Infrastructure） –

JPNIC、https://www.nic.ad.jp/ja/rpki/

26. b.root-servers.net（B-Root）のIPアドレス変更に伴う設定変
更について、https://jprs.jp/tech/notice/2023-11-28-b.roo
t-servers.net-ip-address-change.html

4

インターネットガバナンスの動向

前村 昌紀 ●日本ネットワークインフォメーションセンター（JPNIC）政策主幹

RIRでは、AFRINICの統治機構不全に至った騒動がAPNICの選挙制度に飛び火し、関係者が対応を急ぐ。2016年のIANA監督権限移管で勝ち得た信託を技術コミュニティが堅持できるかが2024年の正念場だ。

2023年9月に京都で開催された「インターネット・ガバナンス・フォーラム（IGF）京都2023」[1]は、6300人という過去に類を見ないほど多数の現地参加者を得て大成功に終わった。IGFはインターネットのさまざまな課題をさまざまなステークホルダーが集まって対話する場として、2006年から国際連合が主催している会議である。2023年にはこのほか、3月に横浜でIETF (Internet Engineering Task Force)[2]会議が、9月にIGFと同じ会場でAPNIC (Asia Pacific Network Information Centre)[3]会議が行われるなど、インターネットの国際会議の日本開催が立て続いた。IETFやAPNICではインターネット基盤の運営に関する方針が検討・策定され、IGFでは基盤の議論もあるが、インターネット上の課題に関する議論が大半を占める。インターネットの良好なガバナンスのためには、この両方が重要である。

その中で、本稿ではインターネット基盤のガバナンスで継続している問題として、AFRINICとAPNICの統治機構を取り上げる。AFRINICの問題に関しては『インターネット白書2022』の拙稿で当時の状況を紹介している[4]が、2年の間に事態は深刻化したとともに、APNICに飛び火している。まず、それらについて、地域インターネットレジストリ (Regional Internet Registries：RIR)[5]における経過からから概観し（資料4-3-22）、2024年の展望を示す。

■AFRINIC：差し止め請求によって理事会が機能不全に陥り、現在は機能回復に向けて作業中

AFRINICでは、Cloud Innovationという会員企業がIPアドレスポリシーおよび会員契約に反し、域外を含むと考えられる顧客に数多くのIPアドレスをリースしていたとして、まずAFRINICが2020年6月にこの状態の是正を会員に求めた。是正されないことを確認した上で、2021年3月に契約に従った手続きを開始したところ、同社が手続きを不服として訴訟を起こした。その後、同社が50にも上る訴訟や差し止め請求などを提出した結果[6]、認められた差し止め請求により、2021年7月にAFRINICの銀行口座が一時凍結された[7]。また、別の差し止め請求[8]により、理事選挙による理事の選出ができなくなった。その結果、理事会の定足数に満たず、2022年4月を最後に理事会決議ができない状況となっている。つまり、任期を迎えたCEOの指名や予算の承認など法人運営に関する本質的な決定ができず、日常業務だけは職員によって続けられているという状態に陥って

資料4-3-22　地域インターネットレジストリ（RIR）

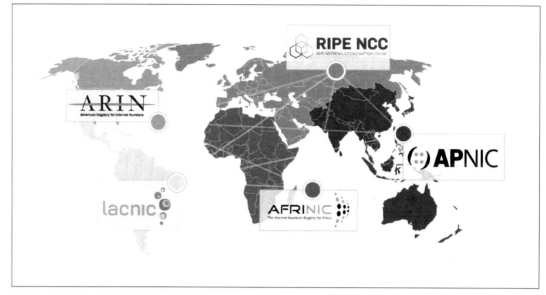

出所：The Number Resource Organization, Regional Internet Registries（https://www.nro.net/about/rirs/）

いる。

　このようなAFRINICの危機的な状況に、他の RIRだけでなくICANN（Internet Corporation for Assigned Names and Numbers）[9]も積極的に支援に乗り出し、AFRINICが設置されているモーリシャスの最高裁判所との折衝などを進めた結果、2023年9月には最高裁が管財人を指名し、AFRINICの財産を保全した上で理事やCEOの指名に向けた手続きを開始することになった[10]。積極的な対応を進めるICANNは、CTOのJohn Crain氏を、業務背景などの専門的な知識によって管財人に対し助言を行うアドバイザーとしてAFRINICに派遣し、管財人の業務を支援することを打ち出した。2023年9月26日から30日まで南アフリカのヨハネスブルグで開催された「Africa Internet Summit 2023」[11]では、AFRINICの職員の現地運営参加はなかったものの、AFRINICオフィスから管財人が遠隔で管財業務に向けた意気込みを語るなど、進展への期待が高まった。しか

し、この管財人指名にもその後異議が唱えられ、管財人業務は一時休止となり、執筆時点でこれ以降の公開情報はない。管財人指名の際に示された作業見込みはひとまず半年となっていたが、少なくとも3か月間は作業が空転し、回復の目途は立っていない。

■APNIC：選挙不正への対処として、機構変革によって史上初の会員投票による定款変更を実施

　AFRINICで訴訟攻撃を行った一団は、今度はAPNICの理事会で影響力を持とうとして、選挙違反を含む非常に積極的な選挙活動を行った。一団は2022年の選挙にも候補者を擁立していたが、2023年の選挙には過半数形成を目指してか6人の候補を送り込む積極姿勢を取った。対してAPNIC事務局側は、2022年の選挙でも垣間見えた選挙不正に対応するために、新たにEC選挙候補が順守するべき行動規範（Code of Conduct：

CoC）を定め、この順守を監視するためのCoC
チェアというコミュニティポジションとともに、
不正に関する報告窓口を設けた[12]。この窓口には
APNIC職員をかたった電話や悪質な投票招請な
どの申告が寄せられ、一団の候補の選挙違反が1
件、公式に認知された。結果的に、選挙では今回
改選であった松崎吉伸氏（インターネットイニシ
アティブ（IIJ）、JPNIC理事）をはじめとする現
任理事を中心とした候補たちが無事に当選して事
なきを得たが、CoC制定やその監視機構の構築を
もってしても違反候補を失格とすることができな
いという問題が露呈し、定款などで構築される統
治機構の改善がぜひとも必要だということが分
かった。

　加えて、定款の変更には全会員票数の2/3の賛
成を得る必要があり、会員投票での定款変更は
「現実的に不可能」と認識されている状況だった。
この状況を憂慮したJPNICは、選挙結果が公表さ
れた後の2023年3月2日、公開書簡として理事
長名で統治機構強化の要請をAPNICに送った[13]。
APNICではこの時点で既に統治機構強化に向け
て検討が進められていたが、JPNICの要請は主要
会員からの強い要請として認知され、機構強化を
後押ししたようだ。

　その後、APNICは2023年7月に統治機構強化
の計画を発表した[14]。実は、定款変更の困難さを
回避する方策が1つあることは、APNICの役職
員の中では知られていた。それは、会員組織の
APNICとして我々が認識しているものはAPNIC
の母体法人（以下、APNIC法人）の取締役会特
別委員会として定義されており、APNICの定款
と呼ばれているものはこの委員会の定款である
ため、法人構成上、上位組織となるAPNIC法人
取締役会が専権で変更できるというものである。
APNIC法人の取締役会はAPNIC事務局長のPaul
Wilson氏を単一の取締役とするものであるため、

会員組織の統治機構は、実はWilson氏によって
簡単に上書きできるということになる。そこで、
このAPNICの統治機構の抜け穴ともいうべき専
権を一度だけ行使して会員による良好な統治を実
現するべく、以下の2点を旨とした統治機構の更
新を行った。

・APNIC法人取締役会の専権で、APNICの定款が
会員投票で現実的に変更できるようにする（「全
会員票数の2/3の賛成」から「総投票数の2/3の
賛成」に変更）
・APNIC理事がAPNIC法人の取締役にも就任す
るとともに、（これまでWilson氏が所有する形
だった）APNIC法人の株式もAPNIC理事会が共
同で保持する形をつくり、会員選出の理事による
統治がAPNIC法人にも及ぶようにする

　この統治機構更新とともに、上述の選挙機構を
中心とした問題点に対処することを目的とした定
款変更の素案[15]が示され、会員やコミュニティか
らの意見が招請された。2023年8月にはコミュ
ニティコンサルテーションとしてAPNIC法務担
当者から素案を説明して会員の意見を聞くウェ
ブ会議を開催するとともに、メーリングリスト
での議論も進めた。これらの意見聴取を基に定
款変更の最終案が示され、9月に京都で開催され
た「APNIC56カンファレンス」の臨時総会で可
決された。これによって、2024年の理事選挙は
より堅牢な機構を通じて行うことができるように
なった。

■技術コミュニティにおける動き
　このようなRIRの統治機構の懸念に対して、
技術コミュニティではいくつか動きがあった。
2023年10月にドイツのハンブルクで開催され
た「ICANN78会議」のオープニングセレモニー

では、理事会議長のTripti Sinha氏が、ICANNが AFRINICの状況に対する支援に積極的に乗り出 しており、今後もそれを継続するという姿勢を明 言した。

さらに、Global Internet Infrastructure Technical Coordination Meeting（グローバル インターネット基盤技術調整会議）[16]と題された セッションでは、Sinha氏と理事会技術委員会 チェアとなったChristian Kauffman氏が、集まっ た数十人の参加者に対して「そういう新たな会 議体をつくるべきか」と問い掛けた。このセッ ションに、タイトル以外事前に内容が分からな かったにもかかわらず大勢が参加している状況 に、AFRINICやAPNICの状況をはじめとする問 題に対する関心の高さが示されている。

2023年11月にイタリアのローマで開催され た「RIPE 87」のオープニングプレナリーでは、 Randy Bush氏が「RIRの社会契約」と題した基 調講演を行い[17]、コミュニティはRIRがコミュニ ティに対して果たすべき役割や性質を見つめ直す べきではないかと訴えた。また、RIPE NCCの会 員総会では、APNICの定款変更と同様の基本定 款変更案[18]が提出され、可決された[19]。

■展望と考察

ここまで、AFRINICとAPNICで懸念されてい た統治機構の問題に関する今までの対応状況と、 技術コミュニティにおける動きを概観してきた。

AFRINICに関しては、何はともあれ管財人に よる会員選挙での理事指名とCEOの選任に向け たプロセスが進むことを望むばかりだが、管財人 指名の後にも異議が唱えられてプロセスが止まっ ている状況である。それを見るに、まずは司法に おいて、IPアドレスの管理やグローバルインター ネットの運営調整といった業務の重要性が正しく 認識されることと、それを含めた交渉や働きかけ

を地道に続けていくことが重要だと考えられる。

APNICに関しては、2024年理事選挙を、変更 された定款で実施することとなる。新たな定款で は、理事選挙において候補者の適格性確認と、選 挙違反時の候補者資格停止の権能を持つ選挙委員 会を設けることになっている。筆者はこの選挙委 員会の委員に指名された[20]が、新たな機構で大過 なく選挙が進められることを願うばかりである。 2023年9月の定款変更は2023年の理事選挙で問 題となった部分への対処が目的だったが、1998 年に定められた定款にはまだいろいろな問題があ るはずだ。そのため、さらなる機構強化の取り組 みを、会員を大いに巻き込んで進めることで、こ れからもさまざまな問題が起こり得るインター ネットの運営を乗り切れる統治機構をつくってい くことを期待する。

2023年8月、国際連合において検討されてい る今後のデジタル社会に向けた約定であるグロー バル・デジタル・コンパクト[21]に関し、その検討 文書の中で技術コミュニティが正しく認知されて いないことに憂慮する声明が、ICANN、ARIN、 APNICの連名で出された[22]。本件に関する詳細 は割愛するが、技術コミュニティが正しく認知 されることは極めて重要だ。技術コミュニティは 2016年に、IANA監督権限移管[23]という大事業を 成し遂げた。これは「米国政府の監督なしで、技 術コミュニティの自治によってグローバルイン ターネットの根幹を好ましく運営できることを立 証した」ことを意味している。しかしAFRINIC やAPNICで起こったことは、この信託に影を落 とすものである。信託を維持するためには、問題 に当たってもこれに効果的に対応し、補強が必要 な部分に補強を施し、間違ったものがあればそれ を正し、実践的に運営していくことしかない。現 在の技術コミュニティメンバーのさまざまな活動 が、より堅牢なグローバルインターネットの基盤

運営を実現し世界中の方々からの信託を得続ける
ことにつながることを願ってやまず、それに少し

でも貢献できるように努めていきたい。

1. インターネット・ガバナンス・フォーラム京都2023
   https://www.soumu.go.jp/igfkyoto2023/

2. Internet Engineering Task Force（IETF）
   https://www.ietf.org/

3. APNIC
   https://www.apnic.net/

4. 前村、「インターネットガバナンスの動向」、『インターネット白書2022』、インターネット白書ARCHIVES
   https://iwparchives.jp/files/pdf/iwp2022/iwp2022-ch04-03-p248.pdf

5. 5つのRIRの連合体であるNumber Resource Organization（NRO）のウェブサイト
   https://www.nro.net/

6. AFRINICの訴訟一覧
   https://afrinic.net/court-cases

7. AFRINIC, AFRINIC CEO addresses the freezing of AFRINIC Financial Accounts, Jul. 27, 2021
   https://afrinic.net/20210727-ceo-addresses-freezing-of-afrinic-financial-accounts/

8. 2023年1月の差し止め請求の例
   https://afrinic.net/ast/230131_Larus_Cloud_Service_Ltd_v_Afrinic_-_SC-COM-WRT-000056-2023.pdf

9. Internet Corporation for Assigned Names and Numbers（ICANN）
   https://www.icann.org/

10. NRO, NRO Statement on Appointment of an Official Receiver for AFRINIC, Sep. 14, 2023
    https://www.nro.net/nro-statement-on-appointment-of-an-official-receiver-for-afrinic/

11. Africa Internet Summit
    https://www.internetsummit.africa/

12. APRICOT 2023, APNIC EC ELECTION - Code of Conduct
    https://2023.apricot.net/elections/ecelections-codeofconduct/

13. JPNIC、「APNICに対し、統治機構強化の要請を行いました」、2023年3月3日
    https://www.nic.ad.jp/ja/topics/2023/20230303-01.html

14. JPNIC、「APNICが統治機構強化に向けた計画を発表」、2023年7月13日
    https://www.nic.ad.jp/ja/topics/2023/20230713-01.html

15. Huang, K., Giving APNIC Members power to change the APNIC By-laws, APNIC Blog, Jul. 12, 2023
    https://blog.apnic.net/2023/07/12/giving-apnic-members-power-to-change-the-apnic-by-laws/

16. ICANN78, Global Internet Infrastructure Technical Coordination Meeting
    https://icann78.sched.com/event/1T4lZ/global-internet-infrastructure-technical-coordination-meeting/

17. Bush , The RIR Social Contract, RIPE 87, Nov. 27, 2023
    https://ripe87.ripe.net/wp-content/uploads/presentations/35-231127.ripe-contract.pdf

18. RIPE NCC, Amendments to the "RIPE NCC Articles of Association"
    https://www.ripe.net/participate/meetings/gm/meetings/november-2023/documentation-and-archive/amendments-to-the-ripe-ncc-articles-of-association_november-2023.pdf

19. RIPE NCC, Voting Report
    https://www.ripe.net/participate/meetings/gm/meetings/november-2023/voting-report/

20. APRICOT 2024, APNIC EC ELECTION - Code of Conduct
    https://2024.apricot.net/elections/ecelections-codeofconduct/

21. UN, Global Digital Compact
    https://www.un.org/techenvoy/global-digital-compact/

22. Costerton, S. et al., The Global Digital Compact: A Top-Down Attempt to Minimize the Role of the Technical Community, ICANN Blogs, Aug. 21, 2023
    https://www.icann.org/en/blogs/details/the-global-digital-compact-a-top-down-attempt-to-minimize-the-role-of-the-technical-community-21-08-2023-en

23. JPNIC、「IANA機能の監督権限の移管について」、2016年11月25日
    https://www.nic.ad.jp/ja/governance/iana.html

IGF 2023レポート

仲里 淳 ●フリーランスライター／インプレス・サステナブルラボ 研究員

2023年10月に、インターネットに関する国際会議「インターネット・ガバナンス・フォーラム2023（IGF 2023）」が京都市で開催された。国内外から多くの参加者が集まり、さまざまな議論が行われた。

■IGF史上最多の参加者数

IGF[1]は、インターネットのガバナンスに関する多様なトピックについて議論する場として、一般市民から専門家まであらゆる立場のインターネットユーザーが集まる。参加登録には国連加盟国の政府発行証明書が必要となるが、それ以外の条件や資格は問われず、本当に誰でも参加できる。このオープン性が、マルチステークホルダー主義を重視するIGFらしさでもある。

主催者である国連によると、参加者数は現地で6279人、オンラインで推定3000人以上だったという。2006年に始まり今回で18回目となるが、この現地参加者数はIGF史上最多であり、会場となった京都国際会館は多くの人であふれた。

■多様な視点で語られた課題と期待

今回のIGFでは、メインテーマとして「私たちの望むインターネット―あらゆる人を後押しするためのインターネット―」が掲げられた。

開会式では、マルチステークホルダー・アプローチを標榜するIGFらしく、「ステークホルダーからの開会あいさつ」として、さまざまな国や組織の人物がスピーチを行い、多様な視点で課題と期待が語られた。

政治家として他の国に訴えたいこと、国際的な業界組織として求めることなど、それぞれの視点の違いや共通点に着目すると、世界の状況が見えてくる。ポジショントークも含めて、各者が自らの意見を主張し、参加者がそれを聞くという構図が、まさにマルチステークホルダー・アプローチである。

国連事務総長のアントニオ・グテーレス氏は、マルチステークホルダーによる協力というIGFのこれまでの活動は、地政学的緊張の高まりや分断の拡大に直面しながらも、極めて生産的で強靭だったと評価した。さらに、国連が取り組むSDGsの達成や気候変動対策にはインターネットなどデジタル技術の活用が欠かせず、インターネットアクセスやデジタル技術の格差を埋めることが必要で、そのためにも2024年に採択を目指すグローバル・デジタル・コンパクト（GDC）が守られるように団結しなければならないと語った。

総理大臣の岸田文雄氏は、インターネットは民主主義社会の基盤として極めて重要であり、IGFのオープンかつ民主的、包摂的なプロセスを重視する基本理念は、日本の基本的な価値観と一致するとした。そして、インターネットが信頼性のある自由なデータ流通（DFFT）を促進し、引き続き人類の発展に貢献するためには、オープン、自由、グローバル、相互運用可能、安全かつ信頼で

きるインターネットを維持することが必要だと締めくくった。

慶應義塾大学教授の村井純氏は、インターネット利用の世界人口が70％に達したことを踏まえ、まだ黎明期で限られたユーザーしか存在しなかった30年ほど前に、いつか誰もが使うようになる日が来ると議論したことを述懐。日本ならではの視点として、1995年に京都を含む地域（阪神・淡路）が大地震に見舞われた際、インターネットによる国境を超えた協力が復興を支えたこと、2011年の東日本大震災時にもスマホが普及していて多くの命が救われたことに言及した。そしてコロナ禍を経て、人々がインターネットの利点と重要性を実感するとともに理解の速度も高まったとした。

IGFリーダーシップパネル議長のビント・サーフ氏は、メインテーマである「私たちが望むインターネット」について触れ、手に入れるには具体的な実現方法を考えなければならないと参加者に訴えた。その方法を考えられなければ、「私たちにふさわしいインターネット」という、本当に望んでいたものとは異なる結果になってしまう。それを避けるには、インターネットの強力なコネクティビティがもたらすリスクと危険性に注意を払い、行動に対する説明責任と安心・安全なネットワークを作り維持することに注力すべきと語った。

サーフ氏が言及した「私たちが望むインターネット」とは、「未来のインターネットに関する宣言[2]」を踏まえたものだが、実現には解決すべき課題が満載だ。偽情報の氾濫や技術の非倫理的な利用といった、国や人々に害をもたらすとされるインターネットの負の面である。

他にも多くの登壇者が開会あいさつを行ったが、偽情報やAIに対する脅威とその対抗策としての規制に対する言及が目立っていた。欧州ではデータ戦略に基づいて、巨大テック企業のデータ収集に対する規制を強めたり、AI技術の開発・利用制限を設けたりといった方向へ進んでいる。米国や日本も似たような動きになりつつあるが、ビジネスや産業発展の観点から、バランスをどう取るかの難しさがある。しかし、市民と社会の安全を優先するなら規制強化は必至となるが、それが「私たちの望むインターネット」かどうかという思いが、インターネットに軸足を置くコミュニティにはある。

■議論の中心はAIと偽情報への対応

5日間の会期中に350以上のセッションやイベントが行われたが、その中でも特に社会的、時事的に注目されるテーマを扱い、専門家や識者、政府関係者などが登壇するものは「ハイレベルセッション」と呼ばれ、5つのセッションが行われた。

・DFFTを理解する
・誤・偽情報における進化のトレンド
・WSIS+20を見据えて：マルチステークホルダーのプロセスを加速する
・SDGs活性化のためのアクセスとイノベーション
・AI

これらのハイレベルセッションを含めて、全体として世間的に旬のトピックである生成AIに言及したセッションが目立っており、開会式直後で最も注目されるセッションもAIがテーマだった。

AIと偽情報の議論では、開発者の倫理と責任、偽情報による情報操作の脅威と対応策が焦点となった。2024年は、米大統領選挙をはじめ、世界中で重要な選挙が行われる。この結果を、偽情報によって操ろうとする組織や国家が存在する。この民主主義に対する挑戦は、SNSなどを駆使して行われるが、そこで問われるのがプラットフォーマーの責任だ。

フィリピン人ジャーナリストで2021年にノーベル平和賞を受賞したマリア・レッサ氏は、SNSプラットフォーマーはビジネス的な理由から問題を放置しているとして、その無責任さを非難した。AIについても可能性を認めつつ、プライバシー、安全、自律性、雇用などのリスクも抱えているとして、速すぎる現在の開発状況に強い懸念を示した。

DFFTは国境を超えたデータ流通の仕組み作りを目指すものだが、そのデータとはまさにAI活用で鍵を握るものだ。また、国内外で深刻化している偽情報や誹謗中傷の議論でも、生成AIの悪用や規制が焦点となった。

DFFTはもともと、2019年の世界経済フォーラムにおいて、当時の安倍晋三総理大臣によって提唱された概念だ。そのような背景もあり、DFFTのセッションにはデジタル大臣の河野太郎氏が登壇し、その重要性について説明した。

データ流通・取引に関しては、ビジネスや産業発展のために推進しつつ、国民の情報保護のために国家間で規制やルールを設ける動きが欧米や日本で進んでいる。他方で、インターネットへのアクセルやデジタルツールの活用・普及がこれから始まる新興国もある。アフリカなどのグローバルサウスには多くの国があるが、民族や言語の単位だとさらに細分化され、それぞれの人口規模は小さく、結果としてAIの学習用データも少なくなる。そもそもインターネットにつながってさえいない人々も多い。

例えば、ChatGPTのような大規模言語モデル型の生成AIでは、学習データ量が精度に大きく影響する。そのため、小規模言語の人々が恩恵を得るには、何らかの工夫が必要となる。先行してデータ取引やAI開発を進める企業や国は、そういった不利な立場に置かれる国や人々に対して責任を持つべきではないか。このようなIGFらしい意見を聞くこともできた。

■複雑な世界で貴重な対話の場

今回のIGFは、過去最大の参加者数だった点だけでも、一定の評価を与えられるものだろう。

会場での取材中に、参加者の一人が「IGFは話し合いだけして、何も決めないと批判されることもある。しかし、国連加盟国に限られるが、さまざまな国からの参加者がいる。ウクライナ人とロシア人もいるが、他の会合では難しいだろう。この点だけでも価値がある」と話していた。

IGFの開催前日は、まさにハマスとイスラエルが軍事衝突した時で、中東からの参加者や国連職員は気が気でなかっただろう。2024年のIGFは、サウジアラビアのリヤドで開催予定だが、無事に開催されることを願う。

複雑になってしまった世界で、マルチラテラリズム（多国間主義）やマルチステークホルダー主義に基づくIGFは、対話の場として存在意義は大いにあるといえるだろう。

なお、IGFの活動とは、年に1回の国際会議だけではない。年間を通して他にもさまざまな活動があり、国や地域単位のIGFコミュニティ[3]も存在する。今回のIGFでその存在を知り、活動に興味を持ったなら、国内のコミュニティに参加してみるとよいだろう。

1. Internet Governance Forum
   https://www.intgovforum.org/
2. 未来のインターネットに関する宣言
   https://www.soumu.go.jp/main_content/000812030.pdf

3. NRI（National and Regional IGF Initiatives）と呼ばれる

第5部　インターネット関連資料

日本の総人口は減少するも、インターネット利用者は84.9％と微増傾向

資料5-1-1　インターネット利用者の割合の推移

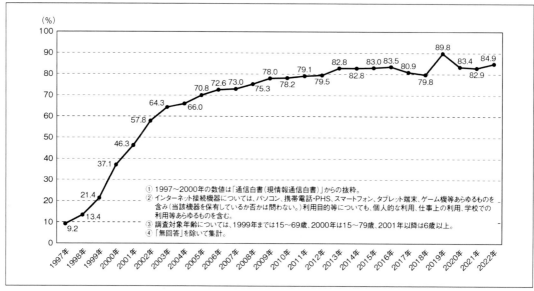

出所：総務省「通信利用動向調査」

年齢階層のスライドに対応し、シニア層のインターネット利用者が増加

資料5-1-2　インターネットの年齢階層別利用状況

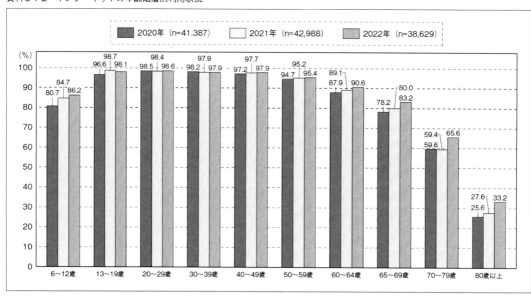

出所：総務省「通信利用動向調査」

テレビでのインターネット利用が増加傾向を示し31.9%に

資料5-1-3　インターネット利用機器の推移（複数回答）

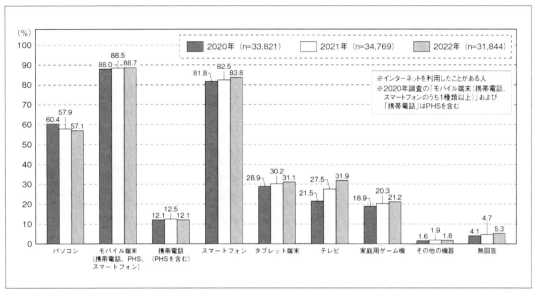

出所：総務省「通信利用動向調査」

ほぼすべての人がモバイル機器を利用する一方、パソコンは減少を続ける

資料5-1-4　情報通信端末の世帯保有率の推移（単純合計）

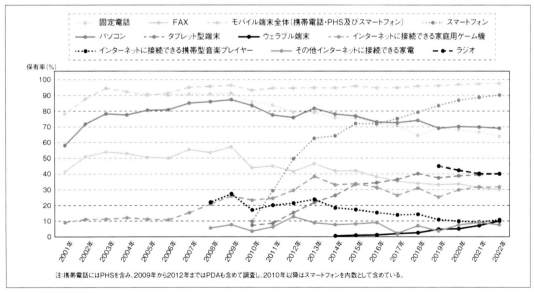

出所：総務省「通信利用動向調査」

LTEから5Gへと契約者数が徐々に移行しつつある

資料5-1-5　通信サービス加入契約数の推移（単純合計）

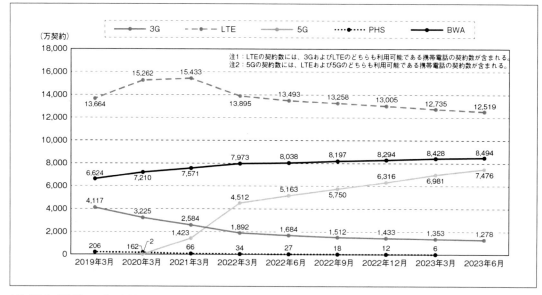

出所：総務省 「電気通信サービスの契約数及びシェアに関する四半期データの公表」各年版を基に作成

日本のコンテンツ市場は5兆4184億円

資料5-2-1　我が国のコンテンツ市場規模の内訳（2021年）

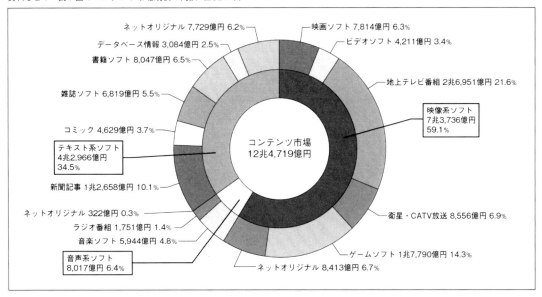

ネットオリジナル 7,729億円 6.2%
データベース情報 3,084億円 2.5%
書籍ソフト 8,047億円 6.5%
雑誌ソフト 6,819億円 5.5%
コミック 4,629億円 3.7%
テキスト系ソフト 4兆2,966億円 34.5%
新聞記事 1兆2,658億円 10.1%
ネットオリジナル 322億円 0.3%
ラジオ番組 1,751億円 1.4%
音楽ソフト 5,944億円 4.8%
音声系ソフト 8,017億円 6.4%
ネットオリジナル 8,413億円 6.7%
ゲームソフト 1兆7,790億円 14.3%
衛星・CATV放送 8,556億円 6.9%
映像系ソフト 7兆3,736億円 59.1%
地上テレビ番組 2兆6,951億円 21.6%
ビデオソフト 4,211億円 3.4%
映画ソフト 7,814億円 6.3%
コンテンツ市場 12兆4,719億円

出所：総務省情報通信政策研究所「メディア・ソフトの制作及び流通の実態調査」

日本のコンテンツ市場規模は対前年比で増加傾向に戻る

資料5-2-2　我が国のコンテンツ市場規模推移（ソフト形態別）

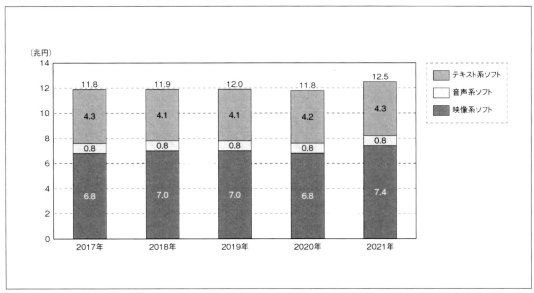

（兆円）

	2017年	2018年	2019年	2020年	2021年
テキスト系ソフト	4.3	4.1	4.1	4.2	4.3
音声系ソフト	0.8	0.8	0.8	0.8	0.8
映像系ソフト	6.8	7.0	7.0	6.8	7.4
合計	11.8	11.9	12.0	11.8	12.5

出所：総務省情報通信政策研究所「メディア・ソフトの制作及び流通の実態調査」

日本の通信系コンテンツ市場は5兆4184億円

資料5-2-3　通信系コンテンツ市場の内訳（2021年）

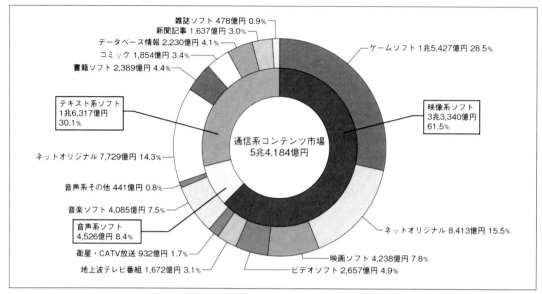

出所：総務省情報通信政策研究所「メディア・ソフトの制作及び流通の実態調査」

日本の通信系コンテンツ市場は映像系ソフトを中心に拡大

資料5-2-4　通信系コンテンツ市場規模の推移（ソフト形態別）

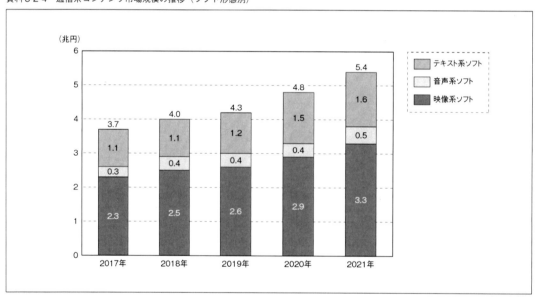

出所：総務省情報通信政策研究所「メディア・ソフトの制作及び流通の実態調査」

日本の電子書籍市場規模は対前年比9.4％増の6026億円

資料5-2-5　電子書籍市場の推移（コミック・文字もの・雑誌）

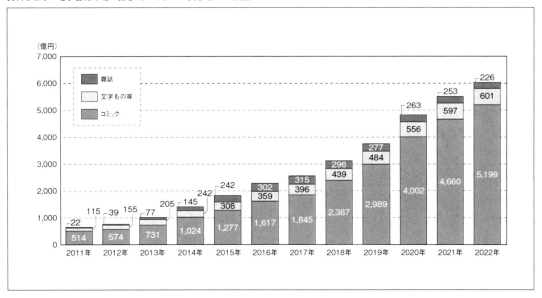

出所：インプレス総合研究所「電子書籍ビジネス調査報告書2023」

モバイルコンテンツ市場規模は2兆7861億円と微減

資料5-2-6　モバイルコンテンツ市場規模の推移

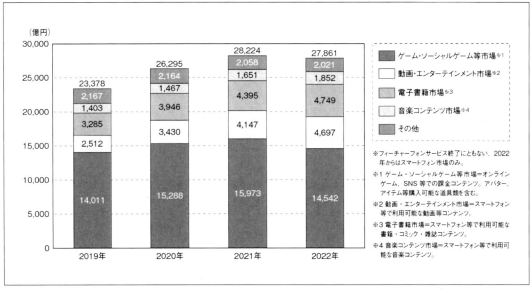

出所：モバイル・コンテンツ・フォーラム（MCF）調査

有料動画配信サービスの利用者は31.7％に伸長し、4割弱が利用経験者に

資料5-2-7　インターネット動画配信サービスの利用経験

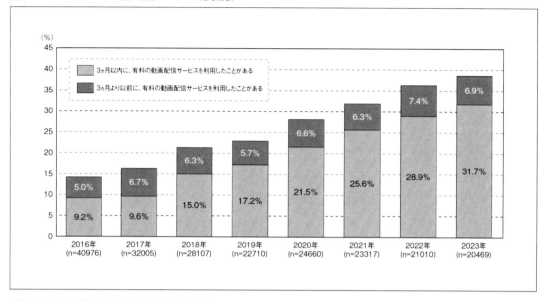

出所：インプレス総合研究所「動画配信ビジネス調査報告書2023」

動画配信利用率はAmazon Prime Video、Netflix、Huluがトップ3

資料5-2-8　利用している動画配信サービス

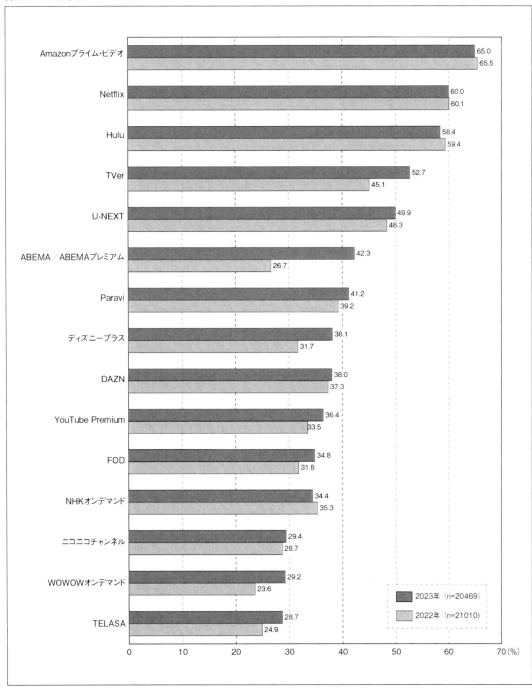

出所：インプレス総合研究所「動画配信ビジネス調査報告書2023」

音楽配信売り上げはストリーミングが引き続き伸長を続ける

資料5-2-9 音楽配信売上実績過去10年間 全体

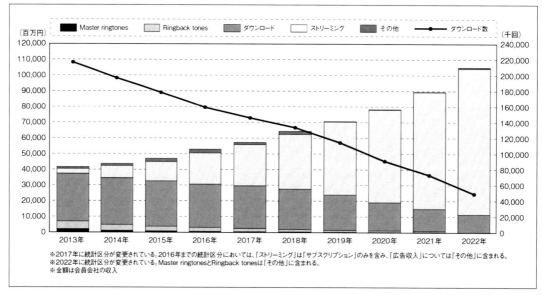

※2017年に統計区分が変更されている。2016年までの統計区分においては、「ストリーミング」は「サブスクリプション」のみを含み、「広告収入」については「その他」に含まれる。
※2022年に統計区分が変更されている。Master ringtonesとRingback tonesは「その他」に含まれる。
※金額は会員会社の収入

出所：日本レコード協会「音楽配信売上実績」

国内の携帯電話端末の出荷台数は中長期に縮小傾向

資料5-3-1　国内携帯電話端末の出荷台数（2016〜2022年）

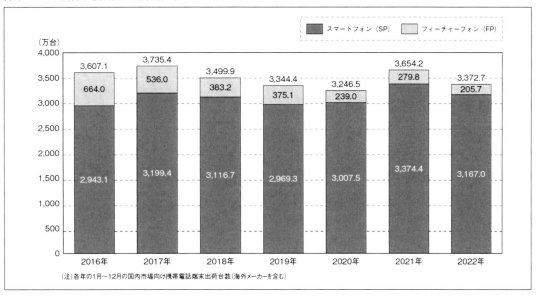

（注）各年の1月〜12月の国内市場向け携帯電話端末出荷台数（海外メーカーを含む）

出所：MM総研「2022年（暦年）国内携帯電話端末の出荷台数調査」

国内携帯電話端末出荷台数のほとんどは5Gスマートフォンに

資料5-3-2　5Gスマートフォンの出荷台数

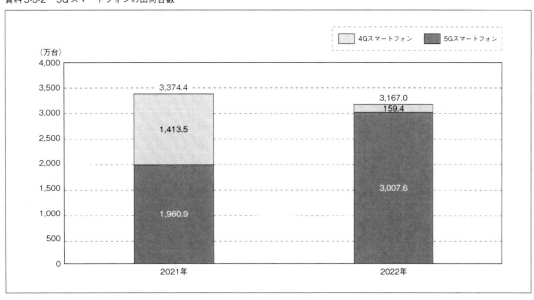

出所：MM総研「2022年（暦年）国内携帯電話端末の出荷台数調査」

企業のクラウドサービスの利用が約70％にまで拡大

資料5-3-3 国内におけるクラウドサービスの利用状況

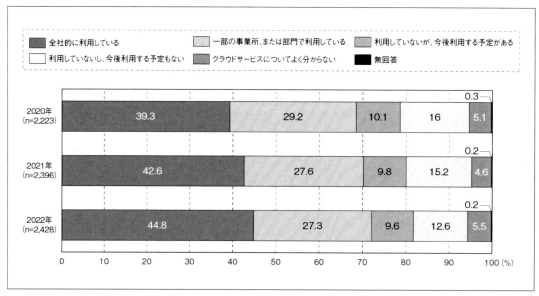

出所：総務省「通信利用動向調査」

企業のクラウドサービスの主な用途は「ファイル保管・データ共有」

資料5-3-4　クラウドサービスの利用内訳

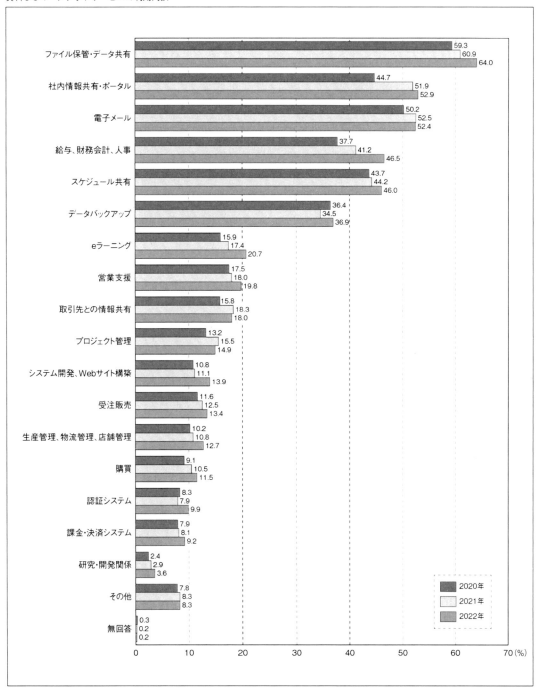

出所：総務省「通信利用動向調査」

AIやIoTなどのシステムやサービス導入はあまり進まず

資料5-3-5　IoTやAIなどのシステムやサービスの導入状況

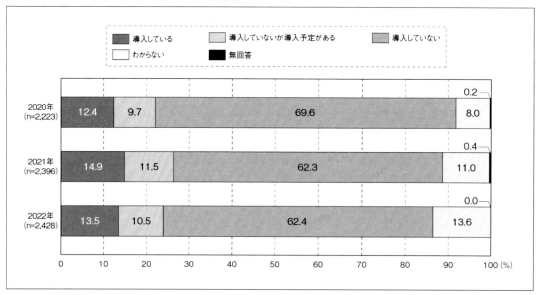

出所：総務省「通信利用動向調査」

大企業ではRPAやパブリッククラウドの導入が進む

資料5-3-6　大企業における新技術の導入または検討に関する状況

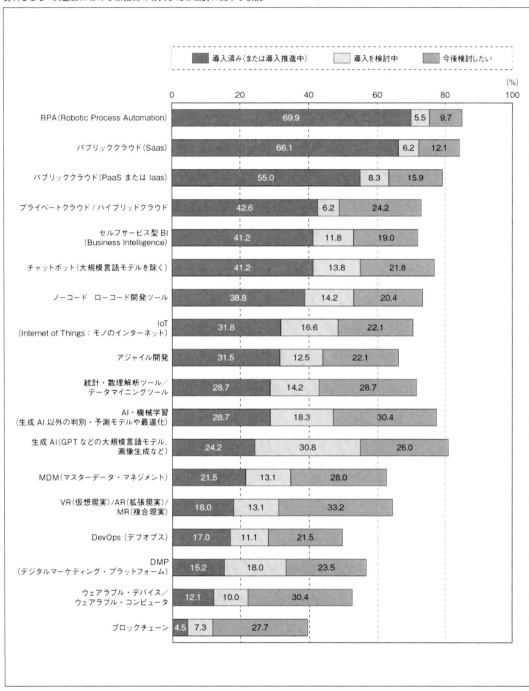

出所：総務省「通信利用動向調査」

標的型メールによるセキュリティ事案が急増

資料5-3-7　過去1年間の情報通信ネットワークの利用の際に発生したセキュリティ侵害（時系列）

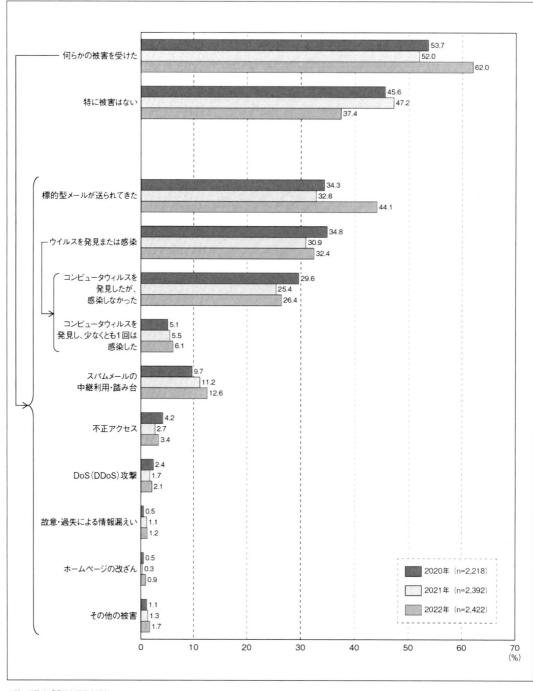

出所：総務省「通信利用動向調査」

セキュリティ事案は増加しても、その対策は3年前と大きくは変わらず

資料5-3-8 データセキュリティやウイルスへの対応状況（時系列）

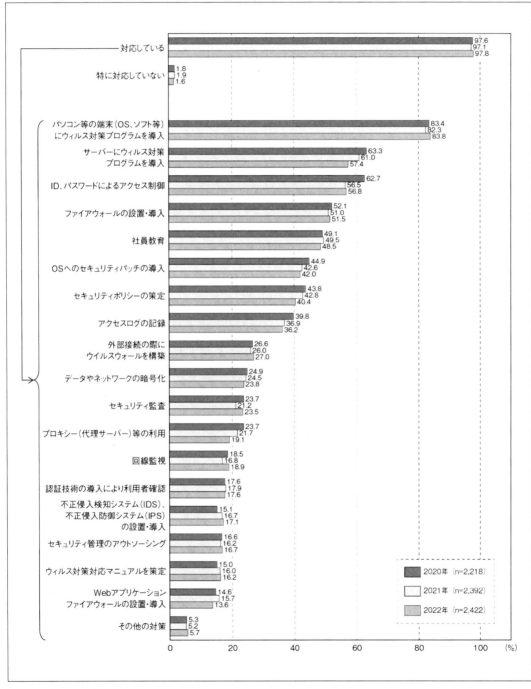

出所：総務省「通信利用動向調査」

フィッシングやランサムウエアに続き、ネット上の誹謗・中傷・デマにも要注意

資料5-3-9　情報セキュリティ10大脅威2023

昨年順位	個人	順位	組織	昨年順位
1位	フィッシングによる個人情報等の詐取	1位	ランサムウェアによる被害	1位
2位	ネット上の誹謗・中傷・デマ	2位	サプライチェーンの弱点を悪用した攻撃の高まり	3位
3位	メールやSMS等を使った脅迫・詐欺の手口による金銭要求	3位	標的型攻撃による機密情報の窃取	2位
4位	クレジットカード情報の不正利用	4位	内部不正による情報漏えい	5位
5位	スマホ決済の不正利用	5位	テレワーク等のニューノーマルな働き方を狙った攻撃	4位
7位	不正アプリによるスマートフォン利用者への被害	6位	修正プログラムの公開前を狙う攻撃（ゼロデイ攻撃）	7位
6位	偽警告によるインターネット詐欺	7位	ビジネスメール詐欺による金銭被害	8位
8位	インターネット上のサービスからの個人情報の窃取	8位	脆弱性対策情報の公開に伴う悪用増加	6位
10位	インターネット上のサービスへの不正ログイン	9位	不注意による情報漏えい等の被害	10位
圏外	ワンクリック請求等の不当請求による金銭被害	10位	犯罪のビジネス化（アンダーグラウンドサービス）	圏外

出所：情報処理推進機構（IPA）「情報セキュリティ10大脅威2023」

世界のインターネット利用者数は50億人超、人口の70％に迫る

資料 5-4-1　世界のインターネット利用者数

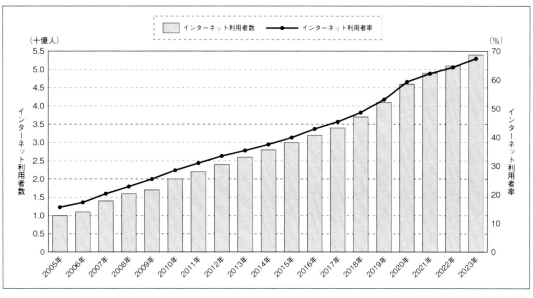

出所：ITU

今後の世界のインターネット普及の鍵は途上国と低収入地域

資料 5-4-2　インターネット人口普及率の地域別比較（2023 年）

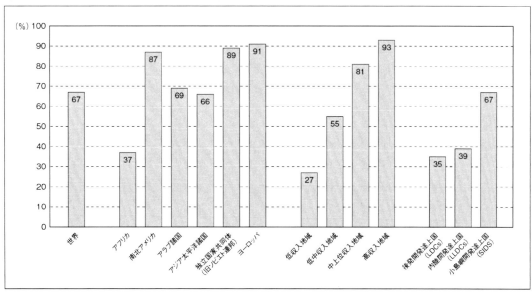

出所: ITU

世界では5Gの普及は先進国中心だが、2029年までには他地域にも普及の見込み

資料5-4-3　地域別および無線方式別のモバイル加入者数の割合

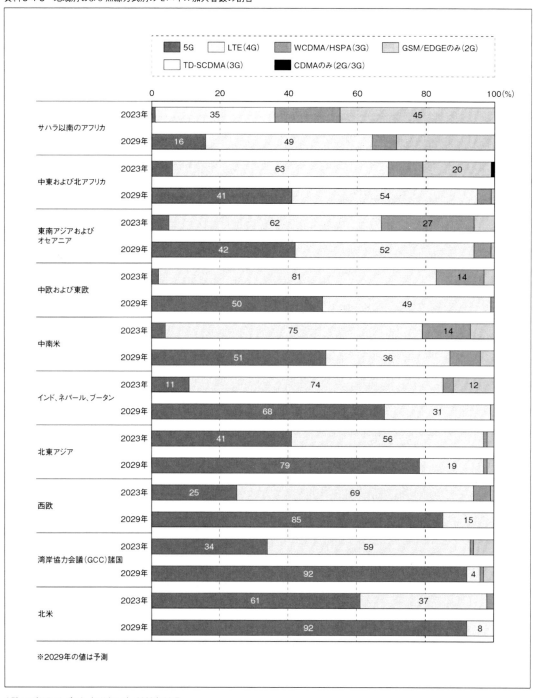

凡例:
- 5G
- LTE（4G）
- WCDMA/HSPA（3G）
- GSM/EDGEのみ（2G）
- TD-SCDMA（3G）
- CDMAのみ（2G/3G）

地域	年	値
サハラ以南のアフリカ	2023年	35 / 45
	2029年	16 / 49
中東および北アフリカ	2023年	63 / 20
	2029年	41 / 54
東南アジアおよびオセアニア	2023年	62 / 27
	2029年	42 / 52
中欧および東欧	2023年	81 / 14
	2029年	50 / 49
中南米	2023年	75 / 14
	2029年	51 / 36
インド、ネパール、ブータン	2023年	11 / 74 / 12
	2029年	68 / 31
北東アジア	2023年	41 / 56
	2029年	79 / 19
西欧	2023年	25 / 69
	2029年	85 / 15
湾岸協力会議（GCC）諸国	2023年	34 / 59
	2029年	92 / 4
北米	2023年	61 / 37
	2029年	92 / 8

※2029年の値は予測

出所：モビリティレポート（エリクソン）2023年11月

世界ではインターネット利用者にジェンダーギャップが見られる

資料5-4-4　インターネットを利用する男女の割合（2023年）

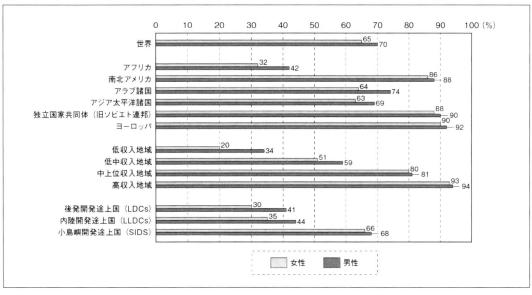

出所：ITU

地域別人口100人あたりのモバイルブロードバンド契約者は収入による格差が顕著

資料5-4-5　地域別人口100人当たりのモバイルブロードバンド・アクティブ契約数（2023年）

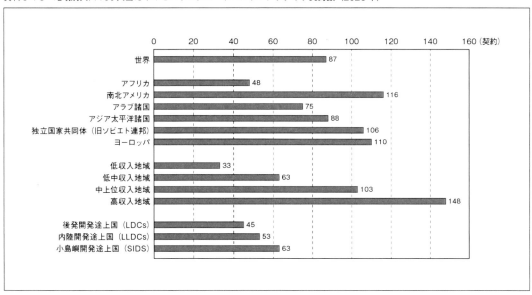

出所：ITU

世界の地域別個人モバイル端末所有率は収入による格差が顕著

資料5-4-6　地域別個人のモバイル端末所有率（2023年）

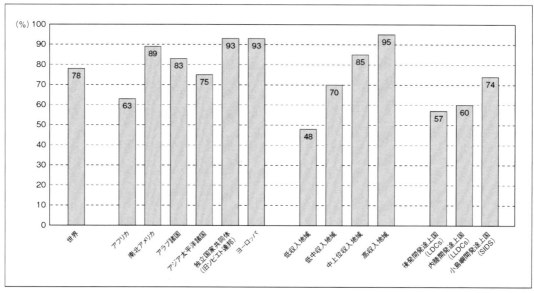

出所：ITU

世界のモバイル回線の人口カバー率は3G・4G・5Gを合わせて約90％

資料5-4-7　モバイル回線の世界の人口カバー率（2015〜2023年）

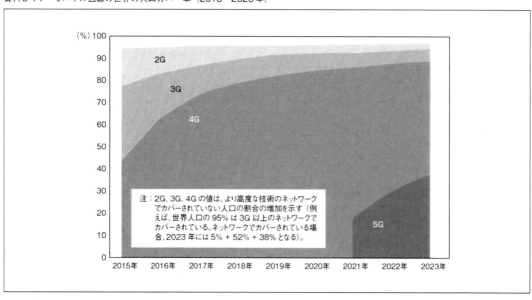

出所：ITU

G20＋OECD加盟国でインターネット普及率トップはサウジアラビアの100％

資料5-4-8　G20+OECD のインターネット普及率

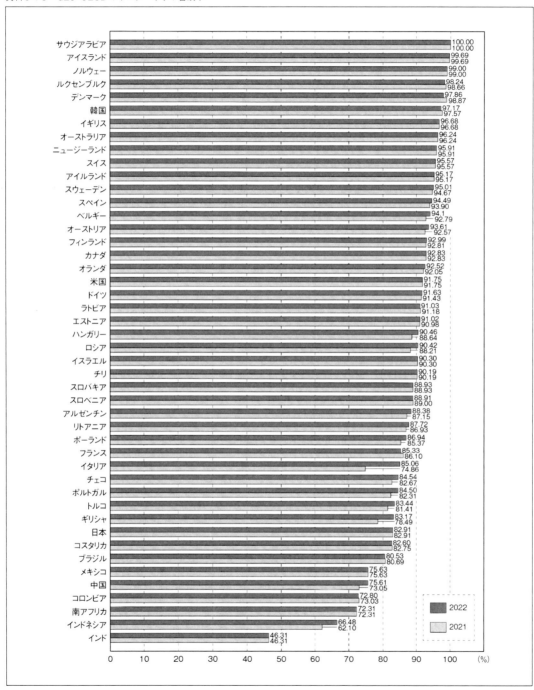

出所：ITU（参考資料：GLOBAL NOTE）

公的書類のインターネット提出対応、日本はG20＋OECD加盟国中32位

資料5-4-9　インターネットを利用した公的書類提出　（2021年）

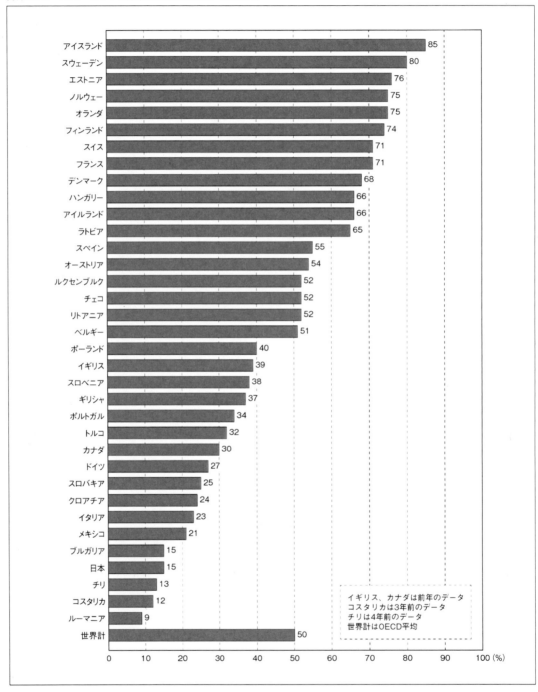

国	値
アイスランド	85
スウェーデン	80
エストニア	76
ノルウェー	75
オランダ	75
フィンランド	74
スイス	71
フランス	71
デンマーク	68
ハンガリー	66
アイルランド	66
ラトビア	65
スペイン	55
オーストリア	54
ルクセンブルク	52
チェコ	52
リトアニア	52
ベルギー	51
ポーランド	40
イギリス	39
スロベニア	38
ギリシャ	37
ポルトガル	34
トルコ	32
カナダ	30
ドイツ	27
スロバキア	25
クロアチア	24
イタリア	23
メキシコ	21
ブルガリア	15
日本	15
チリ	13
コスタリカ	12
ルーマニア	9
世界計	50

イギリス、カナダは前年のデータ
コスタリカは3年前のデータ
チリは4年前のデータ
世界計はOECD平均

出所：OECD（参考資料：GLOBAL NOTE）

付録　インターネットの主な出来事 2023

新製品・新サービス・新技術

2023	01	■ WPC、次世代ワイヤレス充電「Qi2」を発表。アップル「MagSafe」ベースに (*1) ■ ソニー・ホンダモビリティ、新ブランド「AFEELA」を発表。車両前方に「Media Bar」(*2) ■ AI「Midjourney」で作った漫画『サイバーパンク桃太郎』が単行本に (*3) ■ Twitter Blue が日本でも始動。月 980 円でツイート編集や青バッジなどを提供 (*2) ■ Apple Books で AI ナレーションによるオーディオブックの配信を開始 (*2) ■ 信頼できる発信者を識別する技術の実用化・ウェブ標準化を目指す「オリジネーター・プロファイル（OP）技術研究組合」が設立 (*4) ■ YouTube のショート動画で広告収益化が開始、2 月から (*5) ■ アップル、新型チップセット「M2 Pro」「M2 Max」を発表、MacBook Pro と Mac mini に (*5) ■ Prime Video で 2023 WBC の日本代表全試合をライブ配信 (*5) ■ Wikipedia のウェブ版で 10 年以上ぶりのデザイン更新。検索も便利に (*3) ■ LINE ドクターでオンライン服薬指導を開始。日本調剤と連携 (*1) ■ キヤノン、「画像データの改ざん防止」を目指す米団体に参加。アドビ中心に 800 社以上で構成 (*3) ■ NTT ドコモ、成層圏下層から 38GHz 帯の電波伝搬に成功。HAPS の非地上ネットワークへ期待 (*3) ■ 有料版「ChatGPT」が一部ユーザーに試験公開。応答が高速に (*6) ■ NBA、メタとの提携を拡大、Meta Quest で 50 試合以上を VR 観戦可能に (*2) ■ グーグル、テキストから音楽を生成する AI「MusicLM」を発表 (*2)
	02	■ OpenAI、有料プラン「ChatGPT Plus」を提供開始 (*2) ■ グーグル、ChatGPT に対抗する独自の AI チャットボット「Bard」を公開 (*2) ■ NTT ドコモら、遠隔地からロボット手術を支援する実証実験に成功。東京―神戸間で商用 5G SA を活用 (*5) ■ ツイッター、ユーザーに広告収益を分配するレベニューシェアを開始。まず Twitter Blue 加入の支払いが条件 (*7) ■ ルーブル美術館、空間を超えた映像アート体験を提供。「8K だから見えてくる」(*7) ■ DNP、ハイブリッド書店「honto」連動のタテヨミ型コミックアプリの提供開始 (*1) ■ Google マップの「イマーシブビュー」が東京を含む 5 都市で利用可能に (*2) ■ マイクロソフト、AI 搭載「Bing」を発表。"ウェブの副操縦士"のような存在に (*4) ■ Microsoft Edge がアドビ純正 PDF エンジンを搭載。Windows の PDF 体験を向上 (*1) ■ Twitter で最大 4000 文字のツイートが可能に。米国の Twitter Blue ユーザーが対象 (*2) ■ Google の「マルチ検索」がいよいよ登場、写真やスクショ＋日本語で検索できる (*5) ■ メタ、研究者向け大規模言語モデル「LLaMA」を公開 (*2) ■ Windows 10 の IE が完全に無効化 (*2) ■ 無料の Twitter API が 2 月 13 日まで延長。月 1500 ツイートの新アクセス発表 (*1)

03	■ NTT 東西、「IOWN1.0」を 3 月 16 日に提供開始 (*4) ■ OpenAI、ChatGPT API の一般提供を開始。アプリに AI チャットを組み込み可能に (*7) ■ ツイッターの元 CEO が支援する分散型 SNS「Bluesky」がサービス開始 (*4) ■ KDDI、Starlink をバックホール回線にした移動基地局を導入へ (*5) ■ NTT など 4 者、光通信と光量子を融合する技術を開発。スーパー量子コンピューター実現に向け一歩 (*5) ■ 堀江貴文氏が MVNO 事業に参入。月額 3030 円で 20GB ＋ 5 分かけ放題の「HORIE MOBILE」のサービス開始 (*3) ■「dTV」が「Lemino」に。NTT ドコモ、オリジナル作品を拡充 (*3) ■ アマゾン、縦読みマンガに参入。「Amazon Fliptoon」を提供開始 (*1) ■ OpenAI、GPT-4 を発表。精度が向上、画像に関する質問にも対応 (*2) ■ アルファベット傘下の Wing、ドローンによる自動配送ネットワークを発表 (*2) ■ グーグル、AI を全面展開。PaLM API やクラウド拡大、Gmail や Docs も (*1) ■ マイクロソフトの検索エンジン「Bing」が OpenAI の「GPT-4」で動作 (*5) ■ バイドゥ、中国版「ChatGPT」を発表。AI でも米中競争が激化 (*3) ■「Microsoft 365 Copilot」を発表、AI が返信メール作成やウェブ会議の内容を自動でまとめる (*5) ■ アドビ、画像生成 AI「Firefly」を発表。Creative Cloud などに搭載へ (*2) ■ あらゆる製品に AI 搭載するマイクロソフト、Azure にも GPT-4 を搭載 (*1) ■ Bing のチャットが Microsoft Edge のサイドバーから利用可能に (*6) ■ 理研ら、国産初の超伝導量子コンピューターを稼働。外部から使えるクラウドサービスも (*9) ■ GitHub、GPT-4 で大幅パワーアップした「GitHub Copilot X」を発表 (*10) ■ ツイッター、組織の「認証バッジ」開始。月 13.5 万円のゴールドバッジ (*1) ■ ツイッター、月額 8000 円の「認証済み組織アカウント」の受け付け開始 (*3)
04	■ Apple Books に縦読みマンガが登場、韓国の人気スタジオ作品を独占配信 (*5) ■ Stable Diffusion の上位モデル「XL」のベータ版公開。画像の補完なども可能に (*9)
05	■ マイクロソフト、AI 活用の「Bing」「Edge」を一般向けに開放 (*5) ■ アップルとグーグル、「AirTag」「Tile」など追跡デバイスの悪用を防ぐ新仕様案を共同発表 (*5) ■ グーグルの生成 AI「Bard」が日本語に対応、大規模言語モデル「PaLM 2」搭載 (*4) ■「Google Pixel 7a」発表。「Tensor G2」や 8 倍の超解像ズーム (*5) ■ Google マップの没入型ルート案内の「イマーシブビュー」、数か月のうちに東京でも展開 (*5) ■ グーグル、生成型 AI によるコンテンツを検索結果に表示、まずは米国から (*5) ■ グーグル、折り畳み型スマホ「Google Pixel Fold」を発表、25 万 3000 円 (*5) ■ 富士通ら、「富岳」で大規模言語モデルの研究開発を開始 (*1) ■ グーグル、東大およびシカゴ大と量子コンピューターを共同研究。日米政府の政策を支援 (*2) ■ スパコン「富岳」、2 部門で 7 期連続の世界 1 位。総合的な実力の高さを示す (*3) ■ アドビ、Photoshop に画像生成 AI「Firefly」を搭載へ (*2) ■ Microsoft 365 Copilot を Edge にネイティブ統合へ (*2) ■ マイクロソフトの Bing が ChatGPT のデフォルト検索エンジンに (*2) ■ ChatGPT、ついに iPhone 向けの公式アプリが登場 (*5) ■ EPUB 3.3 が W3C 勧告に (*11) ■ 集英社、縦読みマンガの新サービス「ジャンプ TOON」をリリースへ (*5)

06	■集英社、"AI グラビア" を発売。実在しない "妹系美少女" の画像を編集部が生成 (*3) ■メディアドゥと早川書房、新レーベル「ハヤカワ新書」で世界初の NFT 電子書籍付き新書を発売。(*4) ■ Apple Vision Pro が登場。アップルが開発した初の空間コンピューター (*12) ■アップル、M2 Ultra を発表 (*12) ■iPadOS 17、iPad に新たなレベルのパーソナライズと汎用性を提供 (*12) ■メタ、Meta Quest 3 を正式発表、VR と高精度 MR 対応・描画性能 2 倍・薄型化で 7 万 4800 円。Quest 2 は値下げ (*7) ■ Audible に村上春樹作品やマーベルとのオリジナル作品が登場 (*5)
07	■動画配信の U-NEXT、「ブック」サービスとして強化。「毎日無料」開始 (*1) ■メタの新アプリ「Threads」が予定前倒しでサービス開始、Android 版も (*5) ■アドビの画像生成 AI「Firefly」が日本語プロンプトに対応 (*1) ■メタ、新たな大規模言語モデル「Llama 2」を提供開始。商用利用可で GPT-3.5 に匹敵 (*1) ■ Microsoft 365 Copilot は月 30 ドル。Bing Chat Enterprise も登場 (*1) ■ Stability AI、手書きのスケッチを画像に変換する AI ツール「Stable Doodle」を公開 (*2) ■ヤフオク！が「Yahoo!オークション」に名称変更 (*1)
08	■ Amazon Music Unlimited のプライム会員向け価格が値上げ、個人プランは月額 880 円から 980 円に (*5) ■ YouTube Premium が値上げ、個人プランは月額 1180 円から 1280 円に (*5) ■ Amazon プライムが値上げ、個人プランは月額 500 円から 600 円に (*5) ■ OpenAI、GPT-3.5 Turbo のファインチューニングに対応。常に日本語での応答を実現 (*1) ■ Stability AI Japan、日本語で画像について説明できる Japanese InstructBLIP Alpha をリリース (*4) ■ X（Twitter）が通話機能を実装へ (*5)
09	■ OpenAI、待望のエンタープライズ向け「ChatGPT」を発表 (*13) ■ Slack、生成 AI 活用の新機能「Slack AI」などを発表 (*5) ■アドビの生成 AI「Adobe Firefly」が正式提供開始、商用利用も可能で Photoshop や Illustrator との連携も (*5) ■ Stability AI、音楽とサウンド生成のための「Stable Audio」を発表 (*14) ■ Google Chrome が 15 周年で新デザインに、生成 AI 活用の新機能も (*5) ■ macOS Sonoma 配信開始。セキュリティ修正も多数 (*9) ■ Windows 11 が 9 月 26 日に大型アップデート。Windows Copilot をプレビューとして実装 (*9) ■ MR のための Meta Quest 3 が登場。7 万 4800 円 (*1)
10	■グーグル、Google Pixel 8 Pro を発表、フラットディスプレイや Tensor G3 を搭載 (*5) ■グーグル、生成 AI 検索（SGE）の利用対象を米国で 13 歳以上に拡大 (*2) ■スマートホーム共通規格「Matter 1.2」がリリース、新たに冷蔵庫や洗濯機などをサポート (*5) ■小学館、バーチャルエンタメ事業に参入。VR エンタメ配信の第 1 弾は『しおあま』(*2) ■伊藤園の CM 出演の AI タレントが SNS で話題に (*3) ■アップル、パソコン向けとして最も先進的なチップの M3、M3 Pro、M3 Max を発表 (*12)

11	■ OpenAI、ノーコードでカスタムアプリを作れる「GPTs」を発表 (*1) ■ イーロン・マスク氏の新会社「xAI」、新 AI モデル「Grok」を発表。「リアルタイムな知識」を持つ (*1) ■ パルコ、ファッション広告に AI モデルを起用。「AI と分かったときの驚きを追求した」(*3) ■ サムスン、生成 AI 開発に参入。Galaxy 端末搭載へ (*3) ■ ワイヤレス充電の新規格「Qi2」、正式版が発表 (*5) ■ XR グラス「VITURE One」発売、Nintendo Switch 用アクセサリーなども同時展開 (*5) ■ NTT ドコモ、AR グラス「Rokid Max」を発売。動画やゲームで XR 体験 (*1) ■ テレビ北海道、お天気キャスターにデジタルヒューマンを起用。視聴者と「不気味の谷」について考える (*3) ■ Stability AI、Stable Video Diffusion の研究プレビュー版を公開。テキストから動画の生成が可能に (*13)
12	■ Copilot in Windows が正式提供開始 (*9) ■ グーグルの次世代生成 AI モデル「Gemini」が登場。「専門家を超える AI」(*1) ■ Pixel 8 Pro が新 AI「Gemini」を即日搭載。レコーダー要約やスマート返信が可能に (*1) ■ インテル、生成 AI 時代の新 CPU「Core Ultra」を発表。ローカルでの画像生成や LLM 活用を披露 (*3) ■ マイクロソフトの「Word」「Excel」「PowerPoint」が Meta Quest で利用可能に (*3) ■ Mozilla、AI でウェブサイトを自動制作する「Solo」を公開 (*15)

買収・IPO・合併・企業

2023	01	■ アマゾン、1 万 8000 人超の人員削減を発表 (*2) ■ NTT ドコモ、d ゲームの 9 月終了を発表。d コインは 3 月 27 日に販売終了 (*5) ■ スマートニュース、米国などで人員削減。景気後退を懸念 (*16) ■ メディアドゥ、韓国の縦読みマンガ制作スタジオに出資 (*17) ■ コインベース、1 年半で日本撤退 (*1) ■ TBS テレビと共同通信社、コンテンツメディアコンソーシアムに参画 (*18) ■ DMM、Web3 事業に関する新会社「DM2C Studio」を設立 (*2) ■ パナソニック、2 月で録画用 Blu-ray Disc の生産終了へ。後継商品は予定無し (*2) ■ 楽天モバイル、"郵便局店" 200 店舗閉鎖。今後はサービスを案内するチラシを設置 (*1) ■ 電通グループ、エンタメコンテンツ領域における NFT の実証実験「絵師コレクション」を開始 (*3) ■ アルファベット、1 万 2000 人の人員を削減へ (*2) ■ マイクロソフト、ChatGPT の OpenAI に投資、数十億ドル (*16) ■ マイクロソフト、1 万人の人員削減へ。過去 8 年間で最大規模 (*2) ■ Spotify、約 6％の人員削減へ (*2) ■ フレッツ・ADSL のサービス終了 (*1) ■ LINE BLOG のサービス終了。約 8 年半の歴史に幕 (*1) ■「めちゃコミ」運営会社、米国でも漫画アプリ「Comicle」を展開。日本のマンガを世界に発信 (*19)

02

- ■ペイパル、約 2000 人（約 7％）のレイオフを発表 (*3)
- ■ Spotify、有料会員数 2 億 500 万人を突破。予想を上回る伸び (*2)
- ■ NTT ドコモ、オリジナルの縦読みマンガに参入。韓国制作会社と提携 (*3)
- ■ PayPay のユーザー数が 5500 万人を突破、本人確認済みユーザーも増加 (*5)
- ■ LINE、CLOVA など AI 事業をワークスモバイルジャパンに売却 (*1)
- ■メタのマーク・ザッカーバーグ CEO、2023 年は AI とメタバースを優先する意向 (*6)
- ■グーグルのサンダー・ピチャイ CEO、「強力な言語モデルと直接対話できるように」と発言。AI 採用の独自アプリ発表を示唆 (*3)
- ■グーグル、ChatGPT 競合チャットボット開発中の新興企業「Anthropic」を支援 (*3)
- ■ズーム・ビデオ・コミュニケーションズ、従業員の 15％である約 1300 人の人員削減へ (*2)
- ■グーグルと JASRAC、YouTube での音楽利用に関する新契約を締結 (*5)
- ■主婦の友インフォス（現・イマジカインフォス）、デジタルコミック「WEBTOON」制作部門を事業譲受 (*18)
- ■ディズニー、7000 人の人員削減へ (*2)
- ■ U-NEXT と Paravi が統合。視聴者 370 万人以上で国内勢最大に (*2)
- ■バンダイ、縦読みマンガ事業に参入。3 年間で 10 億円投資 (*2)
- ■イーロン・マスク氏、「2023 年末までにツイッターの後任 CEO を見つける」と発言 (*2)
- ■ Yahoo!ニュース、電話番号設定の必須化で "不適切なコメント" などが減少 (*5)
- ■メタのマーク・ザッカーバーグ CEO が Instagram、WhatsApp、Messenger 向けの AI 開発チームを設立したことを発表 (*20)
- ■アマゾン、ワン・メディカルの買収完了。サブスク医療サービスを年額 144 ドルで提供へ (*3)

03

- ■ YouTube の新 CEO、生成型 AI の責任ある利用を目指す (*2)
- ■リード・ホフマン氏が OpenAI の取締役を辞任 (*3)
- ■メタ、Facebook と Instagram の収益化ツールとしての NFT から撤退 (*3)
- ■メタ、さらに 1 万人の人員削減へ (*2)
- ■アマゾン、レジなしコンビニ「Amazon Go」8 店舗を閉店へ (*2)
- ■ OpenAI、GPT-4 を公開。詳細な技術情報は非公開 (*2)
- ■ TikTok の CEO、米議会公聴会を前に米国でのアプリ利用者数は 1 億 5000 人超と公表 (*2)
- ■アマゾン、9000 人の従業員を追加削減へ。AWS や広告事業などが対象 (*6)
- ■ VTuber 事務所「ホロライブ」運営のカバー、東証グロース上場 (*3)
- ■フルカラー縦読みマンガ「Webtoon」スタジオのソラジマ、約 10 億円を調達 (*2)
- ■ PHS が終了 (*5)
- ■ GYAO!が 18 年の歴史に幕。LINE LIVE も同日に閉鎖 (*3)
- ■ OpenAI のサム・アルトマン CEO、東京を含む世界 17 都市で「ChatGPT や AI について話し合う」行脚へ (*3)
- ■マイクロソフト、Bing のチャットで広告表示をテスト (*2)

04

- ■ソニーグループ社長交代。十時裕樹副社長が昇格、吉田憲一郎氏は CEO 続投 (*2)
- ■ブックライブ、NFT マーケットプレイス運営のメモリアを子会社化 (*2)
- ■ ChatGPT が個人情報の扱いを「減らす」。イタリアの禁止を受け (*21)
- ■ OpenAI のサム・アルトマン CEO、「日本の ChatGPT ユーザーは 100 万人超」(*3)
- ■ OpenAI のサム・アルトマン CEO、日本に対する 7 つの約束。「日本関連の学習ウエートを引き上げ」(*3)
- ■ OpenAI、「AI の安全性に対する当社のアプローチ」を説明。「年齢確認オプションを検討中」(*3)
- ■ OpenAI、安全性で声明、「やるべきことはたくさんある」(*1)
- ■ OpenAI の活動は「研究開発ではなく製品開発」。メタのヤン・ルカン氏 (*2)
- ■グーグル、AI 分野の 2 つの研究グループを統合。「Google DeepMind」を新設 (*6)
- ■バズフィード・ニュース、人員削減の一環で閉鎖へ (*22)
- ■ Twitter が従来版の青い認証バッジを削除 (*5)
- ■ NTT ドコモ、「スマホがつながりにくい問題」の今夏までの解消を目指すと発表 (*5)
- ■ホンダ、独自のビークル OS の開発へ。2025 年の投入を目指し人材採用を倍増 (*3)
- ■楽天モバイル、市販スマホで直接衛星と通信。世界初の通話成功 (*1)

05

- ■ AI の第一人者ジェフリー・ヒントン氏、グーグルを離脱。AI の危険性に警鐘 (*22)
- ■メルカリ、生成 AI や大規模言語モデルの専門チームを設置。グループ横断で本格化 (*5)
- ■サザビーズ、NFT 流通市場を立ち上げ (*23)
- ■講談社、米国向けマンガ配信サービスを開始 (*18)
- ■バルミューダ、携帯端末事業から撤退 (*5)
- ■ツイッターの新 CEO がリンダ・ヤッカリーノ氏に。米メディアの元広告責任者 (*2)
- ■ KDDI、IIJ と資本業務提携契約を締結 (*5)
- ■マイクロソフト、リスク低減に向け AI の新たな規制を呼びかけ (*6)
- ■マイクロソフト、Activision 買収阻止の判断をめぐり英当局に不服申し立て (*2)
- ■ OpenAI、AI を規制する 3 つの方法を提案 (*2)
- ■ OpenAI、株式公開買い付けにより 4 億 9500 万ドルを調達。同社設立のペーパーカンパニーを通じて実施 (*24)

06

- ■集英社、AI グラビアの販売終了。「生成 AI の課題について検討が足りなかった」。Twitter アカウントも削除 (*3)
- ■ LINE、証券事業を再編。主要サービスは野村證券へ移管など事実上撤退へ (*5)
- ■マイクロソフト、OpenAI の GPT モデルを政府機関ユーザーに提供へ (*25)
- ■ OpenAI のサム・アルトマン CEO、ソフトバンクの孫正義社長と事業を模索 (*26)
- ■ TVer の 5 月の動画再生数が前年同月比約 1.8 倍の 3.5 億回に。月間ユーザー数も最多 (*27)
- ■ NTT ドコモ、「ahamo」の契約数が 500 万を突破 (*5)

07

- ■ NTT ドコモ、Web3 の新会社「NTT Digital」を始動。トークンウォレットを年内提供 (*1)
- ■イーロン・マスク氏、新会社「xAI」を設立。「宇宙の本質を理解する」ために (*2)
- ■ソフトバンク、空飛ぶ基地局を目指す「HAPS モバイル」を吸収合併 (*5)
- ■ Twitter の公式アカウント名が「X」に変更。リンダ・ヤッカリーノ CEO「X は音声・動画、メッセージング、金融を軸にした双方向の世界」(*5)
- ■ OpenAI、米ジャーナリズム慈善団体に 500 万ドルを提供 (*28)

08

- ■ J-Coin Pay、三菱 UFJ 銀行と連携開始 (*1)
- ■ KDDI、スペース X との提携によりスマホの直接衛星通信サービス提供へ (*4)

09

- NTT ドコモ、ひかり TV ゲームを 9 月末で終了 (*5)
- イーロン・マスク氏「X の広告収入は 6 割減」、原因はユダヤ系団体と主張 (*5)
- グーグル 25 周年。「AI は最大の変化」(*1)
- ソフトバンクと OneWeb、日本の衛星通信サービス展開のため販売パートナー契約 (*5)
- アーム、米 NASDAQ 上場へ。総額 7 兆円超 (*5)
- ビル・ゲイツ、イーロン・マスク、マーク・ザッカーバーグの 3 氏ら集結。米上院で AI 規制めぐり論議 (*22)
- ヤフー、「優越的地位の可能性がある」との指摘受けニュース配信元との契約見直しを検討 (*3)
- OpenAI、AI のリスク管理強化に向け専門家を募集。「レッドチーム」を立ち上げ (*2)
- イーロン・マスク氏、X の「信頼と安全」担当者を新たにレイオフ。広告収入は同氏の陰謀ツイートで半減 (*24)
- アマゾン、生成 AI 強化へ。Anthropic に 40 億ドル出資 (*1)
- グーグル、ウェブサイトのコンテンツを AI トレーニングからオプトアウトするツールを提供 (*3)
- アマゾン、マイクロソフトの最高製品責任者パノス・パネイ氏の入社を発表 (*2)

10

- LINE ヤフーが発足、事業の統廃合を進め、経営を効率化 (*5)
- 国産量子コンピューター初号機の愛称が「叡（えい）」に。英語表記は "A"、理研が発表 (*3)
- メタ、大規模言語モデルで「Llama 2 の責任ある使用のためのガイド」日本語版を公開 (*27)
- マイクロソフト、日本の AI ガバナンスに関するレポートを公開、「日本のリーダーシップを多くの国が期待」(*3)
- NTT ドコモ、通信品質対策で新たに 300 億円を投入。設備を高度化し AI で SNS も迅速に分析 (*5)
- 読売新聞と LINE ヤフー、共同声明を発表 (*4)
- ソフトバンク、成層圏からの 5G 通信試験に成功。ルワンダ政府と協力 (*5)
- 手数料無料の「ことら送金」が 1 周年。293 金融機関に拡大、累計送金額 1330 億円 (*1)
- グーグル、生成 AI ユーザーを著作権侵害の訴訟から擁護すると発表 (*2)
- マイクロソフト、Activision Blizzard の買収を完了 (*2)
- NTT の島田明社長「NTT 法、結果として廃止につながる」とコメント (*5)
- U-NEXT、会員 400 万人突破。Paravi 統合でドラマ拡充 (*16)

11

- ソフトバンク、スマホ契約数が 3000 万件を突破 (*5)
- NTT ドコモの 5G 契約数が 2484 万件に到達 (*5)
- ディズニー、Hulu を買収。ストリーミング強化 (*1)
- YouTube が AI 生成コンテンツのラベル表示を義務付けへ (*2)
- Bluesky のアカウント数が 200 万人を突破 (*20)
- ニューヨーク・タイムズ、広告売上高 6 ％増。購読者は 1000 万人超に (*29)
- OpenAI のサム・アルトマン氏が解任、取締役会は「率いる能力を信頼していない」(*5)
- サム・アルトマン氏、OpenAI の CEO に復帰へ (*5)
- イーロン・マスク氏が「X」で "反ユダヤ" 投稿に賛同。波紋広がる (*26)
- マイクロソフト、EU のデジタル市場法に対応する Windows の変更点を発表 (*2)
- マイクロソフト、「Bing Chat」を「Copilot」にブランド変更、ウェブブラウザーからも利用可能に (*5)
- さくらインターネット、ガバメントクラウドのサービス提供事業者に国内事業者として初めて選定 (*4)
- グーグル、カナダでニュース対価支払いに合意。報道機関に年 110 億円 (*21)
- NTT ら 4 社、アマゾンの衛星インターネット「Project Kuiper」との協業に合意 (*4)
- PayPay、本人確認済みユーザーが 2500 万人超え (*1)
- 楽天モバイル、契約数が 600 万回線に到達 (*5)

12	■メタやIBM、オープンなAI開発推進でAI Allianceを結成。50以上の組織が参加 (*2)
	■NTTとスカパーJSAT、マイクロソフトと宇宙データセンターの実現に向け協力 (*1)
	■ハイブリッド書店「honto」、本の通販ストアを終了。電子書籍は継続 (*1)
	■NVIDIAのCEOが日本に研究拠点設置とスタートアップ投を表明 (*21)
	■NTTドコモやメディアドゥら4社、海外向けコミック配信で提携 (*1)
	■テスラ、人型ロボット「Optimus」の、卵をつかめる第2世代を公開 (*1)
	■DMMのハード開発支援施設「DMM.make AKIBA」が閉鎖 (*1)
	■アドビ、Figmaの買収を断念。欧州規制当局の承認を得られず (*1)
	■OpenAI、フロンティアAIモデルに対する安全性計画を発表。取締役会に拒否権 (*2)
	■アマゾンの衛星通信「Project Kuiper」、100Gbpsの光衛星間通信に成功 (*1)

法制度・行政・事件・社会

2023	01	■スペースX、「Starlink」衛星の天体観測への影響軽減へ。米国立科学財団と合意 (*2)
		■システム障害で米国の全国内便が一時運航停止に。1万便以上に影響 (*2)
		■世界遺産の仁和寺がクラウドファンディングで名勝庭園をメンテナンス。NFTを用いた返礼品も (*3)
		■JASRAC、メタバースでの楽曲利用料を公表 (*3)
		■CNET、AIで記事を書いていることを問題視されて記事の公開を停止へ (*20)
		■米司法省、グーグルを再び提訴。デジタル広告市場の支配を問題視 (*2)
		■情報漏えい事故を起こした上場企業が25％増、東京商工リサーチ調査 (*3)
		■プラットフォームへの削除請求権について、新聞協会が「安易な削除を強く懸念」とする意見書を提出 (*21)
		■TikTokのCEO、3月に米下院公聴会で証言へ (*2)
		■米司法省、ランサムウエアグループ「Hive」の解体に成功 (*2)
		■ChatGPTがスタンフォード大期末試験で大量利用 (*28)
		■アップルのティム・クックCEO、岸田文雄首相に「iPhoneのサイドローディング問題」を直談判 (*3)
	02	■オンラインでの転出届提出が可能に。マイナポータルで対面不要 (*1)
		■経産省ら、クレジットカード会社にフィッシング対策の強化を要請、DMARCの導入など (*4)
		■米議員がアップルとグーグルにアプリストアからのTikTok削除を要請 (*2)
		■バイデン政権、アップルとグーグルのアプリストア開放を議会に要請 (*3)
		■学校でのChatGPT利用をシンガポール政府が容認へ (*2)
		■アマゾンの衛星ブロードバンド計画「Project Kuiper」をFCCが承認 (*2)
		■スペースXがウクライナ軍の「Starlink」の利用を制限したと判明、「兵器化する意図はなかった」と幹部 (*20)
		■日本レコード協会、音楽違法アップローダーの発信者情報開示請求がほぼ完了。19人に平均40万円の賠償金 (*3)
		■三井住友銀行や三菱UFJ銀行ら10社、ジャパン・メタバース経済圏に向けたメタバース基盤の構築に合意 (*2)
		■マイナンバーカードの申請数が7割超え (*1)
		■公用スマホでTikTokを含むSNSは禁止。松野博一官房長官が明かす (*3)
		■TikTok、欧州委員会も職員の業務用端末での利用を禁止へ (*26)
		■米著作権局、AIが生成した画像を保護対象と認めず (*9)

03

- ■ニコニコ動画の記者が官房長官会見で ChatGPT を使い質問 (*16)
- ■マイナカードの保険証一体化やマイナンバー利用拡大などを閣議決定 (*1)
- ■マイナンバーカードの申請数が日本の人口の 3/4 に。9416 万件 (*1)
- ■CNET、AI で記事生成を始めてわずか数週間後に大規模な人員削減を実施。主要メンバーの 10 ％が解雇され編集長は辞任して AI 担当に転身 (*20)
- ■3 月 27 日からパスポートの更新や紛失手続きがオンラインで可能に (*2)
- ■マイナンバーカード申請が累計 9500 万枚超え。人口の 75 ％ (*3)
- ■マルウエア「Emotet」の攻撃再開に JPCERT/CC、IPA が注記喚起 (*4)
- ■YouTube がトランプ氏のチャンネル停止を解除 (*2)
- ■ChatGPT で 20 日に障害、一部ユーザーの情報流出も (*5)
- ■「GPT-4 よりも強力な AI の開発を停止せよ」─公開書簡にイーロン・マスク氏やスティーブ・ウォズニアック氏が署名 (*3)
- ■インターネットアーカイブ、電子書籍の著作権を巡る大手出版社との著作権訴訟の一審で敗訴 (*20)
- ■「TikTok はユーザー情報を中国政府に渡さない」。CEO が米議会で証言へ (*2)
- ■政府のデータポータルが始動。各種統計をグラフや地図で可視化、資料の全文検索も可能に (*2)

04

- ■ChatGPT がイタリアで一時的に禁止。データ収集に懸念 (*2)
- ■TikTok、オーストラリアも政府の業務用端末での使用禁止発表 (*26)
- ■ChatGPT へのアクセスをブロックしたイタリアに続きドイツなど EU 諸国でもブロックを検討中 (*20)
- ■カナダ当局、ChatGPT 開発元の調査を開始。個人情報の扱いを懸念 (*6)
- ■ChatGPT 開発企業のサム・アルトマン CEO、岸田文雄首相と面会 (*26)
- ■OpenAI の CEO、「クリエーターに経済的に報いたい」─自民党 PT で発言 (*3)
- ■文科省、ChatGPT などの学校現場での取り扱いを示す資料を作成へ (*26)
- ■「信頼できる AI の普及」を G7 デジタル相会合で議論へ。松本剛明総務相 (*21)
- ■米国モンタナ州、TikTok の全面禁止法案を可決。知事が署名すれば来年 1 月発効へ (*7)
- ■東大、京大、上智大など、ChatGPT でのレポート作成への見解示す (*21)
- ■ChatGPT 排除は「非現実的」─頭をひねる大学。学生が AI 添削も (*21)
- ■生成 AI の祝辞は「空虚だがもっともらしい」─名大総長が語る危機感 (*21)
- ■東工大、ChatGPT などの AI は「全面禁止しない」─学生の主体性を信頼 (*3)
- ■ブラジルでアニメ海賊版サイトを一斉摘発する「Operation Animes（アニメ作戦）」が実施、36 サイトが閉鎖 (*4)
- ■G7 デジタル相会合、共同声明案「信頼できる AI」行動計画策定へ (*26)
- ■サブスクの課金ルールの適正化についてガイドラインを制定。解約条件の提示などを義務付けへ (*2)
- ■アップル、Epic Games との独占禁止法訴訟に勝利 (*9)
- ■健康保険証を廃止し、マイナ保険証に一本化。マイナンバー改正法案衆院可決で (*3)

05	■京都府警、リーチサイト「映画の無料動画で夢心地」など5サイトの運営者4人を一斉取り締まりで逮捕 (*4) ■Androidスマホで「行かない役所」が始まる。「スマホ用電子証明書搭載サービス」(*1) ■G7デジタル大臣会合閉幕。DFFT推進や責任あるAIなどで共同声明 (*1) ■岸田文雄首相がAI戦略会議の設置を表明。6月までに中間集約 (*16) ■生成AIをめぐり「新規参入が困難の可能性」―公正取引委員会が言及 (*21) ■米政権、マイクロソフトやグーグルなどのCEOらとAIのリスクについて会談 (*2) ■神戸市、ChatGPTの業務利用に関するルールを条例化 (*6) ■富士通Japan、コンビニ交付でまた不具合。抹消したはずの印鑑登録証明書を誤発行 (*3) ■AI利用の選挙干渉に「重大な懸念」、OpenAIトップが議会証言 (*25) ■富士通、マイナカードでの証明書コンビニ交付サービスを最長6月4日まで停止。一斉点検へ (*5) ■YouTubeが誤情報やフェイクニュースに対する取り組みを紹介 (*4) ■生成AIがG7サミットでも議論に。「広島AIプロセス」立ち上げへ (*2) ■AIに「仕事奪われる」、ハリウッドで大規模スト。すでにChatGPTで脚本や絵コンテ作成の例も (*30) ■ジェフリー・ヒントン氏がAIの問題についてコメント (*31) ■武蔵野美術大学学長が生成AIについて見解を示す (*32) ■新聞協会、生成AIによる報道機関の記事や写真の無断利用に懸念。「健全な言論空間が混乱」(*30)
06	■漫画リーチサイト「13DL」が閉鎖、CODAが米裁判所に申し立て (*4) ■アップルに「アプリストア」開放義務付けへ。政府が新たな巨大IT規制、他社参入を促す (*30) ■改正マイナンバー法が成立。健康保険証は2024年秋に廃止、マイナカードに統一化へ (*3) ■個人情報保護委員会、OpenAIに個人情報保護の徹底を要請 (*1) ■自宅からe-Taxが確定申告のスタンダードに。592万人が利用 (*1) ■生成AI画像は類似性が認められれば「著作権侵害」。文化庁 (*9) ■総務省、700MHz帯プラチナバンドの割り当て方針案を発表、楽天モバイルに有利な基準に (*5) ■EU、グーグルが広告で競争法違反との暫定見解。事業売却を求める可能性も (*3) ■欧州議会、AIの規制法案で生成AIも盛り込む修正案を採択 (*26) ■メタ、カナダでニュースの表示を終了へ。対価の支払い求める法案可決で (*2) ■文化庁が「AIと著作権」セミナー映像と資料を公開 (*4)
07	■AI規制法案は「現状の課題に対処せず競争力を損ねるだけだ」と欧州企業150社以上が公開書簡に署名して猛抗議 (*20) ■FTC、フェイクレビューや関係者レビューなどを禁止する新ルールを提案 (*4) ■マイナンバーカードの返納が7年半の累計で47万件 (*1) ■公金口座ミスで個情委がデジタル庁に立ち入り検査へ、「適切に対応」と河野太郎デジタル相 (*33) ■作家らがOpenAIとメタを提訴。著作権侵害で (*2) ■EUと米連邦政府、EUの個人データの米国内保有を認める新協定で合意 (*3) ■マイナンバーカードの保有枚数を公表。8816万枚で人口の7割 (*1) ■総務省、令和5年版「情報通信白書」公表。テーマは「新時代に求められる強靱・健全なデータ流通社会の実現に向けて」(*4) ■ChatGPT開発元のOpenAI、消費者へのリスクをめぐりFTCが調査へ (*2) ■グーグル、マイクロソフト、OpenAIら、責任あるAI開発に向けた業界団体を立ち上げ (*1)

08

- ■国立科学博物館、クラウドファンディングで 1 億円募る。光熱費高騰で (*16)
- ■ローマ教皇が AI のリスクを警告、「暴力や差別の論理」を根付かせてはならないと訴える (*20)
- ■ソニーら音楽各社、著作権侵害でインターネットアーカイブを提訴。SP レコード 2749 作品以上をデジタル化・公開 (*7)
- ■「生成 AI は著作権保護の検討が不十分」と、新聞協会などが声明を発表。「著作権法第 30 条の 4 は大きな課題」(*3)
- ■雑書協など 4 団体、「生成 AI に関する共同声明」を発表 (*17)
- ■生成 AI 画像は「二次的著作物」と日本写真家協会。「出典の明記を」(*3)
- ■総務省、ヤフーに行政指導。位置情報等を NAVER と試験共有 (*1)
- ■イーロン・マスク氏がウクライナの激戦地でインターネットを遮断して年 580 億円を要求 (*28)
- ■ドナルド・トランプ前米大統領が 2 年以上ぶりに X（旧 Twitter）にポスト (*3)
- ■グーグル、EU のデジタルサービス法の発効に向けて広告に関する透明性向上を約束 (*3)

09

- ■報道・メディア 26 団体、「世界 AI 原則」を発表。日本新聞協会も (*21)
- ■LINE での公的個人認証が民間企業にも対応。金融やギグワークで本人確認が可能に (*1)
- ■出版社から著作権侵害で訴えられたインターネットアーカイブが控訴、苦戦必至も「今こそ図書館のために立ち上がる時」と気炎 (*20)
- ■著名 SF 作家らがまたも OpenAI を提訴。ChatGPT の著作権侵害で (*34)
- ■衛星通信の Starlink は「全ての前線で使用」―ウクライナ高官 (*22)
- ■欧州委員会、アップル、グーグルなど DMA（デジタル市場法）の「ゲートキーパー」6 社を発表 (*3)
- ■米議会、AI 規制をめぐり特別会議。テック大手トップら集結 (*16)
- ■「漫画村」の元運営者が再審請求へ。「漫画のデータは別サイトのもの」(*21)
- ■アップル、仏当局からの iPhone 12 電磁波問題を否定もアップデートで対応へ。EU 各国への問題拡大前に沈静化を図る (*7)
- ■ハリウッドの脚本家が映画会社と暫定合意。約 5 か月のスト終結に前進 (*25)
- ■FTC、独禁法違反でアマゾンを提訴。アマゾンは反論 (*1)
- ■マイナ保険証の利用率は 5 ■公正取引委員会「ヤフーは優越的地位の可能性」―Yahoo! ニュースなど、ニュースポータルの実態調査 (*3)

10

- ■生成 AI 共通ルール作りへ。米 IT 企業が安全性確保など協力の意向 (*26)
- ■アマゾンの Project Kuiper が衛星の初回打ち上げに成功。Starlink 対抗 (*2)
- ■コールセンターの個人情報約 900 万件が不正に持ち出される。NTT 西日本子会社が情報を公開 (*4)
- ■コンテンツメディアコンソーシアム、「クオリティメディア宣言」を発表し団体名も変更、デジタル広告の信頼性向上に取り組む (*4)
- ■米連邦政府、AI 関連チップの中国輸出規制強化へ (*3)
- ■アップルが反発、「日本社会や国民脅かす」―日本のスマホアプリ規制案に (*21)
- ■メタ、投稿削除を 7 倍に。ハマス攻撃後の 3 日間で (*16)
- ■期限切れの Go To Eat キャンペーン関連 JP ドメイン名がオークションに続々登場 (*4)
- ■生成 AI の日本での認証制度づくりに企業が新たな業界団体設立へ (*26)
- ■総務省、楽天モバイルへの"プラチナバンド" 700MHz 帯の割り当てを発表 (*5)
- ■音楽出版社大手、歌詞をめぐる著作権侵害で Anthropic を提訴 (*13)
- ■KDDI やソフトバンクら、NTT 法の見直しに関する要望書を自民党などに提出 (*4)
- ■ジョー・バイデン米大統領が AI の安全性に関する大統領令に署名 (*3)
- ■国連、AI への対応を協議する諮問機関を発足。メンバーは 39 人 (*21)
- ■公正取引委員会、グーグルを独禁法違反の疑いで審査。自社アプリを不当に優遇の可能性 (*5)

11	■生成AIによる岸田文雄首相の偽動画がSNSで拡散。生中継のようにニュース番組のロゴも表示 (*30) ■AIガイドライン、「人間中心」など10原則を年内決定する方針。公的機関含め全利用者が対象 (*30) ■AI安全サミットにイーロン・マスク氏やOpenAI創業者らが出席へ (*34) ■米俳優組合、スト終結に向け製作側と暫定合意 (*22) ■NTT法改正、通信3社とNTTがX上で激論。ソフトバンクらが公開議論を要求 (*1) ■「国会内でスマホ解禁を」、河野太郎デジタル相への注意が契機、高まるデジタル化の気運 (*3) ■生成AIと著作権、文化庁が論点提示。審議会の小委員会で年度内に方向性 (*35) ■LINEヤフー、不正アクセスで約44万件超の個人情報が漏えい。原因は委託先企業のパソコンのマルウエア感染 (*4) ■ノンフィクション作家らがOpenAIとマイクロソフトを著作権侵害で提訴 (*34)	
12	■「できるだけ多くのGPU提供」を要請。岸田文雄首相がNVIDIAのジェンスン・フアンCEOと面会 (*3) ■総務省のNTT法見直しを議論する会合に4キャリア代表が参加、それぞれの主張を展開 (*5) ■官報の電子版を正本とする改正法が成立。「ネットで無料の閲覧を可能に」とデジタル庁 (*3) ■生成AIのコンテンツ学習は違法のケースも。文化庁の「考え方」素案 (*21) ■総務省が2023年度の「周波数再編アクションプラン」を公表、5G普及やドローン活用などを目指す (*5) ■Epic Games、グーグルを独占禁止法違反で訴えた裁判で勝訴 (*34) ■グーグル、「サイドローディング簡易化」「アプリストアの選択肢拡大」へ、米国の訴訟和解で (*5)	

その他

2023	01	■世界初のGUI搭載パソコン「Apple Lisa」のソースコードが公開。発売40周年で (*2) ■2022年第4四半期の世界パソコン市場は27.8％減で記録的な縮小。通期は15％減で、2023年も回復せず (*2) ■IPA、「情報セキュリティ10大脅威2023」を発表。「ランサムウエア攻撃」が3年連続で組織の脅威1位に (*4) ■10代の約6割が「SNS」で情報収集。50〜70代は「テレビ」がトップ (*27) ■2022年10〜12月の世界スマホ販売台数は過去最大の減少、IDC調べ (*3)
	02	■2022年のタブレット端末市場は3.3％減で拡大停止。Chromebook市場は48.0％減と大幅縮小 (*2) ■AMDアワードの優秀賞に「ウタ」「ELDEN RING」「きつねダンス」など10件 (*4) ■新型コロナウイルス接触通知アプリ「COCOA」で行動を変えた人は約7割、デジタル庁が報告書 (*5) ■5Gスマホの比率は95％に拡大、MM総研のレポート (*5) ■20〜40代経営者の60％がChatGPTを「知らない」との調査結果。なぜか30代の割合が突出 (*4) ■関東ではスマホ所有率が小5で半数、中2で8割を超える。NTTドコモのモバイル社会研究所の調査 (*5) ■約6割が複数のスマホ決済を併用、MMDの調査 (*3) ■米成人の46％はスマホだけで仕事を終わらせている事実が判明 (*4) ■ChatGPTはウソをつく。「インターネットの父」ビントン・サーフ氏が批判 (*6) ■2022年の音楽配信で2億再生を突破した曲は11曲。『SPY×FAMILY』『ONE PIECE』の主題歌がヒット (*3)

03

- ■携帯電話の新料金プランの契約数は約 5000 万に。総務省の調査 (*5)
- ■スマホ利用者の月額利用料金は平均 4458 円で半年前から 91 円減、MM 総研のレポート (*5)
- ■「FIFA ワールドカップ全試合を無料生中継」の ABEMA が大賞に、2022 の AMD アワード授賞式開催 (*4)
- ■2022 年のスマホ出荷は 8.1 ％減、第 4 四半期は 16 ％減、IDC 調べ (*5)
- ■2022 年の国内タブレット端末の出荷は過去 10 年で最少、MM 総研調べ (*9)
- ■2022 年度のパソコン出荷台数は前年度比 14.7 ％減も、出荷金額は前年度比 8.8 ％増、MM 総研調べ (*9)
- ■2022 年の世界 AR/VR ヘッドセット市場は 20.9 ％減の 880 万台で急ブレーキ (*3)
- ■映画『Winny』が公開 (*4)
- ■ネットフリックス、アカデミー賞 6 部門で受賞。作品賞には届かず (*2)
- ■ZIP 圧縮や PNG、PDF などファイルフォーマットの基礎を作ったジェイコブ・ジヴ氏が死去 (*20)
- ■Ethernet の生みの親、ボブ・メトカーフ氏がチューリング賞を受賞 (*2)
- ■インテル創業者のゴードン・ムーア氏が死去。「ムーアの法則」を提唱 (*2)
- ■イーロン・マスク氏ら IT 業界有力者が AI 開発競争の停止を訴え。現状は「制御不能」(*22)
- ■データセンターの新設ラッシュ。「AI 活用」で需要が膨らむ、3.2 兆円市場の魅力 (*3)

04

- ■「東大生や教員は、生成系 AI にどう対応すべきか」、東大副学長が声明。「組み換え DNA 技術に匹敵する変革」(*3)
- ■世界スマートホームデバイス市場は 2022 年に初の出荷減。今後回復し、2027 年まで年 8.4 ％拡大と予測 (*2)
- ■2022 年のキャッシュレス決済比率は 36 ％。決済額は 100 兆超え (*1)
- ■携帯電話所有者におけるスマホの占める割合は年々増え続けてついに 96.3 ％に到達 (*4)
- ■第 1 四半期の世界パソコン市場は出荷台数 29 ％減でパンデミック前の傾向に。今後の回復は景気次第 (*2)
- ■パロアルト研究所がゼロックスのもとを離れる (*3)
- ■YouTube の『スーパーマリオ』動画が合計 1000 億再生を突破 (*5)
- ■2022 年の国内 AI システム市場規模は 3883 億 6700 万円。IDC 調べ (*36)
- ■Apple Watch の所有率は 9.7 ％。MMD 研究所が利用実態調査 (*2)
- ■分散型 SNS「Bluesky」のユーザー数が急増 (*7)

05

- ■2022 年の日本コンテンツの海賊版被害額は 3 年前の 5 倍となる 2 兆円前後と推計。CODA 発表 (*4)
- ■34 歳以下のテレビ画面におけるコンテンツ視聴時間はインターネット動画が約 3 割に (*37)
- ■日本の LINE 利用率は 83.7 ％と、10～60 代で 8 割超え。70 代も 7 割突破時代に (*27)
- ■世界スマホ市場の 2023 年第 1 四半期の出荷は 13 ％減。需要減少は落ち着きつつあるが続く厳しさ (*2)
- ■2023 年第 1 四半期の世界タブレット端末市場は 19.1 ％減も、パンデミック前の水準に戻る (*2)
- ■2022 年度の国内携帯出荷台数は 2000 年度以降で過去 2 番目の低さに (*3)
- ■スマートウオッチ、2022 年度は 390 万台販売。7 年連続で過去最高に (*3)
- ■Twitter、過去 1 年に米国ユーザーの 6 割が利用を中断 (*2)

06	■東大が開催した教員向けの ChatGPT 講座の映像および資料がオンラインで無料公開 (*4) ■日米企業の ChatGPT 利用率に大差。日本は 7 ％がビジネスに利用、46 ％が「知らない」(*3) ■全国の IPv6 IPoE 接続契約総数は約 1615 万回線。IPoE 協議会らが発表 (*4) ■「大規模言語モデルは犬の知性にも達していない」。メタの AI 科学者ヤン・ルカン氏 (*6) ■MM 総研の MVNO 調査、1 位は IIJmio でシェアを拡大 (*5) ■「誹謗中傷対策検討会」を設置。UUUM、ANYCOLOR、カバーらが参加 (*4) ■クリエーターの 4 人に 1 人が「誹謗中傷」経験者。UUUM やグーグルが対策で連携 (*24) ■2023 年の世界スマートホームデバイス市場は 1.8 ％減 (*2)
07	■ChatGPT のトラフィックは 9.7 ％減。サービス開始後初の減少 (*9) ■Twitter のトラフィックは Threads 開始後に減少。クラウドフレア調べ (*3) ■世界パソコン市場の第 2 四半期の出荷は 13.4 ％減。これで減少は 6 四半期連続 (*2) ■VTuber 市場が 2023 年度には 800 億円に到達見込み。同人誌や TCG と同規模に。矢野経済研調べ (*3) ■Threads の認知率は約 5 割。利用経験は男女共に 10 代が最多 (*27)
08	■アドビ協働創業者ジョン・ワーノック氏が死去。82 歳 (*3) ■国内データセンター建設投資予測、2023 年の投資規模は 3222 億円、2024 年以降は 5000 億円超の投資が継続。IDC 調べ (*36) ■日本のキャッシュレス比率は 36 ％。現金よりも CO_2 排出が少ない (*1) ■シニア層における LINE の利用率が上昇、メールの利用率を初めて上回る (*4)
09	■スマホ経由の BtoC-EC 市場規模は 7.8 兆円、スマホ比率は約 56 ％ (*38) ■10 代・20 代の 6 割は歩きスマホをしてしまう。NTT ドコモの調査レポート (*5) ■スマホ国内出荷数が大幅減、Android 搭載スマホはグーグルがシェア 1 位に。IDC 調べ (*5) ■2023 年の国内 AI システムの市場規模は前年比 31.4 ％増の 6837 億円に。IDC 調べ (*39) ■テレワーク実施率は 3 年間横ばいで約 15 ％。ただし東京では約 30 ％。NTT ドコモ モバイル社会研究所調べ (*4) ■2023 年第 2 四半期の世界 AR/VR ヘッドセット市場は 44.6 ％減。2024 年に上向き、46.8 ％増へ (*2) ■2023 年第 2 四半期の世界ウエアラブル市場は、8.5 ％増で出荷回復。2027 年まで年 4.7 ％ずつ増加 (*2)
10	■ジャパンモビリティショーが 10 月 26 日に開催。未来のモビリティからグルメまで (*1) ■『日経 Linux』休刊。25 年の歴史に幕 (*3) ■ついにシニアでもスマホ使用率が 9 割超える。キャリアシェア上位は「NTT ドコモ」「Y!mobile」「MVNO」(*27) ■世界パソコン市場の第 3 四半期の出荷は 9 ％減。2024 年以降は AI 対応パソコンが躍進 (*2) ■生成 AI 支出は 2027 年に約 21 兆円規模に。IDC 調べ (*2) ■2022 年度の VR ゴーグル販売台数は 48 万台、2027 年度は 185 万台と予測。MM 総研調べ (*2)
11	■2023 年度上期はスマホ出荷が大幅減。携帯電話全体の総出荷数が過去最低 (*5) ■携帯大手 4 社ユーザーの利用料金は平均で月 4691 円。MMD 研究所の調査 (*5)

12	■「2023 年末の 5G 契約件数は 16 億件」、エリクソンが 1 億件を上方修正 (*33) ■パスワードレス認証「パスキー」対応のアカウント総数は 70 億以上に、FIDO アライアンスが発表 (*4) ■ネットフリックス、視聴時間データを初公開。上半期トップのドラマは 8 億時間超 (*40) ■国内 MVNO 市場の実績が 2.4 ％増。MM 総研調べ (*5) ■2023 年度上期のタブレット端末出荷台数は過去 11 年間で最少、Android 搭載機が Windows を逆転。MM 総研調べ (*3) ■2023 年のインターネットサービス利用、YouTube の利用時間シェアが約 4 割。ニールセン調査 (*37)

Source：(*1)Impress Watch　(*2)CNET Japan　(*3)ITmedia　(*4)INTERNET Watch　(*5)ケータイ Watch　(*6)ZDnet Japan　(*7)テクノエッジ　(*8)NTT インターコミュニケーション・センター　(*9)PC Watch　(*10) ASCII　(*11)カレントアウェアネス　(*12) Apple Newsroom　(*13)BRIDGE　(*14)Stability AI　(*15)Publickey　(*16) 日本経済新聞　(*17)WEB 本の雑誌　(*18)Media Innovation　(*19) ガジェット通信　(*20)Gigazine　(*21) 朝日新聞デジタル　(*22)CNN　(*23)CoinDesk JAPAN　(*24)Business Insider Japan　(*25) ロイター　(*26)NHK　(*27)Web 担当者フォーラム　(*28) ギズモード・ジャパン　(*29)AdverTimes　(*30) 読売新聞オンライン　(*31)MIT テクノロジーレビュー　(*32) 美術手帳　(*33) 日経クロステック　(*34)Forbes JAPAN　(*35) 毎日新聞　(*36) クラウド Watch　(*37)Markezine　(*38)Yahoo!ニュース　(*39)IT Leaders　(*40)Wedge ONLINE

寄稿者一覧

◎第1部
　青山 祐輔
　片岡 義明
　永山 翔太
　仲里 淳
　林 雅之
　佐藤 雅明

◎第2部
　田中 秀樹
　多田羅 政和
　岩下 直行
　倉又 俊夫
　荒川 祐二
　澤 紫臣
　高野 峻
　天野 浩徳

◎第3部
　岡村 久道
　藍澤 志津
　寺田 眞治
　白石 隼人
　クロサカ タツヤ
　関島 章江

◎第4部
　世古 裕紀
　加藤 孝浩
　平 和博
　飯塚 留美
　金子 洋介
　長 健二朗
　福田 健介
　三柳 英樹
　横井 裕一
　川端 宏生
　森下 泰宏
　前村 昌紀
　仲里 淳
　（掲載順）

編者紹介

一般財団法人インターネット協会 (IAjapan)

インターネットの発展を推進することにより、高度情報化社会の形成を図り、わが国の経済社会の発展と国民生活の向上に資することを目的とし、2001年7月設立。普及促進・技術指導活動として、各種委員会活動（IPv6ディプロイメント、迷惑メール対策、IoT/AI時代におけるオープンイノベーション推進協議会）を行っている。安全安心啓発活動として、インターネットルール＆マナー検定の実施、インターネット利用アドバイザーの育成、SNS利用マニュアル・スマートフォン基本設定マニュアル・フィルタリング設定マニュアルの作成、東京都のネット・スマホのトラブル相談業務の運営等を行っている。
https://www.iajapan.org/

一般社団法人日本ネットワークインフォメーションセンター (JPNIC)

インターネットの運営に不可欠なIPアドレス等の番号資源について、日本国内における登録管理業務を行っている。あわせて年に一度のInternet Weekをはじめとするインターネットに関する教育・普及啓発活動や各種調査研究活動、インターネットの国際的な広がりに対応するための国際的な調整業務を行っている。JPNICは、任意団体としてインターネットの急速な普及を底辺から支える活動を4年間継続して行ったのち、1997年、科学技術庁（現文部科学省）、文部省（現文部科学省）、通商産業省（現経済産業省）、郵政省（現総務省）の共管による社団法人となり、2013年4月からは一般社団法人として活動している。
https://www.nic.ad.jp/

株式会社日本レジストリサービス (JPRS)

「インターネットの基盤を支え、豊かな未来を築く」という理念のもと2000年12月に設立。ドメイン名の登録管理・取り次ぎとドメインネームシステム（DNS）の運用を中心とするサービスを行い、インターネットを支える各種技術の研究・開発にも取り組んでいる。また、国内外のドメイン名の最新動向やDNSの技術情報の発信を行っている。日本に割り当てられた国別トップレベルドメイン「.jp」の登録管理組織であり、JP DNSの運用を行っている。「.jp」の登録管理組織として、国際的なインターネット関連組織と連携し、インターネット基盤資源のグローバルな調整を行うICANNの活動支援、アジア太平洋地域のレジストリの連合組織であるAPTLDへの参画、インターネット関連技術の国際的な標準化を進めるIETFの会合での各種技術提案など、さまざまな活動を行っている。
https://jprs.co.jp/

◎インターネット白書ARCHIVES
https://iwparchives.jp/

◎本書スタッフ
アートディレクター/装丁：　岡田 章志
ディレクター：　栗原 翔

◎編集スタッフ
図版制作：　株式会社ウイリング
巻頭カラーデザイン：　山家 友恵
巻頭カラー執筆：　仲里 淳
本文編集：　安達 崇徳
　　　　　　阿部 悠樹人
　　　　　　石井 希世子（株式会社現代フォーラム）
　　　　　　石塚 康世
　　　　　　佐々木 三奈
　　　　　　森谷 一敏
　　　　　　株式会社タテグミ
編集長：　錦戸 陽子（インプレス・サステナブルラボ）

●落丁・乱丁本はお手数ですが、インプレスカスタマーセンターまでお送りください。送料弊社負担にてお取り替えさせていただきます。但し、古書店で購入されたものについてはお取り替えできません。

■読者の窓口
インプレスカスタマーセンター
〒 101-0051
東京都千代田区神田神保町一丁目 105番地
info@impress.co.jp

インターネット白書2024
AI化する社会のデータガバナンス

2024年2月9日　初版発行Ver.1.0（PDF版）

編　者　　インターネット白書編集委員会
企画・編集　インプレス・サステナブルラボ
発行人　　高橋 隆志
発　行　　インプレス NextPublishing
　　　　　〒101-0051
　　　　　東京都千代田区神田神保町一丁目105番地
　　　　　https://nextpublishing.jp/
発　売　　株式会社インプレス
　　　　　〒101-0051　東京都千代田区神田神保町一丁目105番地

印刷・製本　京葉流通倉庫株式会社
Printed in Japan

ISBN978-4-295-60252-1

NextPublishing®

◉インプレス NextPublishingは、株式会社インプレスR&Dが開発したデジタルファースト型の出版モデルを承継し、幅広い出版企画を電子書籍＋オンデマンドによりスピーディで持続可能な形で実現しています。https://nextpublishing.jp/